廣告傳播

2nd Edition

Advertising Communications

蕭湘文 ◎著

序

　　當被問到什麼是「殺很大」、「不要碰、只要摸」時，看過廣告的人都知道這是線上遊戲廣告中的旁白。這類廣告內容不僅引發許多爭議及批評，甚至被要求停播與下檔，主要是因為它們都以女性身材及性暗示來吸引觀眾目光，其廣告表現與產品屬性之間並無直接關連性。正因為這類廣告的爭議性與話題性大，反而快速提升產品品牌的知名度，也讓線上遊戲的會員人數瞬間驟增。如果從廣告主觀點來看，這類廣告確實具有市場效果。但若就廣告操作面向來省思，假如所有廣告最後都得回歸原始本能，以人類胴體與性暗示為訴求，那試問廣告還需要太多的專業學習嗎？

　　廣告專業的形成，有賴許多廣告人的實務創作與技能，以及研究者實證研究成果之累積。每一則廣告的背後，匯集了眾多人的心血結晶。在實務操作部分，它涉及一連串縝密的企劃與執行，如廣告主預算、廣告創作表現、媒體刊播安排、對廣告效益的期許等。在理論學理部分，它則涉及市場脈動之調查、整體策略之研擬與規劃、消費者喜好與生活型態、廣告效果測定與評估等。這些由眾人心血匯聚而成的專業知識與技能，才是廣告學子應該努力學習的目標。

　　廣告之所以能深受廣大學生的喜愛，主要是因為它豐富的創作性與藝術性。換言之，廣告創意才是廣告產業最重要的資產。對於熱愛廣告的學生而言，創意能力的養成是專業訓練中極為重要的一環。只是這種能力的養成並非一蹴可幾，它必須仰賴同學們對廣告傳播的整體輪廓有更深入的掌握才行。

　　為了讓廣告傳播與社會脈動能相互扣連，本書的內容與案例自然不能不與時俱進；而這正是本書改版的主要動機所在。本書第

二版在架構上雖然仍承襲第一版的五大篇，從產業篇、訊息篇、媒體篇、消費者篇與效果篇等面向來逐一介紹廣告運作的原理，但在內容上，已經刪減一些不符潮流所趨的案例與思維，並加入一些當下代表性的案例與思維，尤其是一些新興媒體（網路媒體與通訊媒體）的操作。也因為在內容及實際案例上之增刪，本書之內文也適度調整為十六章。

當威仕曼出版社的總編輯富萍小姐詢問是否能將《廣告傳播》改版時，我立即答應並且著手進行，一方面是感動於出版社對廣告學門的重視，另一方面則是出於一個教學研究者的自省。就一個從事廣告教學與研究的老師而言，如果無法跟上時代腳步，提供較新的案例與思維，其對學生知識及觀念的啟發便會受到侷限。一本書的完成，猶如一則廣告的創作，除了作者之外，還需仰賴出版社編輯團隊的大力協助，才能將所有論述與案例以賞心悅目的編排呈現給讀者。

寫作過程中，因為有外子的鼓勵與支持，我才能全心投入寫作；尤其每回與他的對談總能激發我不同的思維。寶貝女兒的懂事與貼心，更為我的寫作注入不少活力與能量。另外，對我極為支持的家人一直都是心中感恩的對象。

蕭湘文　謹誌

目　錄

序　i

第一篇　廣告產業篇　1

第一章　廣告傳播的意涵　3

第一節　廣告傳播的概念　4

壹、廣告的存在性　4

貳、廣告傳播的元素　5

參、廣告傳播的特性　8

第二節　廣告的定義與類型　15

壹、廣告的定義　15

貳、AIDA模式　16

參、廣告的類型　19

第二章　廣告的操作　27

第一節　廣告計畫　28

壹、資源分析與環境掃描　29

貳、廣告目標的擬定　31

參、訴求對象的確認　32

肆、廣告訊息策略　33

伍、媒體計畫與組合　34

陸、廣告執行時程　34

柒、廣告預算　35

捌、廣告效果評估　35

第二節　廣告策略　36

　　壹、策略概念　36

　　貳、廣告策略　37

　　參、產品與廣告策略　40

第三節　廣告的策略思維　42

　　壹、獨特銷售法（USP）　43

　　貳、商品定位法　45

　　參、品牌形象聯想法　48

第三章　廣告產業　51

第一節　企業經營與廣告活動　52

　　壹、推動經濟生產　53

　　貳、廣告可以鞏固顧客群　53

　　參、廣告可以促進產品的創新　54

　　肆、廣告代理業可以有效促進行銷活動　55

　　伍、廣告經費的擬定　56

第二節　廣告代理業的類型　60

　　壹、代理業的發展　60

　　貳、代理制度的意義與功能　62

　　參、廣告代理業的產業輪廓　64

　　肆、業務的接洽　68

第三節　廣告部門與業務　69

　　壹、業務部門　70

　　貳、創意部門　71

　　參、媒體部門與媒體購買中心　72

　　肆、市調部門　73

第二篇　訊息篇　75

第四章　廣告訊息的產製　77

第一節　廣告訊息的構成　78

壹、廣告訊息的概念　78

貳、廣告訊息的目的　81

第二節　訊息的思維導向　84

壹、垂直與水平的思維　84

貳、腦力激盪法　86

參、聯想法　88

肆、5W1H思考法　92

伍、ROI思考法　93

第三節　訊息的創意元素　96

壹、產品的實質面　96

貳、產品的情感面　97

參、產品的話題面　99

第五章　廣告與創意　101

第一節　創意概念　102

壹、創意界定　102

貳、創意的重要性　104

第二節　創意思考　105

壹、創意的準備　105

貳、有目的性的準備　106

參、無目的性的準備　108

第三節　廣告創意的流程　111

壹、廣告創意的流程　111

貳、創意思維的步驟　114

第六章　廣告訊息的風貌　117

第一節　平面媒體的廣告訊息　118

壹、訊息元素　118

貳、訊息的操作　123

第二節　電子媒體的廣告訊息　126

壹、電視廣告　127

貳、廣播廣告　132

第三節　網路媒體的廣告訊息　135

壹、訊息要素　136

貳、訊息操作　138

第七章　廣告理性策略與表現　143

第一節　理性策略　144

壹、理性策略的概念　144

貳、理性策略的應用　145

第二節　理性策略的表現形式　146

壹、功能性訴求策略　146

貳、道德訴求策略　147

參、比較性策略　149

肆、證言式訴求策略　153

第三節　平面媒體廣告訊息呈現　156

　　壹、廣編特輯型　156

　　貳、商品情報型　157

　　參、產品促銷型　157

　　肆、專家諮詢型　158

　　伍、產品見證型　158

　　陸、澄清說明型　158

第八章　廣告感性策略與表現　161

第一節　感性策略　162

　　壹、感性策略的概念　162

　　貳、感性策略的應用　162

第二節　感性策略的表現形式　164

　　壹、3B訴求策略　164

　　貳、情感訴求策略　165

　　參、性感訴求策略　167

　　肆、幽默訴求策略　168

　　伍、名人訴求策略　169

　　陸、廣告音樂或歌曲訴求策略　175

　　柒、恐懼訴求策略　176

第三節　電子媒體廣告訊息呈現　177

　　壹、生活情境型　178

　　貳、幽默搞笑型　179

　　參、劇情型　180

　　肆、意識形態型　180

　　伍、消費者見證型　181

　　陸、名人背書型　182

柒、經典故事型 182

捌、問題解決型 183

玖、自我實現型 183

拾、對話型 184

拾壹、音樂型 184

第三篇　媒體篇　185

第九章　廣告媒體的屬性　187

第一節　平面廣告媒體的屬性　189

壹、報紙 190

貳、雜誌 192

第二節　電子廣告媒體的屬性　196

壹、電視 197

貳、廣播 200

第三節　網路廣告媒體的屬性　203

壹、網路媒體特性 203

貳、網路廣告方式 206

第四節　其他廣告媒體的屬性　209

壹、行動通訊媒體 210

貳、交通媒體 211

參、戶外媒體 212

肆、店頭廣告 213

第十章　廣告媒體企劃　215

第一節　媒體企劃　216

壹、情境分析　218

貳、媒體目標的擬定　218

參、媒體策略的擬定　220

第二節　媒體效益指標與調查　223

壹、常見的效益指標　223

貳、媒體效益調查　229

第三節　媒體策略　230

壹、媒體策略的概念　230

貳、媒體選擇的考量　231

參、媒體策略思維　235

第十一章　廣告媒體的購買與刊播　241

第一節　媒體購買　242

壹、媒體購買的概念　242

貳、媒體購買的執行　244

第二節　媒體刊播策略　249

壹、時間策略　249

貳、排程策略　250

參、有效刊播頻次策略　251

肆、檔期概念　252

第三節　媒體創意案例　252

壹、戶外媒體的創意　253

貳、期待的心理機制　255

參、懸疑廣告與網路媒體連結　258

肆、多層夾心的媒體刊播　258

伍、置入性廣告　259

陸、媒體整合運用　260

第十二章　廣告媒體與社會　263

第一節　廣告、媒體與閱聽眾　264

壹、廣告與媒體的關係　264

貳、廣告與閱聽眾的關係　266

第二節　媒體購買框架　269

壹、媒體購買迷思　269

貳、法規考量　271

第三節　廣告與倫理　272

壹、廣告的社會責任　272

貳、廣告與兒童　274

第四篇　消費者篇　277

第十三章　消費者解讀廣告　279

第一節　影響廣告解讀因素　280

壹、涉入度　281

貳、對廣告的情感反應　282

第二節　解讀廣告取向　285

壹、廣告表現解讀　286

貳、消費價值解讀　287

參、文本意識的解讀 290

第三節 解讀思維的運作 292

壹、ELM審思可能性模式 293

貳、認知失調與認知和諧 295

參、訊息處理模式 296

第十四章 廣告與消費行為 301

第一節 消費者行為 302

壹、消費者行為的概念 302

貳、消費者行為的意義 303

參、消費者決策的影響因素 305

第二節 廣告與消費決策 310

壹、消費決策的角色 310

貳、消費決策類型 312

參、廣告對消費決策的影響力 314

第三節 廣告與消費文化 317

壹、消費文化的特質 318

貳、廣告創造的消費文化 320

第五篇 效果篇 323

第十五章 廣告效果 325

第一節 廣告效果特質 326

壹、廣告效果的概念 326

貳、廣告效果構成因素 330

第二節　廣告效果的類別　332

壹、傳播效果　333

貳、銷售效果　337

參、社會效果　339

第十六章　廣告效果調查　349

第一節　廣告效果調查面向　350

壹、廣告訊息概念的調查　351

貳、消費者對廣告的接觸與理解調查　352

參、市場銷售的調查　356

第二節　廣告效果調查特質　357

壹、消費者的參與　358

貳、階段性與區域性調查　358

參、質性與量化並重的研究　359

第三節　廣告效果調查法　359

壹、焦點小組座談　360

貳、投射技術　361

參、問卷調查法　363

肆、實驗室測驗　366

參考書目及閱讀書單　371

第一篇　廣告產業篇

第一章　廣告傳播的意涵

第二章　廣告的操作

第三章　廣告產業

第 一 章
廣告傳播的意涵

第一節　廣告傳播的概念

第二節　廣告的定義與類型

Advertising
Communications

即使你尚未瞭解廣告的操作或專家學者等對廣告的定義，在你內心中相信已經有對廣告的概念與定義。因為當你仔細回想，從小到大，在你的日常生活中早已習慣看到隨處可見琳瑯滿目的招牌，隨時都會有人發傳單或試用品給你，當家中信箱堆滿傳單時，你會說這些垃圾郵件真討厭。另外，當你駐足等綠燈通行時，看到呼嘯而過的公車車廂上告訴你某部電影即將上映；計程車則是插上支持某個候選人的旗幟。如果等捷運，你更可發現手扶梯上竟有手機，而視線所及的牆面是一格一格精緻的板框，裡面告訴你有哪些產品好用。想想，你是不是早就知道這些東西全都叫做「廣告」。至於「廣告」一詞究竟是來自父母或師長的教導、同儕的討論或是自己經驗得知已不重要，重要的是你已經不能忽視它對你的影響力了。

🎥 第一節　廣告傳播的概念

壹、廣告的存在性

當偶像劇中男女主角正要接吻時，突然來個廣告，你會不會生氣？當你上網搜尋報告資料時，一堆彈跳式的廣告強迫你瀏覽，你火不火？當你進電影院要看《平民百萬富翁》卻需先忍受八分鐘左右的廣告時，你煩不煩？相信如果要你提出廣告讓人討厭的理由，一定可以列舉出一張清單。但是不論大家如何批評或討厭廣告，它的存在性不僅絲毫不受動搖，甚至有更多的研究已經證實，廣告的確有某些效果，而且它幫助我們做了許多的消費判斷。例如，百貨公司週年慶時，許多人拿著已預先做好功課的型錄搶購想要的折扣品；到大賣場面對琳瑯滿目的產品時，會覺得要買有廣告的品牌比較有保障；到便利商店繳信用卡費用時，會因為收據欄有買一瓶飲

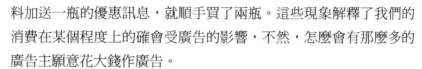

料加送一瓶的優惠訊息，就順手買了兩瓶。這些現象解釋了我們的消費在某個程度上的確會受廣告的影響，不然，怎麼會有那麼多的廣告主願意花大錢作廣告。

　　廣告主有需求作廣告，社會就會有相對應的專業人士產生，就是所謂的廣告代理業與廣告人。其專業的發展與媒體科技有絕對的關係，這點可從其發展過程中看出。以往因為生產工具與媒體科技都尚未發達，因此貨品的交易行為主要靠販售東西的商人在交易集結處兜售或沿街叫賣，人為的口頭傳播成為買賣之間主要的資訊傳遞管道。換言之，當產品擁有者的賣方想要賣東西給買方時，主要就是看賣方怎樣推銷自己的產品。但是隨著文字普及、紙張的發明與印刷術的應用，賣方可將相關的產品訊息藉由報紙的發行大量複製傳送時，就開始發揮了大量傳播的廣告效果，也讓更多人投入廣告的創作。尤其當十七世紀中葉的工業革命後，機器成為市場主要的生產機制，市場上為了因應大量生產的產品，更多的生產者開始透過廣告積極鼓勵消費者大量消費。隨著生產者、廣告客戶規模的擴充，廣告的服務機能也從只是媒體版面的洽購轉向廣告表現的創意與廣告設計等專業性的發展。

　　在其發展的過程中，廣告產業展現的是一種商業活動，亦即廣告主用付費的方式委請廣告代理業（即廣告公司）製作有利於產品或情感方面的特定訊息。而廣告代理業就會根據廣告主（即客戶、出錢作廣告的人）的需求，企劃相關的廣告活動。並且運用各種可能有效的媒體組合刊播廣告訊息，讓更多消費者或潛在消費者能接觸到該訊息；因此，廣告的本質就是一種資訊傳播的活動。

貳、廣告傳播的元素

　　廣告既然是一種傳播活動，我們就可以用傳播行為的模式來理

解整個廣告產業的經營與創作過程。基本上，人類的傳播行為可以簡單的說就是某個人（或單位、團體、組織、社會、政府等）將其所要表達的訊息、意見、態度或情感等，透過不同的符號表現與各種類型的媒介，傳送給另一個人（或單位、團體、組織、社會、政府等），並且希望對方有所回應的過程。根據許多知名傳播學者拉查斯斐（Lazarsfeld）、賀夫蘭（Hovland）、宣偉柏（Schramm）等人的研究檢證下，所有的傳播行為模式如**圖1-1**所示。

這樣的傳播模式，特別著重發訊者如何編碼將其意思表達成有效的溝通訊息，並透過不同的媒體選擇，到收訊者解碼以及有無效應等過程。在這樣的過程中可能會有一些內外在的干擾因素（內在干擾：心理因素、情緒低潮、生理期、睡眠不足等；外在干擾：環境的噪音、器材設備故障、空氣悶熱等），影響收訊者的解碼。如果以此模式來檢視廣告的傳播過程，可以發現每一項廣告傳播的要素都已經有許多相關的立論基礎與研究，以下就整個過程要素敘述如下：

一、發訊者（Source）

指的是出錢做廣告的廣告主與接受委託製作廣告的廣告代理商。雖然廣告主與廣告代理商都可以歸屬於訊息的來源者，不過廣

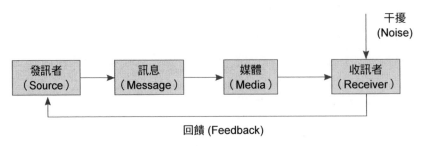

圖1-1　傳播基本模式

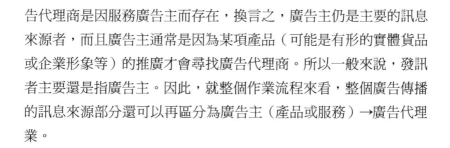

告代理商是因服務廣告主而存在，換言之，廣告主仍是主要的訊息
來源者，而且廣告主通常是因為某項產品（可能是有形的實體貨品
或企業形象等）的推廣才會尋找廣告代理商。所以一般來說，發訊
者主要還是指廣告主。因此，就整個作業流程來看，整個廣告傳播
的訊息來源部分還可以再區分為廣告主（產品或服務）→廣告代理
業。

二、訊息（Message）

廣告呈現的所有內容就是廣告訊息，包括圖像與文字的運用，
如何運用就是廣告創意與訊息策略的表現。廣告訊息是否能吸引消
費者的目光，引發消費者對產品的興趣與欲望，進而採取消費的行
動，是整個廣告傳播能否有效的關鍵。基本上，每則廣告都是由訊
息與傳遞訊息的媒介所構成。

三、媒體（Media）

媒體指的是能夠刊載文字、影像訊息的媒體，例如，電視、報
紙、雜誌、廣播、網際網路、戶外看板、電視牆、交通媒體等各種
形式的媒介。這些可以有效地把訊息傳達給目標消費者而收到傳達
訊息的效益，都稱之為媒體。換言之，任何可用於傳送廣告資訊的
工具或人物，都是廣告媒體。

四、收訊者（Receiver）

觀看或收聽媒體的人就是閱聽眾，也是媒體訊息的收訊者（或
接收者）。廣告透過媒體的目的就是希望有更多的收訊者能接受到
該廣告訊息，進而達到廣而告知的傳播效益。由於所有的產品都有
其特定的消費對象，因此廣告也是針對某些特定的收訊者在說話，
而這些人就是廣告的目標閱聽眾（Target Audience），也就是廣告

主最想要溝通傳播的目標，亦即目標消費者（Target Consumer）。

五、回饋（Feedback）

有效的傳播活動是一個雙向的過程，所以當收訊者接受到某個訊息後，對發訊者所傳送的訊息有所回應時就是一種回饋動作。以發訊者的角度來看，當然是希望引發收訊者正面的回應動作，例如，對該廣告產品有正面的評價、好感或進而購買等。但卻也可能因為收訊者對該產品的需求動機、消費習性、對廣告的感覺等，而對該廣告有不同程度的回應或是給予負面的評價。換言之，消費者的回應（可能是認知、態度或行為）是廣告傳播是否達成廣告目標的評量指標。

六、干擾（Noise）

在廣告傳播過程中可能因為收訊者內在的心理因素，例如，心情不好、本身就討厭廣告、廣告代言人的緋聞讓你厭惡該廣告等；或外在環境的噪音，如看電視時旁邊有小孩在吵鬧、媽媽在旁邊使用吸塵器清潔、電視斷訊、有線電視工程維修等影響，都會對廣告訊息的接受與解碼過程產生某些程度的干擾，而這些干擾會影響到訊息接收的效果。

如果以整個傳播模式來檢視廣告，整個廣告傳播模式如**圖**1-2所示。

參、廣告傳播的特性

從上述中已知道，廣告就是一種廣而告知的傳播活動，由於有它的存在，許多商業訊息才能透過媒體快速廣泛的傳達給更多的消費者，進而促成消費交易的過程。也因為有了廣告，消費者可以獲

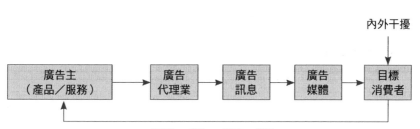

圖1-2　廣告傳播模式

取更多的產品資訊，進行產品品質、價格、內容成分的比較，進而
選購最喜愛的產品；換言之，廣告也是消費者消費的參考依據。而
其傳播的特性可以從廣告的操作面向、目的面向、價值面向與文化
面向來檢視，如**圖1-3**所示。

一、廣告操作面向

　　廣告的操作指當廣告主決定做廣告傳達商品訊息，開始進行與
廣告公司洽談、廣告公司提出廣告活動的企劃案、接洽媒體刊播、
進行廣告效果調查等一系列的活動過程。在這樣的操作過程中，廣

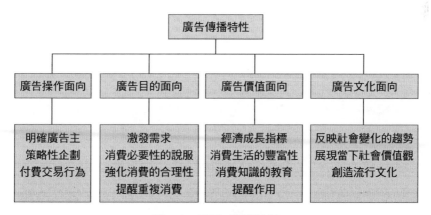

圖1-3　廣告傳播特性

告傳播的特性主要包括：

(一)明確廣告主

　　廣告主是廣告活動的發起者，也是廣告經費的承擔者，任何出資做廣告的個人或企業機構都必須在廣告訊息中有明確的交代，因為這不僅是讓消費者清楚知道訊息的來源，也是一種負責任的表現，才能促使消費者放心地購買商品，也才能產生直接服務於廣告主的效益。畢竟當消費者權益有所受損時，廣告主應該要負責，因此廣告必須明確告知企業主名稱。有時在選舉中會有一些攻擊對手的負面文宣，並未交代刊播者是誰，就成為選戰中黑函，在一般消費市場中，這類的廣告很少見。

(二)策略性企劃

　　廣告是有目的性的說服傳播，有目的就要有策略。為了達到某種目的的方法就是策略；在廣告傳播中，廣告一定要有策略導引，才能做出正確與精采的廣告訊息、運用適當的廣告媒體、傳送給適合的消費對象。相關的策略企劃主要包括廣告策略、創意策略與媒體策略。

(三)付費交易行為

　　當企業想要製作廣告時，每年就必須有相對的預算支出於廣告製作與媒體刊播等項目。因為當你開始投資做廣告時，消費者不見得會很快就知道你的存在；但是當你不做廣告時，在可替代性商品選擇眾多情況下，消費者很快就會忘記你的存在。此外，廣告產製的本身是一種商業性活動，即使是拍攝刊登公益廣告也都有出資的業主，因此廣告本身就是一種付費的交易行為。

二、廣告目的面向

廣告是有目的性的傳播行為，企圖引發消費者對該廣告不同程度的反應，包括激發需求（如水——解身體的渴）、消費必要性的說服（如保險——世事難料）、強化消費的合理性（如珠寶——女人寵愛自己）、提醒重複消費（如信用卡——累積紅利積點）。不論是哪種目的，都是希望消費者最終能進行消費購物的動作，完成消費交易的行為，才能為企業創造更多的利潤，而這也是廣告主願意每年支付龐大廣告預算的主要原因。所以就目的面向而言，廣告傳播主要特性包括：

(一)激發需求

每個人基本上都會希望創造更好的生活環境與條件，也因此人類的需求與欲望可以被開發與創造。所以每年的汽車廣告中，常見到提醒消費者可以換車的訊息，激發消費者更新產品的需求。如「NISSAN全車系全民升級——貼玻璃篇」，廣告中利用畢業、升官、做爸爸等情境激發消費者升級車的概念。讓消費者體認到在這樣的情境之下，沒有車的人需要買車；已經有車的人有需要再買一台車。廣告就是這樣創造需求來激發消費者的欲望。

(二)消費必要性的說服

廣告的本質就是說服，說服消費者接受廣告訊息或建議，使其對廣告品牌產生正面的情感與記憶，進而採取對廣告產品或服務有利的行為。也因此廣告主會嘗試以各種不同的廣告情境與表現來影響消費者，讓消費者產生共鳴，作為消費者消費理由的根據。如329許榮助保肝丸，用故事情節讓消費者瞭解，不加強保肝的後果是遺憾，以此來加強購買的必要性。

(三)強化消費的合理性

　　為了避免消費者購物後的認知失調，許多廣告訊息會強調消費的合理性與正當性。例如，2009年統一超商7-11為了提高母親節蛋糕的訂購率，採取的售價策略是兩個95折，而提供消費者購買的合理性理由為「一個送婆婆、一個送媽媽」。又如早期金飾品只在婚禮等特殊場合佩戴，但是以款式設計顯著的鎮金店、今生金飾等金店，希望能增加年輕女性的購買，所以廣告訊息主軸以「寵愛自己」、「犒賞自己」作為購買金飾的正當性理由。

(四)提醒重複消費

　　在競爭激烈的消費市場中，隨時都有許多新品牌進入市場瓜分，也因此即使領導品牌也不敢掉以輕心，每年都會製播不同廣告提醒消費者自己的存在，同時也提醒消費者重複購買。這就是為什麼對企業界而言，一旦開始投資製播廣告後，就不會再停止了，否則很容易就從消費者的腦中剔除該品牌的印象或被新產品的廣告印象所占據了。像m&m巧克力，每隔一陣子，廣告中裹著不同糖衣的巧克力豆總會出來耍寶一下，類似這樣的消費商品，並沒有新的產品上市，也不是有特別的促銷活動，其廣告目的就是要提醒消費者 不要忘記它。

三、廣告價值面向

　　現代企業必須靠大量的生產與行銷來降低生產成本，消費者對產品的需求與欲求也影響著經濟活動能否持續的重要關鍵。而廣告大量傳播的特性，正可以有效達成刺激消費者的欲求以及完成銷售的目標，所以現代企業對廣告的依存性頗深。換言之，廣告在價值面向的傳播特性包括：

(一)經濟成長指標

經濟的成長需要靠消費，因為有消費才能帶動生產，有生產才能推動經濟。明顯地，廣告對於刺激消費的確有正面功能，相對的對於整個社會經濟的成長也有一定的貢獻。所以從每年度各企業主的廣告預算可以看出該年度的景氣。通常景氣好時，廣告預算就會相對增多，刺激更多的買氣；而景氣不佳時，消費者的消費也趨向保守，廣告主通常也相對刪減廣告預算（但事實上，應該要在景氣不佳時做更多的促銷廣告推廣，以刺激買氣）。

(二)消費生活的豐富性

廣告也可以說是一種藝術形式的表現，最吸引人的地方就是其創意表現。廣告中的溫馨、幽默、詼諧等表現，都足以激發生活中許多的感動。也因為廣告創意的推陳出新，提供許多娛樂和話題，讓我們的生活充滿許多趣味與多樣化。如手機廣告以連續劇的方式呈現，除了讓受眾有期待的心理，也造成討論的話題。此外，由於廣告是公開免費的產品資訊，不同品牌競爭者透過廣告傳達出各種不同產品的相關資訊，可成為消費者購物選擇的參考依據，有助於做出正確適合的消費決策，也讓消費生活更加理性。

(三)消費知識的教育

廣告提供產品資訊的同時，也同時帶給消費者新的產品知識，而這些產品資訊可能都與自己的生活健康有密切的關聯。例如，老年人容易骨骼疏鬆，所以最好吃些含鈣或DHA的食品。即使不消費購物，從廣告中可以獲取許多相關的知識，可以說廣告是另一種形式的教育管道。

(四)提醒作用

廣告經由大眾媒介傳播出來的效果是很驚人的，因此政府或是

企業經常利用廣告宣導政策或提醒民眾一些注意事項。如繳稅是國民應盡的義務、喝酒不開車、防止詐騙集團、反盜版尊重著作權、隨手做環保愛惜地球資源等。

四、廣告文化面向

(一)反映社會變化的趨勢

　　廣告往往反映當時的社會現況與民眾的需求，其表現與當下的社會環境有所關聯。因此，從不同型態的廣告文本風貌中，可以一窺不同時期的社會、政治與文化的特性。有些人會從廣告文本的內容分析中找出當時社會現況的脈絡，或從廣告產業的活絡程度也可以窺探出當時經濟景氣的狀況。例如早期女性胸罩廣告在電視刊播時只能用假人模特兒，但現在女性模特兒不僅可以直接穿著胸罩展示，也無須再加上外衣遮掩，顯示社會環境的開放。

(二)展現當下社會價值觀

　　廣告人身處當下的社會環境，所發想的靈感經常取自於日常生活，自然會受社會價值觀的影響。廣告商不會冒著與消費者相互抵觸的風險，建構相斥的意念。所以現實中的價值取向，往往成為廣告表現執行時的最佳依據。例如，每逢特定節日就會有許多提醒性的廣告出現，提醒消費者該做某些事（母親節感恩媽媽的付出、父親節謝謝爸爸的辛勞、清明節要掃墓、過年要回家團圓）等，這些都是文化傳承中美好的價值觀。但是廣告也有可能挑戰舊有的傳統觀念，起而代之另成一種新的準則，如新好男人主義、新女人主義、新家庭相處哲學、新購物哲學等。可以說，一般社會價值觀培養廣告創意，而廣告創意又可以創造出新的社會價值觀，彼此間是互為因果關係。

(三)創造流行文化

　　廣告是社會商業活動中重要的催化劑，也是與時間競走的速食行業，必須講求時代性，合乎消費者的習性，亦即與流行的趨勢緊密扣連。廣告中所傳遞的產品訊息經常會成為我們購物選擇時的參考依據，所以在廣告中我們常可以看到流行的服裝、造型或人氣最夯的明星做代言人等。也有可能廣告商品並未普及或流行風潮已過，但其影像所採用的表現、標語或旁白都成為大眾生活中的流行語，影響著人際間的互動關係。廣告也是社會文化的一部分，當文化有所改變或演進時，廣告的表現與所用的符號語言自然與時俱進。所以廣告的魅力不僅刺激銷售，更成為流行文化的一部分。

第二節　廣告的定義與類型

壹、廣告的定義

　　從傳播模式可以看出整個廣告傳播的過程，但是如果想要為廣告做更明確的界定，也並不是一件容易的事情。因為廣告傳播的過程既是一種行銷與經濟活動的過程，也牽涉心理溝通與說服的機制，所以從不同面向探究廣告時，就可能產生不同的定義取向。主要取向可分為：

一、行銷取向

　　主要以美國行銷協會所下的定義為主，「廣告是由可識別的廣告主用公開付費的方式對產品、服務或某項行動的意見或想法等進行非人員性的任何形式介紹或促銷的活動。」此定義主要強調廣告有其商業上的目的，付費的目的主要希望與消費者進行溝通，並希

望消費者能花錢購買產品。在不斷地滿足消費者需求的同時，也持續創造市場，成為一種持續擴張市場的手段。

二、傳播取向

美國《廣告時代》雜誌於一九三二年為廣告所下的定義為：「個人、商品、勞務、活動等訊息，以印刷、書寫、口述或圖畫為表現方法，由廣告主付費做公眾宣傳，以達到宣傳、促成銷售，使用、投票或贊成為目的」，此定義顯示廣告不僅營利行銷而已，也有告知公眾訊息的非營利意涵在內。營利行銷以激發購買行為作為商業目標，非營利意涵則是激發大眾情感，產生某些認同進而採取某些行為。

三、心理取向

廣告要達到最終效果之前，必須經歷一番心理的說服過程。這種心理過程就在於消費者為什麼要買某一產品的關鍵因素，因此廣告主通常藉由產品所能提供的利益、功能或附加價值，足以解決消費者的問題或煩惱，作為引發消費者購買心理的產生。因此廣告可以定義為：「一種說服消費者心理過程的手段，以便提供消費者合理化的消費理由」。

貳、AIDA模式

除了對廣告定義的理解外，通常也會以AIDA模式來看廣告運作的概念，亦即當消費者或潛在消費者從接觸商品資訊開始，一直到完成商品消費的購買行為過程，其主要經歷過程如下：

一、Awareness/Attention（認知）

　　第一個A是「認知」：消費者（閱聽眾）經由廣告的視聽，逐漸對產品或品牌開始有初步的認識瞭解。由於每個人對廣告的感受力不同，對產品需求也不同，因此會在何時何處受哪一則廣告吸引都不一定。以平面廣告來說，整個畫面的呈現與特立的標題很重要，因為這決定了消費者會不會繼續看下去的關鍵。這就是為什麼許多廣告開始突破原有的報紙版面編排，企圖用有創意的版面吸引讀者目光。而許多電視廣告一閃而過很難記住，但是如果有一句朗朗上口的廣告標語，例如，「認真的女人最美麗」、「科技始終來自於人性」、「肝若不好，人生是黑白的」等就會印象深刻些。或是運用令人拍案叫絕的廣告手法，如手機廣告在戶外放置超大型手機吸引消費注意；或是新奇有趣的促銷活動，如麥當勞要消費者大聲說出標語然後贈送小點心等，都能吸引目標消費群中大多數閱聽人的注意。這些吸引消費者知覺上的注意是絕對必須的，因為太多廣告產品了，消費者為什麼要注意或是會特別注意到某則廣告，除了自己有產品的需求會特別注意相關訊息外，就必須靠創意性的廣告吸引目光了。因為只要這一步能達到，就等於是跨出了建立消費者對該產品或品牌認知的第一步。

二、Interest（興趣）

　　第二個I是「興趣」：第一階段的吸引目光是先決條件，但是第二階段的引發興趣，則是建立消費者對產品購買的可能性。因為一則頗特別的廣告雖然吸引你但卻無法激起你對產品的興趣，對廣告主而言是不夠的。畢竟廣告主最終目的還是要消費者消費，因此廣告中就會提供給消費者有價值的利益，如產品的獨特功能或優惠方案及贈品方式等，都容易引起消費者的興趣；例如「一星期就可

以看到臉上的美白效果」、百貨公司週年慶傳單上所提的「來店禮」。

　　基本上，興趣的產生通常基於兩點：一是由強烈的刺激所引起；二是由內心的需求所引起，欲望常由興趣引起，興趣常由欲望而增強。通常藉由產品提供給消費者的某些利益或誘因能適度地引發消費者對產品的興趣，有了對產品的興趣前提，消費者消費的可能性就提高了。

三、Desire（欲望）

　　第三個D是「欲望」：欲望比興趣的程度更強了，當消費者對產品提供的利益有興趣，甚至產生想要擁有該項產品的欲望時，廣告所引發的購買行為就成功一大半了。亦即，刺激欲望的最好辦法是強調產品所能給予顧客的利益滿足。通常產生興趣和渴望只在一剎那間，若廣告主能掌握到這樣轉換的關鍵，該則廣告可說接近成功。

　　例如，在世貿的電腦展中辣妹的熱舞吸引消費者的注意，主持人手中即將免費贈送的隨身碟，讓消費者更有興趣停留等著搶搶看；而當主持人告知現場買一個隨身碟就加送一個的訊息更激起消費者想當場購買的欲望。有些廣告則是運用消費者心理因素，強調如果不趕快買就沒有了，或是某某某都已經買了，就是企圖激起消費者對產品的欲望。當消費者產生擁有產品的欲望後，就容易產生立即性的衝動購買；有些消費者雖不至於衝動購買，但只要能激起欲望的企求，通常也就表示該產品或品牌已經進入閱聽眾的腦海中，日後如果有需要時，該產品成為被選擇的機率就相對的提高許多。

四、Action（行動）

　　最後一個A是「行動」：廣告主企圖引發的廣告效益，就是希望消費者看完廣告後能有所行動，也是在整個行為中最重要的一

環,因為即使消費者對產品或品牌已經有了「認知」、「興趣」
與「欲望」,但到最後卻沒有任何消費行為,就整個廣告效果而言
仍是大打折扣或甚至白費了。所以促成購買是廣告成敗的最關鍵一
步,有時一步之差,可以使所做的一切努力前功盡棄,這就是為什
麼銷售現場也有許多的廣告宣傳(即銷售點POP廣告)。換言之,
以廣告主的立場而言,如果只是創意叫好,在市場上卻無法引起刺
激銷售作用的廣告,其投資就如同石沉大海。所以廣告叫好又叫座
當然高興,如果兩者不能兼具時,廣告主會傾向製作能激起市場消
費的廣告為主,而不是純粹得獎的廣告。

參、廣告的類型

　　廣告有哪些類型?廣告的分類會因為分類的取向不同而有不同
的概念,不過不論是哪一種劃分取向,都是呈現出廣告運用範圍的
整體輪廓。瞭解廣告有哪些類型有助於協助客戶釐清廣告的製作,
因為廣告主本身不一定是熟悉廣告製作的人,因此如果建立一些分
類的概念,將有助於在規劃廣告時更清楚表達出廣告主所要表達的
東西與概念。以下就幾種常見的劃分來說明廣告有哪些類型項目,
如**表1-1**所示。

一、依廣告主性質分

　　廣告主就是出錢做廣告的人或單位,從這個思維出發就可以發
現任何人或單位都可以是廣告主。因為每個人或單位可能都會因不
同的目的需要花錢做廣告。以一般營利的商業機構而言,做廣告就
是要推廣產品刺激銷售,屬於商業廣告。政府機構也會進行國際性
形象的推廣或向人民宣傳不同部門所進行的政策或活動,屬於政府
廣告。另外像小企業機構或私人所做的廣告,大都刊登在報紙的分

表1-1　廣告類型

區隔	類型
依廣告主性質	商業廣告、政府廣告、分類廣告、公益廣告、政治廣告
依傳播媒介	報紙廣告、雜誌廣告、郵件廣告、廣播廣告、電視廣告、戶外媒體廣告、燈箱廣告、計程車廣告、公車廣告、網路廣告等
依傳播範圍	國際性廣告、全國性廣告、地區性廣告、賣點廣告
依傳播對象	女性廣告、兒童廣告、白領階層廣告、銀髮族廣告等
依廣告訴求	理性廣告、感性廣告
依廣告目的	營利廣告、非營利性廣告
依廣告功能	商品廣告、促銷廣告、企業形象廣告、政治廣告、互動廣告、贊助廣告

類版上，屬於分類廣告。如果是非營利的慈善及公益機構所做的廣告就是公益廣告；而政治人物競選期間為爭取選票而作的廣告就是政治廣告。

二、依傳播媒介分

　　凡是該媒介可以刊登廣告，就是一種廣告類型，如平面媒體廣告，運用平面的影像創造出視覺效果來傳達廣告訊息，如報紙廣告、雜誌廣告、郵件廣告等。電子媒體廣告，運用電子媒介傳達影像、聲音，或二者合一的聲光效果，如廣播廣告、電視廣告。戶外媒體廣告，像定點廣告（戶外大型看板）、燈箱廣告（捷運站裡的燈箱廣告）。交通媒體廣告，如計程車廣告、公車廣告等；以及隨著網路盛行而興起的網路廣告等。

三、依傳播範圍分

(一)國際性廣告

　　當國際廣告主（或一些跨國企業）希望所銷售的產品能迅速地進入國際市場，建立市場聲譽，擴大產品銷售時，會透過國外的

或是國際性的傳播媒介，來進行符合國際市場特點的行銷活動。而搭配行銷活動所需的廣告製播就是國際廣告產生的主要原因，換言之，國際廣告是國際行銷活動的產物。目前國際廣告已成為爭取國外消費者、開拓國際市場不可少的手段。通常進行國際廣告須瞭解當地的風俗習慣、文化傳統、宗教信仰、社會制度、自然環境、社會狀況等，才有可能製播出與當地消費者有所共鳴的廣告。

(二)全國性廣告

指透過全國性的廣告媒介播送的廣告，例如，全國性的電視台（無線與有線電視台）或是全國性的報紙（《中國時報》、《聯合報》、《自由時報》、《蘋果日報》）等。通常全國性廣告所宣傳的產品大多是通用性強、銷售量大、地區選擇性小的商品（如連鎖性的速食店、咖啡店等）。一些大型企業的產品銷售及服務網遍及全國，所製播的廣告通常就是透過全國性的媒介播出，讓國內各地的消費者都有機會接觸到該產品相關的廣告訊息。

(三)地區性廣告

相對於全國性的廣告而言，如果廣告主是採用地區性的廣告媒介，在某一個特定地區內發布廣告則屬於地區性廣告。通常地區性廣告面對的是某一些特定區域的消費者，因此有時是當地產業針對當地消費族群所製播的廣告，例如，很多地方性的電台、有線電視頻道、社區報紙、路牌、霓虹燈等所刊播的廣告訊息就是主要以當地居民為主要的訴求對象。

(四)賣點廣告

除了以上三種範圍外，目前更被重視的是銷售現場的賣點廣告，也就是所謂的POP廣告。由於產品的賣點就是消費者的消費場所，因此如何吸引消費者進入銷售場所以及刺激其購買欲望就要藉

助賣場的廣告表現了。通常可分為室外POP廣告和室內POP廣告，前者主要指購物場所、商店、超級市場門前或周圍的一切廣告形式，如看板、霓虹燈、燈箱、海報、傳單、商店招牌、門面裝飾、櫥窗布置、商品陳列等；後者指商店內部的各種廣告，如立牌、貼在商品前的促銷廣告與傳單、櫃檯廣告、貨架陳列廣告、商店四周牆面上的廣告等。

四、依傳播對象分

　　每一則廣告都是針對特定的目標對象說話，也就是廣告主所要傳播溝通的對象。因此，凡是以女性為消費訴求的產品（如衛生棉、金飾、胸罩等）；以兒童為主要消費群的產品廣告（如零食、飲料、玩具等）；以白領階層為主要消費群的產品（如汽車、信用卡、保險等）；或以銀髮族為主要消費群的產品（如健康食品等）等，就是依照傳播對象所分的廣告類型。

五、依廣告訴求分

　　廣告為了能有效的吸引閱聽眾的注意，在訊息的表現上會採用不同的訴求方法，常見的方法就是簡化為理性訴求或感性訴求。理性訴求主要表現出產品重要的相關資訊，讓消費者有機會作深入與理性的思考。感性訴求則是透過其他的周邊因素，如廣告歌曲、知名代言人等引發消費者對產品的認知與情感面的記憶。另外也有將廣告訴求作更明確的細分方式，如幽默方式呈現的幽默廣告、溫馨方式呈現的溫馨廣告、恐懼訴求方式呈現的恐懼廣告等。

六、依廣告目的分

(一)營利廣告

　　企業必須賺取利潤才能有生存與永續經營的依據，因此當廣

告主藉由廣告來推銷商品、觀念和勞務，以期激發消費者的購買行為，進而使廣告主獲取利益時，就屬於營利廣告。基本上大部分的廣告都是屬於營利廣告。

(二)非營利性廣告

指不付費的廣告，通常主要指公益性廣告或是政府單位為了達到某種政令宣傳目的所製播的廣告。這類型的廣告通常是為了促進、維護社會公眾的切身利益所製播的廣告，或是呼籲公眾對某一社會性問題的注意。其製作與傳播通常是社會各方面的合作才完成，主要包括廣告代理商免費設計，而媒介單位免費提供版面或時間。例如，921地震時，許多的企業主與廣告代理商主動集合製播一系列有關重整家園的廣告，並透過電視媒體密集的播放，對於當時社會情感的凝聚力有極大的正面效益。又如當交通部提倡「喝酒不開車、開車不喝酒」的觀念時，相關的廣告短片也就會在媒體密集播放。

七、依廣告功能分

由於廣告本身就是有目的性的傳播行為，因此每則廣告都有其特定的功能，以期達到特定的廣告目的。以下是常見的幾種以功能劃分的廣告類型：

(一)商品廣告

主要以推銷商品為目的的廣告，目前大多數媒體上所呈現的廣告大多屬於這類。通常會利用與商品銷售直接有關的表現形式，如介紹商品的名稱、優點等，並進行說服消費者購買為主的廣告內容，也是廣告活動的主要形式之一。

(二)促銷廣告

以促銷商品為主,主要以打折商品或贈品等吸引消費者消費的廣告。這類廣告通常是搭配整體的行銷推廣策略的執行。例如,百貨公司週年慶期間所發行的廣告傳單與現場的產品折扣、贈品等各種形式的廣告就是常見的促銷廣告。

(三)企業形象廣告

為提高企業知名度所作的各種形式的廣告,尤其在激烈競爭的產業生態中,良好的企業形象有助於市場銷售的正面加分,因此許多企業都積極的想要在消費者心中建立良好的企業形象。其表現通常會以該企業所贊助的公益活動、所作的社會回饋或企業歷史規模等方面的介紹,來增強消費者對企業的好感和信任,進而達到間接促銷該企業產品的目的。例如,伯朗咖啡以「自然的呼喚、請愛護動物」為口號,強調水鳥保護的重要,又如帶有環保意識的白蘭無磷洗衣粉、義美冰棒紙盒裝等。企業形象廣告通常能夠造成一種間接的且長久的廣告效果。

(四)政治廣告

主要指競選期間各候選人或政黨所製播的廣告或選舉文宣,或稱之為競選廣告。由於候選人主要目的是希望當選,因此這類廣告表現主要以候選人的政見內容為主。也有許多候選人為了突顯自己比競爭對手優秀或希望吸引選民的注意,而採用攻擊對手的廣告表現。

(五)互動廣告

互動廣告指的是消費者可以參與廣告的情境或者可以決定廣告的結局。如早期台灣大哥大「安琪與琳達」的廣告,男主角究竟該選擇誰,開放讓觀眾可以加入討論或投票。另外,王心凌為爽達喉

糖拍攝的廣告中,以她的鞋根卡在火車軌道上,誰會來救她為懸疑
性的前導廣告,讓觀眾猜一猜接下來會發生何事。又如誰讓名模懷
孕的廣告,要知道答案須上網查詢等,都是透過互動方式拉近產品
與消費大眾之間的距離。基本上,觀眾的參與是這類廣告的目的。

(六)贊助廣告

　　指擁有某些資源的企業對其他需要資源的團體進行金錢或資源
方面的提供與支援,而被贊助的單位通常會透過廣告給予贊助單位
一定的廣告活動補償。例如,接受贊助單位以出資企業的名稱或其
產品名稱為所舉辦的活動冠名,或透過媒介形式向公眾宣布贊助者
的企業名稱,不僅為贊助者提供免費的宣傳機會,也同時提高該公
司的企業形象。另外,有些企業則是贊助印製有企業名稱的產品資
源,讓受贊助單位運用於活動中,以擴大企業名稱的曝光與產品的
認知。

第 二 章
廣告的操作

第一節　廣告計畫

第二節　廣告策略

第三節　廣告的策略思維

Advertising
Communications

　　廣告既然是有目的性的傳播活動，當化為具體的行為時就必須依據企業目標制定廣告計畫，擬定具體可行的方案。有了這些方案為依據，才能有方向的往行銷目的前進。所以廣告計畫可以說是以合乎邏輯的次序所採取的一系列相互關聯的步驟，前面一個步驟自然會影響到下一個步驟的進行。通常年度的廣告計畫會在計畫年度的六個月前規劃，因此在產業產銷過程中，扮演非常重要的角色。例如，有些新產品上市就會有一波「配套」的行銷活動，包括上市前後的廣告、新產品發表會、配合性的公共報導、銷售人員的產品知識訓練、促銷活動等。因此，整個廣告計畫的內容就是要執行這一波的廣告活動（Advertising Campaign）。換言之，廣告計畫就是擬定相關的廣告活動。而廣告活動的概念就是一套運用廣告，在一定期間內，針對特定目標市場或閱聽眾，為達成增加某產品或服務的銷售或提升知名度而進行的程序。

第一節　廣告計畫

　　廣告雖然重要，但是就整個產品的銷售而言，只是其中一環，因此也有人把廣告計畫（Advertising Plan）放在行銷計畫中的一部分。不過就廣告產業而言，由於廣告人主要是負責其廣告活動，主要提的企劃案也是跟廣告有關。因此在瞭解廣告主的行銷方針與目標後，也相對的擬出一份廣告計畫。通常良好的企劃，有三項原則的掌握：(1)精密的構思能力；(2)確實的執行力；(3)清楚的說服力。而在一般廣告計畫中常見的涵蓋項目，如**圖2-1**所示。

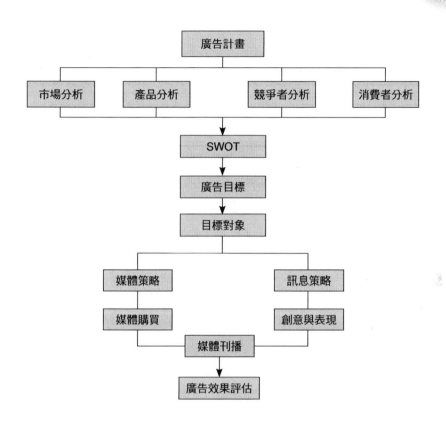

圖2-1　廣告計畫流程

壹、資源分析與環境掃描

　　任何計畫都必須先瞭解「狀況與條件」，所謂的「狀況」就是外在環境的情勢，亦即所謂的市場分析，包括瞭解市場規模、主要品牌占有率、價格、通路、替代品的瞭解等。另外對競爭者的掌握更不可少，所以包括目前同質性產品的使用狀況、銷售地區、競爭者市場占有率、主要訴求對象、廣告選擇的媒體等因素也要先有所掌握。「條件」就是要能分析自己的產品，包括瞭解自己產品的用

途、結構、品質、包裝、定價、差異性、品牌形象等區隔要素，才能釐清自己產品的市場位置與相對優勢為何。另外，對於產品消費客群的分析是廣告計畫中絕對不可少的要件，畢竟沒有消費者，產品無法達到最終的銷售目的。因此目標對象設定在哪一個客群？其生活型態、購買行為、特性、對媒體的接觸、對同類產品的態度、對本產品的看法等因素，都是要做好廣告計畫前必要的分析。

規劃時通常可以用SWOT的分析方式做好環境掃描：

S（Strength）──強項、優勢

W（Weakness）──弱項、弱勢

O（Opportunity）──機會、機遇

T（Threatness）──威脅、對手

其中S與W主要是用來分析內部條件的優劣，而O和T則是分析外部條件的機會與威脅。所以主要的分析要項包括市場分析、產品分析、競爭者分析與消費者分析。

例如，假設你想經營一家咖啡簡餐店，就要先評估自己有哪些外在的資源，如資金、地點、人力、店面的規劃等條件。假設你煮的咖啡味道特別好，簡餐的搭配強調新鮮的蔬果與養身的副餐，符合現代人的需求，就能成為你的優勢點。可是因為資金有限，你無法聘請人員，只能一個人駐店，也意味著當客源流量稍多時，你可能就應付不來，所以資金與人力將是你開店的弱勢點。另外，其他以低價取勝的便利杯咖啡（如黑咖啡、壹咖啡等，強調誰說三十五元不能有好咖啡喝）則是你的威脅點。然而到咖啡簡餐店喝下午茶談公事已經是一個普遍的趨勢所在，但在你的店家附近並沒有其他類似的咖啡簡餐店，就會是你開店的機會點。

基本上，所有的內外在條件究竟屬於優勢、弱勢、機會或威脅，都是一種相對性的比較。所以根據產品的屬性與競爭品牌屬性

相比，就能找出自己的優勢與弱勢。再根據外在市場現況的對照就能找出什麼是機會點及威脅點了。

貳、廣告目標的擬定

所有的企劃都必須有目標，所謂的目標就是我們想往哪裡去？亦即有了目標才知道這次的活動或廣告目的為何，可說是廣告活動前的一項期望值，也是用來評估廣告效果的基準。

廣告目標的擬定就是依據商品定位及行銷策略，擬定最合適的廣告構思及方向。顯見，目標的設定就是廣告所要解決的問題，除了展現期望外，更重要的是要建構在具體可行的現有資源與條件中，而不是訂定過高不切實際的目標；亦即廣告目標要明確、實際與可達成。因此當廣告目標愈特定，對發展後續的活動就愈有利，亦即當目標愈精準時，就愈有可能產生效益。通常目標涵蓋三個主軸：(1)目標對象：誰是廣告活動的目標對象？(2)溝通目標：希望達成什麼樣的溝通效果？(3)預期變化：希望達成什麼樣的溝通目標的變化？在擬定目標時可以從認知面、情感面與行為面三個方面著手。

一、認知面

亦即你希望或預期消費者對這則廣告的注意、吸收或解讀的程度為何，例如，對新產品而言，目標應該是建立品牌知名度為主；因為人們通常不會去買那些他們不知道的東西。所以認知的目標應該是希望消費者看過這個廣告、知道有這個產品的存在；因此廣告目標可以是「在上市的三個月內建立新品牌知名度至25%」。如果是現有品牌，希望拓展市場，其目標則為「在廣告刊播期間，將品牌知名度由現有的40%提高為60%」。換言之，新產品的廣告認知

目標要從無到有，現有產品的廣告認知目標則是要比現在更好。

二、情感面

亦即希望建立消費者對該則廣告的好感，進而轉嫁到對產品的認同與好感。例如，廣告會請許多當下知名的明星（如小S、林志玲、蕭薔、鄭弘儀、陳美鳳等）為產品代言，就是希望透過消費者對代言人的情感或信賴轉嫁到對產品的情感，所以廣告目標為「以活潑俏麗的小S代言來建立消費對象相信這個產品」、「以甜美瘦高的林志玲傳達工作疲勞時，都採用某品牌的按摩機恢復小腿的疲勞」。又如許多企業不定期推出企業形象廣告，也是為了建立消費者對企業品牌的正面形象，其目標為「建立企業對鄉土文學活動的支持形象」、「強化企業在消費者心中是支持環保的企業形象」。

三、行為面

亦即希望透過廣告訊息能改變消費者某些觀念與行為。所以廣告會用各種表現試圖引發消費者對產品的興趣，希望消費者能嘗試購買。廣告中也可能是介紹該產品另外的使用方法，讓消費者知道原來該產品有不同的使用時機與方式，進而改變自己的使用習慣。廣告也可能針對不同客群需求加入某些新元素，企圖吸引不同的客群。類似的廣告目標為「以無厘頭的有趣概念激起消費者想要購買該產品」、「教育消費者冬天吃火鍋配汽水」、「吸引四十五歲以上的婦女多喝加了鈣的牛奶」。

參、訴求對象的確認

廣告雖然廣而告知，但並不企圖作給所有的人看，以免散彈打鳥，效益不高。所有產品研發生產前會先掌握消費者輪廓，根據

其可能的需求才生產。所以產品有其設定的目標顧客,廣告就是要給這群消費者或潛在消費者看的,這群人就是廣告的目標消費者或是目標閱聽眾。擬定企劃案時如果不知道目標對象是誰,就不知道該用何種訊息策略做溝通語言,更無法確認要刊播在哪些媒體才有效益。因此對象的思考是「誰會使用這個產品?」、「可能的購買者是誰?」、「誰有可能是做決定的人?」亦即廣告一定要針對某群消費者說話,其陳述如「七至十二歲的學齡兒童」、「十五至二十五歲的年輕女性」、「六十歲以上的銀髮族」等。例如,現在許多的汽車廣告都以溫馨家庭為表現,太太與孩子的角色已經成為這類廣告中不可或缺的角色了,主要的原因就是因為買車已經不是只有男人決定而已,家人的意見也成為重要的購買參考依據了。所以很多溫馨的汽車廣告其實是深深打動許多女性的感情,進而建議先生換車或買車時,可以考慮購買該品牌。這也就是為什麼廣告人對目標的擬定中,要明確廣告究竟要給誰看。

肆、廣告訊息策略

目標對象確認後,就要確認廣告主題方向與訴求的內容。例如,此次活動設計的主題概念為何、Logo設計的理念有哪些等。因為廣告的表現有千百種,究竟用何種表現與訴求最能吸引目標消費者的目光,是創意人的發揮,也是廣告企劃時非常重要的一環。而且這個部分的內容絕不是建構在廣告人憑空想像上,而是必須要先瞭解目標消費族群的特質後,才有可能創造出引發共鳴的廣告。如許多保健藥品或食品廣告通常以簡單的功能訴求,直接指出當你某方面不舒服時,服用該食品或藥品就會改善。又如女性的胸罩廣告主要以性感表現為主,強調女性的貼身衣物可以展現女人的魅力等。在這些訊息的表現中,有的是呈現產品的優點與功能,有的是

創造出使用該產品時所能獲得的精神意義或心理滿足。雖然訊息策略各有不同,但都必須在企劃階段就有明確的方案。

伍、媒體計畫與組合

媒體是廣告計畫中另一個重要的單元,因為沒有媒體的刊播,廣告就沒有辦法達到對目標消費群廣而告知的傳播目的。因此當訊息策略擬定後,就會依照不同的廣告媒介屬性作表現上的調整。例如,廣播廣告只有聲音而無影像,因此在旁白的陳述與背景聲音的運用就成為廣告表現主要的關鍵。而網路媒體的互動性,也讓廣告與消費者之間多了互動的機制。除了媒體屬性的掌握外,選擇適當的廣告媒體跟製作一則有吸引力的廣告一樣重要,因為沒有適當的傳播媒體將訊息傳遞出去,一樣不可能有成功的銷售。所以如何運用與選擇哪些媒體、哪些內容位置也都屬於廣告企劃中要交代清楚的項目。

陸、廣告執行時程

任何企劃的進行都有其時間表,因為廣告本身就需要時間來運作,這就是為什麼我們常聽到有所謂的短程、中程與長程規劃的企劃案。在廣告活動中,通常屬於短程的企劃模式,因為隨著產品生命週期(即導入期、成長期、成熟期、衰退期)的不同,廣告企劃的任務與目標也就不同。通常短期目標是讓消費者對產品有高度的認識,長期目標是讓消費者認為該產品是市場中最好的等級,並感覺比其他產品好而願意持續購買。此外,廣告運用的時機也經常與商品銷售期作搭配。通常在銷售旺季時集中廣告運用可以得到預期的效果,但也有些廣告的運用因其時程上的創意而拓展產品的銷售

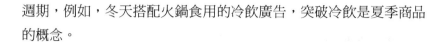

週期，例如，冬天搭配火鍋食用的冷飲廣告，突破冷飲是夏季商品的概念。

柒、廣告預算

「錢不是萬能，但是沒有錢萬萬不能」正是廣告企劃最直接的寫照。從廣告主的角度而言，廣告預算的擬定指的是根據公司的廣告目標與行銷方針所編列出最妥當之金額，用來執行有關產品知名度之提升、銷售量之增加或維持形象等用途。亦即廣告主已經有一個預算的範圍給廣告人，廣告人在此預算範圍內擬定相關可行的計畫。例如，許多政府單位對外公告比稿時，一定會給一定預算的基準，讓廣告人研擬相關的廣告企劃。從廣告代理業的角度而言，如果廣告主沒有事先給予一定範圍的預算金額，廣告人就會根據其廣告計畫中所有可能的開支預算的總和作為此次計畫的廣告預算。而有此預算的評估就能提供廣告主一個參考的依據，評估是否要進行這項廣告活動。因此有些廣告主會先讓廣告人比稿或提案，確認廣告訊息的策略與創意方向後，再依據實際所需要項目，如企劃費、媒體刊播費、廣告製作費、代言人費用等，列出需要支出的費用。

捌、廣告效果評估

任何一個企劃活動的執行是否成功，必須要靠其效果的評估才能斷定。因此有些企劃內容會直接就未來廣告效果如何測定來預作規劃，譬如以消費者態度調查或銷售狀況分析來加以評估。但是有些企劃內容則是會以該企劃活動所預期的效益來作陳述，其實這樣的概念與效果評估的概念並不同。效果評估是預計在廣告刊播後要針對消費者實際進行調查的工作，根據消費者看到廣告後，是否對

該廣告或該產品有哪些認知、態度、行為方面的改變或影響。或是根據廣告密集刊播後，各地市場的銷售情況調查。調查的執行，就需要另一筆調查費用的支出，但對許多廣告主而言，這筆費用通常不列入考慮，也導致許多的廣告企劃案中，並沒有廣告效果評估這一大項，而只有該廣告活動預期效益的相關陳述。

第二節　廣告策略

壹、策略概念

「策略」是一個日常生活中經常使用的詞，尤其在一個顛覆、弔詭、變動的數位新時代中，個體如果要作好生涯規劃就必須要有策略，而企業要贏得市場就必須要有不同於以往的經營思維。換言之，策略就是一種方法，一種規劃對應人或事或環境的一種方法。早期策略的概念主要源於軍事，是一種對付環境和競爭對手的「對策」，其目的當然是希望這樣的對策能達到出奇制勝的效果。因此如果對環境不瞭解，對競爭者毫無所知是不可能正確制定任何策略的，現在策略的思維與概念已經廣泛地運用到各產業界的經營規劃中。

同樣的，在廣告運作中策略的思維與概念非常重要，所有廣告計畫內容中的要項都是在策略思維的引導下創造內容。因為對商業性產品的廣告主而言，廣告製播往往是一筆不小的預算，總是希望將錢花在刀口上，因此所有相關內容都必須有一番詳實的規劃，也就是上面所提到的整體廣告計畫。由於每一個廣告活動都要能完成某種任務，或解決某種問題才算達到廣告目的，而完成任務的對策或方法就是廣告策略；所以策略是要解決設定目標的方法。一般當

我們提到廣告是嚴謹的規劃時，所傳達出的概念就是指廣告活動具有策略思維的表現。可以看出，策略思維是廣告人顯著的專業表現之一，而廣告主願意花錢委由廣告代理商企劃創作廣告，也是看重廣告人的策略思維。

策略既然是一種規劃的思維，面對產業快速變動的生態中，策略思維也相對要有彈性與可調整性。換言之，「策略」是動態的，必須瞭解環境變化外，當周邊環境變化時，策略也要跟著「應變」。以產業的變化而言，早期商品的類別或屬性並不多元，生產速度與市場未普及下，可供消費者選擇的機會並不多。因此只要稍具吸引力的廣告，通常就能獲得不錯的廣告效果。但現在新產品多到令消費者眼花撩亂，市場競爭也相對的激烈，每種產品的上市對於現存市場的既有產品都可能產生瓜分效應。企業主不論是要占有市場或想瓜分現有市場都必須有更創新的策略思維，才能脫穎而出受到消費者的重視，也因此廣告策略成為廣告人重要學習的課題。

貳、廣告策略

每一個廣告都有其核心主題與策略，策略是一種達成目標的指導方針，也是一種理性、邏輯的演繹或歸納過程，其目的在發想具有衝擊性或印象深刻的點子，讓廣告有效的傳遞商品訊息。創意則是一種生產原創性想法或點子的能力，所以廣告創意是在策略引導的框框下，表現出有效的溝通訊息，亦即在指定的範圍內自由發揮，而不是天馬行空的胡思亂想。

一、基本考量要素

進一步而言，策略相當於一種方向的制定，是從產品本質衍生出來，必須以事實為依據，也必須是對的策略。亦即明確指出廣告

究竟向誰說話、說些什麼話。其目的不在壓抑或限制創意的發想，而是提供方向與縮小創意決定的範圍。基本上，創意是不會讓一個方向錯誤的策略產生成功廣告效果的，創意策略除了讓廣告人做事有方向可循，同時也給廣告主在評估廣告時有所依據。雖然創意策略有很多種格式，每家廣告公司都有不同的策略單，主要考量點通常包括：

(一)目標對象是誰

廣告是對特定的人說話，唯有確立目標對象才能言之有物的說中核心，引起共鳴。所以要明確你的廣告是對誰說話，希望吸引哪一群人。

(二)產品的利基點是什麼

買賣交易是雙方的互惠行為，所以能讓廣告的產品占有市場一席之地的優點是什麼，要用什麼理由讓受眾相信產品的優點而願意購買。亦即產品或服務的何種元素可以在同類產品中突顯出來成為競爭的優勢點？產品或服務的哪個面向最能吸引消費者注意？如牙膏的口氣清新、防止蛀牙、潔白牙齒；洗髮精的去頭皮屑、洗髮護髮的二合一功能、防分叉；感冒藥的不嗜睡、不傷胃、不含阿斯匹靈等。

(三)利基點的表現

廣告人的功力在於如何表現出產品的優點，知道用什麼方式表現最能將想說的重點與概念有效地表達。亦即要用什麼樣的觀點或概念表現這個利基點；視覺、語言、感性、幽默、明示的哪些型式表現最清楚；要如何表現出健康、自然、新鮮、原味等抽象的主張，或心理的滿足，如幸福、浪漫、尊貴等。

(四)消費者接受的理由

　　廣告必須以顧客熟悉的語言表現，因此當點子成形後，廣告人應該要明確知道此廣告足以讓消費者接受或認同的原因為何。通常消費者接受的理由就是因為廣告作出了關於消費者的陳述，也是給予消費者購買的重要理由。例如，紙尿褲剛開始上市時，訴求的重點是方便性，能讓媽媽照顧寶寶時更加輕鬆愉快。但是根據市調顯示，雖然許多媽媽都喜歡這樣的產品，但怕婆婆或朋友們知道後，會認為自己是個偷懶媽媽，而且奢侈浪費。也因此，訴求重點就轉為紙尿褲能帶給嬰兒清爽乾淨的健康屁股，不會紅咚咚與過敏。這樣的訴求，讓媽媽們有很正當的理由購買紙尿褲，也因此帶動市場的熱賣。

二、4I思維

　　「廣告策略」就是實現廣告目標的方法，從上述廣告企劃的論述中，已經知道廣告企劃涵蓋的主要項目，每個項目的實質內容就是以策略為主導經由創意團隊的腦力激盪後所發想。基本上，每一次的廣告活動都可能有不同的策略，但是不管採行哪些策略，都必須先確認四個項目，可用四個I概念理解：

(一)確認產品或服務的特質（Identify Product Attributes）

　　除了生產者之外，廣告人比消費者更早接近產品。生產者對產品或服務的屬性雖然相當瞭解，但是對於產品或服務的哪項特質較具有市場的賣相，或較容易吸引到消費者的注意，就必須靠廣告人對市場與消費者的敏感度。所以當廣告主或其行銷人告知產品功能、優點或特質時，有時不見得被廣告人接受而運用在廣告創作中，反而是藉由廣告人不斷地挖尋產品更多的細節，找出與市場、消費者或創作時更能扣連的產品屬性，建構出容易產生對產品正向

情感與定位的廣告。所以廣告人擬定策略前，對於產品或服務本質的瞭解與掌握是重要的前置作業。

(二)確認目標市場（Identify Target Market）

在競爭激烈的產業生態中，產品要銷售就要有明確的市場區隔與定位。相對的，產品的廣告同樣要針對這群人設計內容。由於不同消費對象群有其不同的生活環境、價值觀與生活語言，擬定廣告策略前，必須要先能掌握這群人的生活屬性與消費習性，才能有效制定出針對目標對象量身訂作的廣告策略。

(三)確認廣告目標（Identify Advertising Goal）

策略是為了實現目標的方法，所謂的目標就是要達成的目的。因此，擬定策略前就必須要先決定這次的廣告目標是什麼，或是整個行銷活動中有關傳播、溝通方面所希望達到哪些效果，愈明確具體的目標，愈有助於後續策略思維的發展。

(四)確認策略構想（Identify Strategy Concept）

廣告策略的擬定主要是強調當廣告目標確定後，要採用什麼樣的廣告表現作為說服溝通的內容，亦即該則廣告要從哪一個切入點創作，才能吸引打動消費者的心理，就是廣告策略構想要呈現的重點。

參、產品與廣告策略

產品會因其上市時間與銷售情形的不同而有其生命週期，相對的必須考量因應不同生命週期的階段特色而擬定不同的廣告策略。主要的策略思維如**表2-1**所示。

表2-1　產品生命週期和策略

	導入期	成長期	成熟期	衰退期
行銷目標	告知大眾 鼓勵適用	滲透市場 取得占有率	保持市場占有率	減少支出 運用剩餘價值
廣告目標	品牌認知 知道產品存在	對產品有興趣 養成使用習慣	對產品忠誠 重複購買	淘汰或準備新循環
廣告策略	品牌形象建立	突顯品牌優勢	強化品牌情感	促銷廣告
媒體策略	密集刊播	間斷式刊播	重點式刊播	縮減媒體預算

一、導入期

通常為剛上市的新產品或舊產品改良後的產品，由於市場上對此產品屬於陌生無知的情況，因此策略核心擺在如何使消費者對此產品有印象，願意嘗試購買或列入選擇的考量。創意的訊息表現是吸引消費者目光的主要關鍵，商品特點的介紹可增加使用率的機會，而大量與密集的媒體刊播也有助於累積對品牌印象的效果。

二、成長期

代表產品在市場的銷售情形往上升，而消費者可能知道該產品的存在，但是並未有購買的忠誠度；策略核心在於如何讓使用過的消費者能重複購買此產品。通常會更強化展現自己的產品特性，或展現獨特利益方式（如殺菌的冷氣機、獨特配方的洗衣粉、超容量的電冰箱），或找不同的知名代言人推薦產品，顯示產品受認可及接受的程度。

三、成熟期

此時期通常已經有許多競爭者進入市場瓜分客群，代表市場銷售量增加緩慢甚至停滯飽和；策略核心在於希望建立品牌忠誠度、

打擊競爭對手或刺激競爭品牌的消費者能轉換使用自己的品牌等。例如,用強烈對比方式的比較性廣告,突顯自己產品的某項功能比其他品牌優,或是以贈品抽獎等方式維持銷售量,或是重複刊播過去頗受好評的廣告,喚起大家的回憶。

四、衰退期

市場上隨時有新產品進入,也隨時有既有產品被淘汰。在此階段時,通常會有三種對應方式與策略:(1)維持市場占有率;(2)使產品起死回生,改良產品或增加廣告費,使產品邁入第二春;(3)放棄此產品,減少廣告經費支出,使產品淡出市場。

第三節　廣告的策略思維

廣告策略的運用是現代廣告作業的重點所在,在競爭激烈的市場中,廣告人也不斷地研究更新策略模式,每家廣告公司的操作思維可能有所不同,有些公司也擬定基本制式的策略表單,將前面所論述的幾項策略要點列出,提供策略發想時的參考基準。但是策略絕不是一成不變或僵化,一個案例的成功策略不見得也適用於另一個產品上。除了前文所提到隨著產品生命週期階段不同而有不同的策略思維外,還要因時、因地、因人而靈活與敏感地運用策略思維。

「因時」指的是廣告策略執行的不同時間與季節,當然也跟產品要何時上市有關。例如,廠商不會選擇寒冷的冬天播放冷氣機廣告、優酪乳或牛奶等季節性產品的廣告,也不會在夏天主推暖爐、棉被、大衣等廣告。畢竟,消費者在不同的時間點有不同的產品需求。「因地」指廣告產品的目標市場所在地區,例如,許多女

性流行雜誌只在都會區販售，因為鄉村地區人口年齡老化外，可供販售的通路也有限。換言之，不同的市場具有不同的市場環境必須考量。「因人」是針對廣告對象的瞭解，不同消費對象的需求、心理、情感、消費能力、對廣告的態度等都有不同的特點，例如，同樣六十歲銀髮族，在都會區與在鄉村的消費行為就明顯的不同，如果沒有考慮這個差異性，廣告效果就會減弱了；這也就是為什麼消費者行為一直是行銷與廣告中非常重要的學習課題。以下介紹幾種廣告策略發想時的策略思維：

壹、獨特銷售法（USP）

獨特銷售法（Unique Selling Proposition, USP）是達彼思（Ted Bates）廣告公司中的廣告專家羅斯李維斯（Rosser Reeves）所倡導，認為創意就是獨一無二的銷售主張；任何一個商品都必須發展屬於自己的獨特銷售主張。因為在一個飽和且競爭的市場中，消費者會問，為什麼我要考慮購買你的產品呢？你的產品有什麼特別的地方值得我購買？因此廣告就必須能找出產品獨特的部分，能夠跟其他產品作區隔。某些差異性是來自產品本身的物理特質，但更多的差異性是來自使用時所創造的情感差異。當產品的區隔與獨特點愈明顯，廣告的效果就愈強。因此發想策略思維時可從以下三方面切入：

1. 每則廣告都有一個獨特銷售點，這個銷售點可以讓消費者知道購買此產品後能得到什麼樣的利益，也就是行銷人所謂的「獨賣點」。

2. 這個銷售點是競爭品牌在品牌印象或訴求的表現上，所沒有表現出來的主張或無法提供的特點。例如，貴夫人強調其機器是具有專利發明，是養生機不是果汁機；添寧婦女漏尿

墊,強調的是專為婦女漏尿設計,而非衛生棉。

3.這個銷售點必須能讓愈多的消費者接受愈好,最好有愈來愈多的人因此而成為你的新顧客。

基本上,此思維強調任何商品都有若干特性,但是商品的獨特點將會主導消費者的注意力,因此只要能發現或創造商品的獨特點,再將其轉化成一個足以吸引並說服消費者的差異點,亦即以商品的差異化作為廣告訴求點,找出哪些特性是消費者最喜愛,最能接受的一點,就是廣告創意的表現。要找出產品在市場上的獨賣點,就是找出廣告(廣告力)與產品研發(產品力)兩方面的獨特賣點。當商品的特性愈獨特,帶給消費者的利益愈大時,廣告的效果就有可能愈好。在實際廣告活動操作中,有以下三種操作方式:

1.找出商品有形實質的特點與無形的附加價值。

2.將商品實質特點或無形的附加價值轉化為廣告標語;常用的思維如「假如你買……就會有……的好處」、「我賣的不只是……而是……」。

3.將商品的屬性作概念性的分析,包括條列式列出商品利益點、兩兩屬性相配對、與競爭者相比較。

例如,光泉晶球優酪乳(產品USP)以于美人代言(廣告USP),成為市場上知名的優酪乳品牌。又如台新銀行白金卡在目前信用卡市場飽和的狀況下,推出的廣告中以一部車子停在一個無停車位的地方,但是卻順著車子出現了停車格,畫面上白金卡出現,下面的標語是「開到哪都有你的停車位」,辦卡即享有全國連鎖停車場以及隨處可停的優惠;明顯地掌握住目前開車族的需求。從這個例子中發現,產品本身的獨賣點也可以靠行銷活動的策略聯盟來執行。但如果當很多銀行都開始跟進這樣的服務時(例如可在機場貴賓室休息),不再只是某一家銀行的某信用卡專享時,該產

品的獨賣點當然也會消失。

貳、商品定位法

　　商品定位法（Positioning）的概念在於，企業主幫產品在消費者心中創造一個特定的形象，以便與其他競爭產品有所不同，並能深入消費者心中占有一席之地。亦即塑造產品形象或強化現有印象，使產品特徵在消費者心目中建立；此策略思維是目前最普遍運用的理論基礎。

　　基本上，定位的思維可以分為兩個層面，一個是產品本身的屬性是什麼；另一個是消費者又怎樣看待這個產品。前者通常是在市場行銷分析中可以確定，後者則是藉由廣告在消費者心中塑造的產品認知與形象。通常商品在消費者心中的位置就是該商品的定位，所以採用此策略思維時，操作概念在於建立一個能被消費者認定的地位，一個能夠把你的商品、訊息和消費者過去的知識、經驗相連結的定位。也可以用比較法突顯出自己產品的優勢定位，亦即「該產品對目標消費群而言，比某一競爭品牌好，因為它提供了某些利益點」。以下就幾種常見的定位切入點舉例說明，如**表2-2**所示。

一、產品特性與消費者利益

　　消費者購買產品的直接動機，通常是因為該產品具有解決生活某項需求的功能或成分。亦即產品功能要能解決消費者生活或需求的問題，才能吸引消費者購買。許多的產品廣告就直接以產品的功能為訴求，以該產品能解決消費者某些問題作定位。以此為前提，廣告中就直接表現產品的顯著特性，讓此特性成為消費者的利益，自然就會吸引消費者的購買；這也是最基本的策略思維。例如，開車族都在埋怨不好停車時，March汽車強調小而美，主打「最方便

表2-2　商品定位法

定位法	產品名稱	定位區隔
產品特性與消費者利益	漢堡王牛肉漢堡 SKII化妝品 一匙靈 仁山利舒	牛肉最大塊 含有抗皺精華乳 清除髒衣服媽媽沒煩惱 治療頭皮屑煩惱
產品差異化	采研洗髮精 光泉晶球優酪乳 涼酒cooler	頭髮的保養品 可以喝得到的晶球 非啤酒的清涼酒飲料
產品類別定位	礦泉水、加味飲料水 衛生棉、漏尿護墊	各自分占不同的消費市場
使用時機或方式定位	Disney幼兒語言學習機 寶礦力水得 固網寬頻	0-3歲的黃金時期只有一次 運動後補充水分 孩子的學習不能等
使用者定位	全家便利商店 麥當勞 Nissan Sentra房車	全家就是你家 兒童歡樂場所 新好男人的車
以競爭品牌定位	漢堡王	漢堡比麥當勞大、分量多

停的車」；一匙靈清除髒衣服媽媽沒煩惱；仁山利舒可以治療頭皮
屑煩惱；信義房屋以三十九分鐘就能為兩家人找到幸福，突顯服務
的快速。

二、產品差異化

　　市場上品類眾多，有些市場甚至已經飽和，因此要吸引消費者
注意與興趣，就要將自己的產品與競爭品牌或現有品牌之間有所區
隔，而區隔的基本要件就是產品的差異化。因為消費者並不會喜歡
無差異性產品，所以品牌賣的就是不同，或是比別人更好一點的產
品。例如，七喜汽水以非可樂的訴求，強調碳酸飲料中可樂與汽水
的差異；貴夫人養生機強調其功能不僅是果汁機更是養生機；采研
洗髮精則以頭髮保養品，將洗髮精只能洗淨的功能與概念又多了一
層。

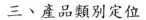
三、產品類別定位

任何產品都必須先讓消費者清楚明白「產品是什麼」，亦即告訴消費者這是一種什麼產品，屬於什麼樣的產品類別，而這樣的區隔劃分就是類別定位。目的是希望消費者在選購比較品牌時，不要與類似產品屬性的優勢品牌比較。例如，礦泉水與加味飲料水就是兩種不同類別的水，分別占據不同的消費客群。手機功能的日新月異，含有數位照相、MP3音樂等功能，但仍強調它就是「手機」。為漏尿婦女所設計的添寧婦女墊，其產品與衛生棉相似，但一開始就強調其產品專為漏尿設計而非女性生理期月事，占據與衛生棉不同的市場。又如摔不破的寶特瓶、一拉就開的易開罐、不用冷藏也不會壞的鋁箔包。

四、使用時機或方式定位

在什麼時候使用產品或使用方式為何，也是策略思維的切入點。因為有許多的產品並非生活中的必需品，需要透過廣告賦予新的使用價值，刺激消費者增加產品的使用。例如，健康低納鹽的廣告強調現在大家都改用低納鹽才有益健康，一般的食鹽拿來清洗蔬菜或水果比較好；康寶隨身湯包廣告強調是上班族下午最好的點心食品；蠻牛、保力達P等提神飲料則以恢復疲勞為主要的表現；固網寬頻廣告點出「孩子的學習不能等」，強調要立即申請；沙威隆訴求要常用可殺菌的洗潔液洗手才可預防腸病毒。

五、使用者定位

根據產品的使用者是哪些人或哪一個階層的人來定位，描繪或創造出該群使用者使用產品時的某些狀態或屬性。或是運用社會知名與成功人士代言，藉由對代言人的認同與模仿，轉嫁到對產品的

情感，而認為自己購買使用該產品就跟這些代言人一樣了。例如，7-11以「方便的好鄰居」、全家便利商店以「全家就是你家」為定位；麥當勞早期定位為「兒童歡樂場所」；萬寶路香菸定位為「熱情奔放的男人菸」；Nissan Sentra房車打響「新好男人房車」的名號，也讓許多購買者自詡為新好男人；許多藝人在房屋廣告中常用到的廣告詞句如「我住在這裡，那你呢？」

六、以競爭品牌定位

市場中的領導品牌通常是消費者印象最深刻的品牌，也是後進品牌要競爭的主要對手目標，如果能建立或塑造在市場中與領導品牌分庭抗禮的地位，也是建立消費者心目中地位的策略之一。例如，美國艾維士租車公司（Avis）就以老二自居，強調自己與領導品牌赫茲（Hertz）租車公司之間的些微差距，雖然承認赫茲第一，但相對的也將自己提升為市場上的第二品牌。速食店中麥當勞屬於領導名牌，但漢堡王（Burger King）則以廣告表達自己的漢堡比麥當勞來得大、牛肉分量比較多。

參、品牌形象聯想法

品牌形象建立聯想（Brand Image Association）概念是一九五〇至一九六〇年代由美國奧美廣告公司（Ogilvy & Mather）大衛奧格威提出品牌形象的重要性後，廣為大家重視。因為在消費者導向的市場生態中，消費者要的不僅是產品功能的實質意義，更是使用該產品時所反射出的精神與心理層面的意義。尤其在產品趨於同質化的趨勢下，品牌形象與品牌個性的塑造十分重要。所以核心思維在於，為每一項產品建立一個形象，因為形容產品會比強調產品的實質特性要來得重要。

　　要建立品牌形象並非短期就能奏效，好比你想在班上建立服務熱心的形象，也必須一學期或一學年，甚至更久的時間，才能讓同學提到你時，直接的反應就是「他是個熱心的好人」。因此這個策略構想必須長期使用某一象徵，藉以突顯出品牌的質感，例如，Calvin Klein的平面廣告，經常以名人或名模為表現，廣告以只穿著牛仔褲或都沒穿躺在沙發上，用來反射出該品牌衣服的舒適性。

　　又如海尼根一系列的幽默廣告，表現主角對海尼根啤酒的執著與堅持，也在消費者心中建立了「海尼根啤酒的魅力就是無法擋」。另外，南山人壽以一個女孩大提琴掉在公車上，被一個男孩撿到要歸還的過程中，以好多則廣告短片系列穿插在其他廣告前後中出現。每一則短片中都會有南山人壽的企業標誌以及多項企業經營服務的第一標竿，出現在故事中某個場景或道具中的文案，而非廣告主角以口語方式說出。該系列廣告主要企圖以故事中男主角要歸還大提琴的堅持精神，呈現南山人壽從以前到現在堅持服務第一的企業形象。這也是目前常用的一種品牌形象聯想策略，亦即藉由發展品牌故事賦予品牌意義，建立品牌形象。

　　建立品牌形象的聯想通常需要更多的創意思維在廣告表現中，不像短期促銷的廣告，可以明顯吸引消費者的消費，獲得短期立即利益，但卻無法讓消費者維持長久且良好的印象。好比「銀貨兩訖」，吸引消費者購買完產品後，廣告就算大功告成了。但現在競爭的行銷生態中，產品的品牌形象如果不建立，或者產品的品牌個性不鮮明，很容易被其他產品所取代。因為許多消費者要的是一種情緒、一種風格、一種地位、就跟產品的獨特性一樣。因此策略思維主要是，要建構產品什麼樣的品牌印象？當消費者看到該產品或使用該產品時，會有什麼樣的聯想或心理反應？而這些聯想與心理反應，要用哪些元素足以呈現？就是建立品牌形象的方法。

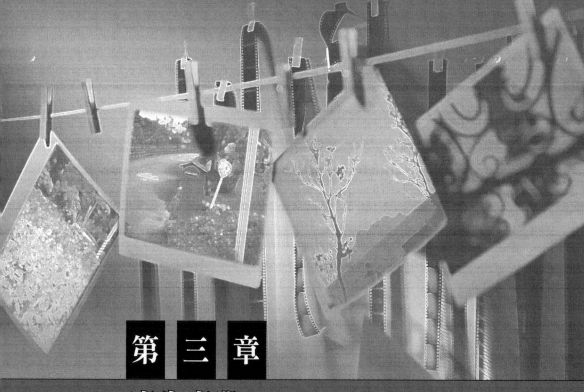

第 三 章

廣告產業

第一節　企業經營與廣告活動

第二節　廣告代理業的類型

第三節　廣告部門與業務

Advertising
Communications

　　廣告業隨產業發展的情形有不同的表現，當經濟景氣好時，企業主投入廣告活動的預算也多，企圖透過廣告刺激消費者的消費。而消費者也因為經濟能力的提高，會比較樂於消費。相對的，景氣不佳時消費者的消費行為趨向保守，企業主雖會稍減廣告預算的支出，但仍不會完全停擺廣告預算。因為景氣不佳時，企業主更應該作廣告刺激買氣消費。這就是為什麼我們常說，從廣告主對廣告的投資預算可以看出景氣的指標。

第一節　企業經營與廣告活動

　　企業經營必須要靠行銷，所謂的行銷就是廣告主藉由商品與服務來滿足消費者需要的過程，也因為有這樣的過程，促使各企業盡其所能要接觸消費者。但要促使消費者完成消費的動作，有許多的行銷要素搭配，如產品本身的品質、設計與包裝，價格、產品鋪貨上架的通路，以及各種有助於消費者認識、瞭解、熟悉產品的各種推廣工具；其中又包含廣告、公共關係、促銷等。雖然在整合行銷的操作思維中，強調任何一種可以運用的行銷工具都是重要的。但不可否認的是，在所有的推廣工具組合中，消費者接觸來源最多，也是比較容易對產品有概念的工具是廣告。也因此廣告製播費用再貴，企業主每年仍會有一筆廣告預算投資在商品或企業形象的廣告活動中。即使是非營利組織單位，也會用廣告的方式推廣自己的組織，藉由正面形象的建立，才有可能募得更多款項與更多的志工加入。因此如果從企業經營的角度檢視廣告，可發現廣告與企業經營的關係如下：

壹、推動經濟生產

目前企業經營與廣告活動之間已經密不可分，如果生產廠商無法將產品或服務推薦給消費者知道，將沒有流動的消費社會，就不可能促進經濟的發展，因此廣告投資在經濟成長上的確具有推動的力量。此外，以往產品的銷售有限，在量少的情形下，產品生產的單價成本自然會比較高。但是因為廣而告知的廣告傳播，讓更多消費者知道產品訊息，也刺激更多消費者的消費。生產者在市場量多的需求下，產品生產的單價成本也就相對降低。例如，許多電器用品因為規格化的大量生產，讓大多數的家庭都有能力購買，相較於早期年代，洗衣機或電視機等用品都是少數富有家庭才有能力購買。主要原因就是廣告推動了商品服務的銷售，大量生產導致價格為之偏低，而大量生產與消費也讓企業主有更多的利潤可賺。也因為大量生產需要廣泛的銷售網與消費者的大量消費，而大量消費就有賴於大量廣告；大量廣告又可刺激消費，間接促進生產，經濟的生產體制得以運作。明顯的，廣告是自由競爭社會中的催化劑，影響著經濟成長。

貳、廣告可以鞏固顧客群

廣告主除了推出新產品外，也要將現有產品重新定位或鞏固消費者忠誠度，而廣告就是一項有利的工具。尤其在講求顧客關係管理的行銷趨勢中，廣告主已經不僅要吸引消費者購買產品而已，更要提供更多產品相關的服務，維持品牌形象。亦即當廣告主一方面想要贏得新的消費群時，一方面也要加強與既有的顧客關係，而廣告正可以發揮強而有力的功能。例如，許多廣告主會根據消費者的會員資料，寄送新產品的廣告型錄，或在會員生日時寄送消費者

生日卡片，以及生日當月特有的回店購物折價券或贈品等的廣告傳單。明顯的，廣告主要作好顧客關係管理的目標中，廣告工具與應用是不可或缺的。而且也因為有客製化的廣告訊息，可以強化消費者對品牌態度與情感，進而建立品牌忠誠與回購的機率。此外，也有些廣告主會製播凝聚其消費者感情的廣告，讓購買該品牌的消費者無形中感受到一個屬於他們自己的消費社群。

參、廣告可以促進產品的創新

以前品類競爭不多時，行銷的生態以企業主為主，亦即他們生產什麼，消費者就購買什麼，可以選擇的產品與品類並不多。但現在的行銷環境，廣告主（即企業主）如果不瞭解消費者實際與心理需求，或不能創造消費者的需求市場，基本上是無法經營生存的。這也是為什麼廣告主都積極在同類產品中研發或開創不同產品的區隔，希望強化原有消費群的忠誠，以及吸引新的消費客群。

例如，許多的飲料產品，在廣告中會強調除了解渴更要喝得健康，或喝得營養，或喝得體態輕盈等。有些休旅車廣告則以中產階級該有的休閒生活為表現；酒類廣告則以成功男士為象徵；女生的飾品廣告則突顯女人要對自己更好一些，保養皮膚或購買新衣服等都是理所當然的行為。這些內容會逐漸內化成為消費者對產品的概念與選擇，從而影響消費行為，改變商品價值觀。廣告建立消費者生活品味與消費價值，而消費者也相對被激發希望追求更好的生活品質與享受。在消費者這樣的需求趨勢中，更突顯出產品市場區隔的重要性。而企業主若要成功地占有市場就必須不斷地創新產品，才有可能繼續吸引消費者消費。這就是為什麼在同類產品中，廣告主都會研發更多的產品延伸，例如，從早期的全脂牛奶到脫脂、低脂、高鐵、高鈣等成分，就是為了符合市場中不同消費族群的需

求。尤其當廣告主從廣告中發現，競爭企業已經先行研發或生產某些特殊產品販售時，也會很快地跟進瓜分市場。所以對企業體而言，廣告也是一種商業情報的公開來源。

肆、廣告代理業可以有效促進行銷活動

上述的三點中可以知道，廣告主有絕對的理由應該要重視廣告。雖然廣告主大都設有行銷部門，負責市場的行銷活動，而廣告也是行銷活動的一部分，但大部分的廣告主也都會找廣告代理業負責企劃整個廣告活動。廣告主願意花錢找廣告代理業的原因可歸納為：

一、專業性

廣告公司既然是因應市場互動需求的機制下所產生，從業人員就必須有他人所無法展現的專業智能與技能，才有可能在市場中生存。而這樣的專業性對於廣告主而言，表示能夠有效率處理委託的產品廣告或活動，能夠協助獲取市場利潤。

二、節省成本

如果由廣告主自行設置廣告部門或行銷部門，所需要的人事費用就會變成常態性支出。廣告又是一個團隊工作，繁雜的工作項目所需要的人力並非只有少數一、二個人即可完成，因此委由廣告代理業執行，可以節省人事費用的支出。

三、媒體的互動性

廣告代理商對於媒體現況的掌握比廣告主清楚，跟各媒體之間的互動關係也維持良好，因此委由廣告代理業執行媒體刊播，可以省去廣告主不少的精力與時間。

伍、廣告經費的擬定

　　企業為了拓展商品市場，必須有預算來作為廣告活動的費用，這筆預算就是廣告經費，屬於銷售預算的一部分，而其擬定的方式與金額是企業經營財務問題之一。基本上，企業的廣告活動已經成為企業各種營運因素有關且極重要的活動。但是要決定廣告預算的多寡並不是一件容易的事情，通常會在一開始決定一個數目，之後再依實際狀況來調整。由於廣告活動的大小與預算費用的多寡有直接的關係，所以廣告活動一定要有合理的預算來配合實施。換言之，在擬定預算時，必須考量整體廣告活動使用的總費用是多少，以及廣告預算要如何分配的問題。整體而言，會依照過去經驗或公司財務狀況而定，之後也可能依照廣告宣傳是否成功來調整額度。

一、預算編擬的步驟

　　每個廣告主的廣告計畫與廣告預算都不相同，考量要件包括廣告推銷的目的與範圍、企業規模大小、競爭者的廣告狀況、能負擔多少廣告費用的能力，其他外在環境條件等因素。全美廣告協會將廣告預算設定一個查核表供參考，作為廣告預算編擬的步驟進行表：

1.蒐集相關資料：如銷售額、行銷計畫、競爭者過去資料。
2.決定企業目標及銷售目標。
3.決定行銷戰略。
4.決定行銷計畫中的廣告功能。
5.廣告計畫以及廣告策略的模式。
6.決定廣告經費。
7.分配廣告經費。

8.作成廣告預算書。

二、預算分配考量要素

通常因為市場的變化性大，所以廣告預算並非固定不變，有時會因為競爭品牌的策略或媒體價格的調漲等因素而使預算增加，因此擬定廣告預算時必須有一些預備金，以應付一些變化。通常預算分配考量要點為：

(一)何種媒體

依照廣告的目標來決定採用何種媒體之外，同時也要決定其預算比例的分配。雖然很多廣告主會將電視廣告的預算占有多數比例，但並不見得適用所有產品的廣告計畫。

(二)媒體內的選擇

決定媒體的比例外，同樣要決定同一媒體內的預算比例，因為每個媒體內的性質、強弱、閱聽眾屬性、時段版面的風格各有不同，預算比例的分配自然也會有所不同。

(三)銷售區域別

廣告主也可依照銷售區域的銷售強弱之情形來分配預算，通常銷售較弱的地區會使用較多的廣告預算來鼓勵經銷商銷售，而銷售良好的地區，就只需要用足以維持該產品競爭地位的廣告預算即可。

(四)季節別

許多的產品有其季節性，因此廣告主也會依照一年中消費者對產品需求量的多寡來分配廣告預算。當產品需求量大時，廣告預算的分配比例也較多，因為也有更多的品牌競爭。但即使需求量小時，有些廣告主仍會持續推出廣告，其目的就是要維持消費者的品

牌認知與印象。

(五)產品類別

　　愈大規模的廣告主旗下生產的產品系列就愈多，廣告主會依照產品的市場策略，對各類產品分配廣告預算。通常是要推出新產品時，能獲得較多的廣告預算，因為要進行品牌知名度的建立，需要較多的廣告預算。

(六)製作費

　　每則廣告的製作費用不同，平面媒體、電子媒體與網路媒體的製作費均有差異，但都屬於廣告活動的預算。

三、預算制定法

　　除了上述的預算編擬步驟以及預算分配考量要素外，目前已有許多的預算制定法可作為參考，常見的有下列四種：

(一)歷史法

　　指預算的制定可以根據過去的經驗，今年的預算要制定多少可以參考去年的預算，再依照市場上其他的因素（如通貨膨脹等）增減預算。

(二)目標任務法

　　此為常用的一種預算方法，主要是依據每個活動的目的，決定完成該目的所需的預算是多少。即預定未來的市場目標、廣告目標，來決定廣告預算。假設行銷人的目的是要讓40%的人們知道某個產品的存在，所預備的花費是多少？或是有多少人對此新產品產生好感或願意試用？要上多少次的媒體檔期，總費用又為何？此預算的概念在於預算的擬定基礎是以零為主，並不考慮過去的預算，而是以目前的策略為主導，因此預算可以依照策略的項目來執行，

通常剛上市的新產品會採用此種方法。

(三)銷售百分比法

　　比較前一年或過去幾年的廣告預算與整體銷售金額，亦即廣告預算占今年度預測的銷售收入百分比或占去年度實際的銷售收入百分比，確定多少預算後，再交由廣告代理業在預算範圍內計畫所有相關的廣告活動。通常上市很久的產品，已由經驗中摸熟該採用多少百分比例的廣告金額，所以多半採用這種方式。可以說「預算」是廣告主與廣告人雙方都極為關切也是合作的關鍵所在，它可以清楚地讓廣告主明瞭廣告任務與廣告花費之間的關聯。例如，去年的銷售數字為一千萬，廣告預算為一百五十萬，表示廣告占銷售總額的15%。如果今年期望有一千二百萬的銷售額，廣告預算就需要一百八十萬。其計算方式如下：

$$\frac{過去廣告預算}{過去銷售額} = X \% （廣告占銷售總額比例）$$

$$X \% \times 次年度的銷售預測額 = Y （新的廣告預算）$$

(四)競爭比較法

　　以競爭對手的預算作為評斷依據，通常採取的是緊盯第一品牌的預算執行，即領導品牌花了多少廣告金額，第二品牌也跟著花大約相同或更多的預算；即參照領導品牌的廣告聲量擬定預算。而此參考預算通常會使其產品的市場占有率影響了廣告的投資。以此法編訂時，就要瞭解廣告聲音的占有量（Share of Voice），亦即廣告主的媒體表現。畢竟消費者腦海的記憶有限，因此要讓消費者對自家品牌有印象或記憶，就要藉由廣告的大聲量想辦法擠進消費者腦海中。

第二節　廣告代理業的類型

　　社會上任何產業型態的存在，都有其相互對應的組織與市場，才能提供完整的供給與需求之間的服務。既然企業的產品或形象行銷都極需仰賴廣告活動，就須有專門的人負責相關的業務，但並不是每一家公司都有能力與資金成立廣告部門，因此專門以企劃與製播廣告活動的廣告代理業就應運而生了。根據美國廣告代理商協會對廣告代理商的定義為：「是一群有創意和生意人所組成的獨立組織，為了廣告商利益而發展廣告企劃和促銷工具，並向媒體購買版面和時段」。從定義中可以顯見，創意、廣告主目的、企劃與媒體購買是非常重要的構成要素。隨著專業化的提升，廣告公司的分工也愈來愈細密——著重全案代理的綜合廣告代理公司，也有偏重在影視、平面的廣告公司，還有作活動策劃的公司與戶外展示的公司等。

壹、代理業的發展

一、代理制度的發展階段

　　廣告代理制度階段分為萌芽期、起飛期、完整期，分別敘述如下：

(一)廣告代理制度萌芽期

　　第一章中提到早期廣告的業務主要是因為廣告主大量生產產品，極需利用媒體作為促銷商品的工具，因此有些媒體中的人員就成為廣告業務人員扮演媒體的捐客，負責與廣告主接洽業務，而媒體也依賴廣告來增加收入。此階段中廣告代理公司尚處於萌芽階

段，大多數的廣告業務都是由媒體所屬的業務員積極向外爭取廣告，或由媒體所屬的業務員自行成立小型廣告社替媒體爭取廣告，賺取服務費。尤其當一九六〇年政府公布了獎勵投資條例，大力扶植工商業的發展，也相對提供廣告業的成長機會。因為大量生產必須有大量消費的支持，而廣告業正是可以刺激消費的重要工具，廣告業的正當性也因此而確立。

此時期的報紙廣告表現大都是平鋪直敘的方式，並常用四字成語為標題，如「貨真價實」、「價廉物美」、「童叟無欺」、「包君滿意」、「保證不悔」等。廣告畫面也主要呈現產品的具體物象為主，也開始運用一些輔助性的插畫或人物。

(二)廣告代理制度起飛期

此時的社會環境處在經濟起飛階段，民眾的消費能力提升，各種產業也開始進行更多的市場競爭，需要更多的廣告公司協助。所以當時已經有不少的廣告代理業成立，而隨著愈多的媒體操作經驗，有些廣告代理公司已經能夠先買下媒體的時段與版面，再賣給廣告主。但是在文案或美工設計方面仍是廣告主自己提供，而不是由廣告人負責，所以廣告公司與廣告主之間仍以媒體的時段與版面交易為主。但是因為隨著印刷技術改良，印刷品日益精美吸引閱聽眾注意的趨勢中，愈來愈多的廣告主都希望自己的產品能透過媒體進行銷售。也因此廣告人開始開拓運用不同的廣告媒體，例如，當時的房地產業就開始用精美型錄搭配大量的廣告吸引消費者。

(三)廣告代理制度完整期

隨著社會環境與產業需求，廣告代理業延伸出更多專屬的部門與專業，不再只是提供媒體的購買服務而已，同時提供廣告企劃、市場調查、廣告設計與製作等多項服務，此時個人所代理的廣告業務已經過去，取而代之的是具有獨立性規模和組織的廣告代理

機構,成熟的廣告代理制度算是建立了,但也同樣面對外商廣告公司的競爭。因為外商基於全球代理的政策,經常採取跨國轉移的作法,就是當母公司的產品交給某一家廣告公司代理時,就算在他國行銷,廣告也會交給這家廣告公司的子公司代理。這種全球性代理的政策,讓本土性的廣告公司面對業務上的威脅。

貳、代理制度的意義與功能

一、代理制度的意義

有些人會好奇,為什麼在廣告產業中是以「廣告代理業」為主要的稱呼,而非一般所謂的廣告公司。主要就是因為「代理」兩個字,顯示出廣告產業運作的兩個重要核心機制。所謂代理主要有兩層意涵:

(一)代理客戶

替客戶構思相關的廣告企劃、設計廣告、媒體選擇等,並根據這些項目內容向廣告主收取費用。

(二)代理媒體

媒體是廣告重要的傳送通道,但是廣告主不必直接與媒體接觸,由廣告人根據廣告企劃的內容與媒體單位接洽,購買媒體版面或時段。媒體所需要的刊播費用自然也是由廣告主支付,但是媒體單位為了感謝廣告人的選擇也支付給廣告人部分的媒體費用,亦即一般所謂的媒體佣金。由於媒體刊播費用高,相對的媒體佣金收入也是廣告代理業最重要收入來源。但是隨著一九八七年政府稅制政策的變化,媒體開給廣告公司的收據,就由全額含佣金變成淨額扣除佣金,使得廣告公司必須向廣告客戶收取報酬,而單純的只成為

客戶代理。

二、代理制度的功能

基本上，廣告代理業主要有四個功能：

(一)企劃廣告

所有的廣告都是在整體計畫活動中進行，只要是計畫就必須要有科學性的市場調查資訊，但因為廣告本身是商業藝術的表現，所以要表現哪些訊息，必須要有敏銳的創意思維。所有資訊的整合必須是在廣告計畫的規劃中，因此整體的廣告計畫活動就是廣告代理業的專業展現。這就是為什麼說廣告產業是販售腦力的行業，主要是聚集智慧的行業。

(二)製作廣告

企劃是行之於文的書面資料，要把企劃中的創意實際展現就需要實際製作可以在媒體上刊播的廣告，才算具體執行企劃的內容。廣告代理業中最具光圈的人就是創意人，也是廣告創作的要角，但廣告人主要是提供創意思維與概念為主，在技術層面的部分就由專門的影視製作公司或傳播公司負責製作影片，因此廣告代理業通常有許多製作的協力廠商。

(三)刊播廣告

廣告在媒體上刊播才能達到廣而告知的傳播目的，但是要運用哪些屬性的媒體、哪些內容、哪些時段等，都必須要有廣告人的媒體計畫與評估，才能達到媒體的目標。也因為廣告人與媒體之間的互動關係密切，所以媒體購買與刊播的進行會比廣告主自己接洽媒體單位要省事與精確；而媒體這個區塊的表現也是廣告人專業的重要展現。

(四)效果評估測定

在廣告尚未刊播之前，就廣告概念與文案內容不斷地進行測試，是非常重要的過程。另外，廣告刊播後，實際的廣告效益又發揮多少，更是廣告主所想要知道的。因此，廣告代理業也提供效果評估的服務，作為日後廣告活動的參考依據。不過有些廣告主對於廣告刊播後的效果評估會另找市場調查公司專門進行評估，其目的是希望藉由另一個單位的調查，更能客觀反映出廣告刊播後的實際效果展現為何，作為日後是否繼續合作的依據。

參、廣告代理業的產業輪廓

廣告業以專業人才幫助廣告主將商品訊息傳達出去；又因其組織規模不同，而形成許多的產業分工網絡。一般廣告學書籍所探討的廣告代理業，通常以綜合廣告代理業為主，其他專業廣告代理、廣告製作為輔。以下就從三方面來瞭解產業輪廓：

一、上中下游的作業流程

如果從接洽廣告主業務到最後製作廣告與刊播的整個過程，廣告產業的輪廓可以從線性作業的上游、中游與下游三個環節來瞭解。上游就是提供廣告企劃、創意與設計的廣告公司，裡面可能包含業務部門、創意部門、市調部門與媒體部門，也是廣告產業的主要核心，例如，許多綜合廣告代理公司都屬於上游產業。中游則負責包括廣告設計、製作類的製作公司或傳播公司為主；因為廣告稿完成以後至發布以前還必須要排字、印刷、攝錄、攝影等工作程序，而這些專門從事廣告製作的單位通常稱為Production House。下游主要指負責刊播廣告的媒體單位與組織。

中下游公司可以說是許多規模不一的專業化公司，經由上游

的廣告代理委外、策略聯盟或包工制度，進行某種形式的廣告加工、平面設計、商業攝影、傳播視聽製作（Commercial Film，CF製作）、錄音製作等，可說是屬於廣告配合性的供應業者，例如，傳播視聽製作公司、印刷公司以及撰文、美工設計等獨立的片場、模特兒經紀人、電腦動畫、平面設計、電腦排版、收視率調查、戶外媒體、戶外彩色看板等性質各異的組織。

二、專業屬性的分工

如果從廣告公司所能提供的服務項目與專業表現來看，廣告業可分為兩大類：

(一)廣告公司

又可分為綜合廣告代理和專業廣告代理。綜合廣告代理是廣告業的主軸，替廣告主企劃與執行整個廣告活動的公司，主要就是要將企業形象或產品推銷到市場。專業廣告代理，則是依據服務的媒體類別或產業別而分，例如專門的報紙分類廣告代理、電視廣告代理、房屋仲介廣告代理等。

(二)製作公司

又可分電波立體製作公司與印刷媒體製作公司。綜合廣告代理業雖有精采的廣告創意，如果沒有攝影棚、導演等相關資源與非常專業的技術，也無法將廣告影片落實拍攝，而這群專門製作廣告的人就屬於廣告的製作公司。通常當廣告公司的創意部門為客戶擬定好廣告的大綱及腳本後，就會開始向外徵詢，看哪位導演適合拍這支廣告片，選擇演員角色，並將拍片腳本再三討論後定案。所以這些電視、電影廣告製作公司就是專門從事拍廣告影帶的專業人員，還包括製片、攝影、燈光等人員。影片拍好後，再委託後期製作公司執行剪輯影片、沖片、配音等動作。而平面的廣告則需要有專門

的商業攝影或設計公司等協助完成製作。

三、規模與業務類別

如果依照廣告公司的規模大小或執行的業務類別來看，廣告代理業可分為下列幾種：

(一)大型的綜合廣告代理公司

一般概念中的廣告代理業即為這類型的公司，提供廣告、促銷及相關之行銷服務業務，所能提供的服務較具完整性與專業性，其客戶通常以大型企業為主。又因為出資經營者的不同，可以分為外資廣告代理公司與本土廣告代理公司兩大類型。業務對象也通常是隨跨國廣告主而來的廣告業務，亦即國際性企業因為國際行銷的趨勢所在，須到不同地區獨資成立廣告代理業，或與當地廣告代理業合資或存在技術合作關係。本土綜合廣告代理公司則單純為本土資金所創設，客戶大多為本土性企業為主，與本土企業主之間的關係也較為密切。隨著外資的增加，也顯示出廣告業的核心愈來愈受到外國資本所主導。這類型的大公司為了維持人員及組織龐大的營運開銷，客戶以大型企業為主，其廣告預算通常為千萬元以上的產品。

(二)中小型廣告代理公司

與綜合廣告代理公司最大不同是無法提供整體性的全方位服務，只提供客戶如拍廣告片（可能兼營電視、電影廣告代理業務）、店頭廣告（POP）代理等選擇性的服務，而市場調查、媒體購買等業務就必須委由其他公司執行。公司的特點即機動性與專注性高，客源主要是中小企業的廣告主。

(三)工程廣告代理公司

如果你想開一家咖啡店而需要製作招牌時，你必須到專門的製

作店選材與字體等。又如在電影院前面的電影看板、電視牆、戶外大型氣球與旗幟廣告等,都是由專門製作的廣告公司負責。這類公司主要由早期的廣告社、招牌社、美術社演變而來,為數不少但是規模不大,分布在各地,是所有廣告業中數量最多的一種。主要業務為各種戶外廣告板、慶典牌樓、戶外海報製作、廣告氣球等之設計、繪製、裝置、修理和維護等。

(四)專門廣告代理公司

這類公司主要因為有明顯的業務區隔而自成一類,主要是專門從事特定媒體之代理,如報紙分類廣告代理、車廂廣告代理、計程車廣告代理、捷運廣告代理等;或是專門行業的廣告代理,如專門從事房地產廣告的公司,亦即代理特定行業的廣告業務。

(五)個人工作室

指由個人獨資成立的廣告工作場所,有時只有一人作業承接案子,有些則是幾個好朋友共同承攬業務;從業的人員也叫做自由工作者。所需成立的資金不高,需要的是人員具備更細膩的專業。所以大多承包中、大型廣告公司外發的工作,如文案撰寫、插畫噴修或美工完稿等。目前個人工作室的情況有日漸增加的趨勢,因為許多資深的廣告人在離開原有規模較大的廣告公司之後,會獨立或召集幾位助手組成工作室,也是目前許多廣告主或廣告代理商合作的主要對象。有時因為個人工作室中所能提供的某項專長服務,並非經常性的運作,因此公司就不需要聘請專人全職在公司工作。另外,自由工作者的收費主要以案件計價,也比僱用全職人員的費用要少許多。

肆、業務的接洽

一、比稿

當廣告主不知該找哪一家廣告代理業時，通常就會透過正式的公開比稿方式來選擇合作的對象。所謂的比稿就是廣告代理業依照廣告主的產品行銷內容，提出廣告企劃與廣告創意的構想，而將企劃案與構想呈現給廣告主的過程就是提案。由於每家構想都不同，因此廣告主可以從其提案的過程中比較出哪家的構想最符合自己的需求，此外也透過比稿的競爭希望要求代理業提升服務態度與品質。有些規模較小或新成立的廣告代理業可以透過比稿展現實力來爭取業務。政府單位的公營部門如果有相關的業務要委外由廣告代理業承攬時，也是透過公開比稿的方式。

二、客戶直接委由某家廣告代理業

除了比稿，很多業務的承攬是靠非正式人際關係運作的結果。例如，廣告公司以往的得獎紀錄、創作風格、人脈關係等，都可能成為廣告主直接委由某家代理業負責。基本上，大多數廣告業者都希望與客戶之間建立長期的合作關係。因為產品的銷售畢竟不是短期操作而已，需要長期的投資和多方面的配合，因此廣告人比較希望廠商能把他們當作是共同開拓市場、促銷商品的夥伴，透過信任機制來建立彼此的合作關係。

三、費用標準

廣告計畫中的預算項目會擬定各項需要支付的金額，廣告代理業主要賺取的利潤來源主要是企劃費、媒體佣金費用及服務費。由於廣告代理計酬的方式並沒有一定的標準，也曾引起不少的爭論，

通常會以總費用價或服務費方式收取。總費用價是廣告主將所有廣告費用支付給廣告代理業，再由廣告公司支付媒體單位刊播所需的費用。廣告代理業就會先扣除應該從媒體方面所獲得的佣金，然後再支付給媒體公司。由於媒體佣金費用的利潤較高，尤其隨著廣告計畫中媒體組合與時期的安排，所需要支付的費用都很高。相對的，廣告代理業能收取到的媒體佣金費用也較高。但是當景氣不好或規模較小的廣告代理業，收取的標準往往比慣例費用要低。

另外，不同的作業模式也延伸出不同的收費方式：

1.服務費：比照如會計師或律師般的以時間概念收取的服務費為主，亦即有多少人投入這次的廣告計畫中，將每個人的時薪與其投入的時數相乘，就是要收取的服務費。
2.企劃費：廣告人販售腦力，其精華就是廣告計畫，因此企劃費收取的就是廣告人在案子上的構思、創意與策略的貢獻。通常案子的規模愈大，複雜度愈高或需求的專業貢獻愈多時，收取的企劃費也就愈高。
3.執行製作費：廣告人在執行廣告活動過程中所需要的任何實際費用，包括人員的調度、時間等服務費用。

第三節　廣告部門與業務

從對廣告產業輪廓瞭解中，可以知道哪些人服務於廣告業界，而這群人都可稱之為廣告人。包括在廣告公司、製作公司、市調公司等，只要專門從事與廣告活動有關的人員都可統稱為廣告人，但也有人認為只有在綜合廣告代理公司的人員才稱之為廣告人，其他應該歸屬於傳播行業的傳播人。

　　除了產業輪廓外，廣告代理業中各部門所負責的業務項目也是必須要瞭解的要項。因為透過不同部門人員的合作，廣告業才有可能發揮服務客戶、為客戶創造廣告、銷售產品的功能。這就是為什麼我們常說廣告是一個團隊的工作，沒有其他人員的協助很難創造廣告。不論廣告公司的規模如何，基本上與一般公司相同，都有行政、財務等部門，但通常有幾個部門與角色是廣告代理公司中不可缺少的。

壹、業務部門

　　廣告公司業務部門的人員稱之為AE（Account Executive），其中Account指的是（客戶）帳戶，也就是指廣告主的預算，而Executive是執行的意思。所以AE是客戶預算的執行者，或稱之為廣告業務的執行者。其工作主要可分為三大方向：

　　1.在廣告主方面的工作：拜訪客戶、訂單接洽、接受委託擬定廣告企劃案、產品說明會、客戶說明會、廣告提案等。
　　2.在公司內部作業小組方面的工作：作業小組的組織、廣告計畫案的擬定、廣告製作。
　　3.在媒體方面的工作：廣告發稿。

　　由於AE是面對廣告主的窗口，因此對廣告客戶的性質、行銷方針、商品特性、目標消費群、競爭對手、廣告預算等情況，都要有比較深入的瞭解和研究。並且能精準的將廣告主的想法、意見傳遞給公司其他部門的人員知道。所以當AE在確實掌握廣告主的要求之後，通常就會組成客戶服務小組，包括創意人員、行銷人員、媒體人員等，共同參與擬定廣告計畫的工作。企劃內容與構思完成後，再由AE人員向廣告主說明與說服。換言之，AE扮演廣告主與

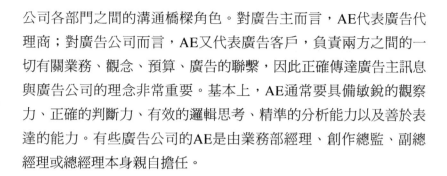

公司各部門之間的溝通橋樑角色。對廣告主而言，AE代表廣告代理商；對廣告公司而言，AE又代表廣告客戶，負責兩方之間的一切有關業務、觀念、預算、廣告的聯繫，因此正確傳達廣告主訊息與廣告公司的理念非常重要。基本上，AE通常要具備敏銳的觀察力、正確的判斷力、有效的邏輯思考、精準的分析能力以及善於表達的能力。有些廣告公司的AE是由業務部經理、創作總監、副總經理或總經理本身親自擔任。

貳、創意部門

許多人嚮往廣告這一行業的原因是想當創意人員，因為如能製作出各種令人印象深刻、膾炙人口的廣告，的確會產生很大的成就感。創意部門也是廣告代理業中最富挑戰性與具有光環的部門，因為他們是負責廣告製成品的生產部門，而廣告獎的頒布所主要肯定的也是廣告創意，各家公司創作風格的不同也是因創意人員鮮明的創作特質，所以創意部門可說是玩點子的部門。

此部門主要以創意總監（Creative Director, CD）為首，是創意工作的負責人，負責廣告客戶委託的廣告策劃和創意工作，底下設有藝術指導、設計、文案、完稿等。因為廣告訊息的創作基本上可分圖與文兩大區塊，不論是視覺表現的圖像或產品文字標語等文字訊息都需要有更專業的創意思維，因此在創意工作人員中如果是專門負責廣告表現用語、文案寫作的人稱為撰文者（Copywriter）；負責所有和廣告的視覺藝術表現負責的人稱為藝術指導（Art Director, AD）。基本上，創意總監負責管理創意部與創作，藝術指導則是承接創意總監的指令，負責廣告的構圖與版面設計；文案負責廣告撰文及寫出打動人心的好句子。由於公司規模不一，大規模公司中兩種專業人才都具備，但也有的公司中只有撰文人員，而由

合作的設計公司負責廣告的視覺藝術表現。另外,有些公司的藝術指導也不一定要自己實際製作相關的材料,而與插畫、攝影、平面圖像設計者或影像合成人員等合作;較大的廣告公司,還有製片負責廣告影片之製作。

參、媒體部門與媒體購買中心

廣告要讓大眾所知就必須要靠媒體部門,其負責人主要稱為媒體計畫人員或媒體購買人員。主要職責是將廣告客戶的廣告費作妥善的分配,對廣告媒體的選擇、時段、版面安排等作適當的安排與靈活的運用。雖然不是和廣告主直接接觸,也沒有像創意人員能夠直接受到大家的肯定,但其重要性與專業性絕不亞於其他部門,而且所作的媒體計畫更是影響到廣告活動成功與否的關鍵。試想一則以十三至十八歲年輕族群為訴求的廣告,如果刊播在專業的財經雜誌或節目中,可能就無法達到預期的傳播效果,因為他們並不是這類節目與雜誌的目標讀者。

換言之,雖然同樣刊播廣告,但要刊播在對的地方、對的內容,廣告才有可能達到預期的效應。所以媒體部門與玩點子的創意部門不同,主要是與數字為伍,因為平常所接觸與關心的是收視率、收視群的多寡與特質、各版面時段的價錢與廣告效益、廣告刊播的每千人成本是多少、各專題報導的收費是多少等。現在媒體的專業性與複雜性更加鮮明,例如,電視廣告先後排序影響到廣告接觸效果、報紙廣告版面的特殊運用有助於增強對讀者的吸引力等作法,顯見媒體人必須更新媒體思維,才有更多媒體安排上的創意展現。

有些大型廣告公司的媒體部門仍可獨立運作,但對一些中小型廣告公司的媒體部門已經造成某些程度的負擔。因此有些大型的廣

告公司就將媒體採購的業務獨立成媒體購買公司，有些則是幾家公司的媒體部門合資成立媒體購買中心，匯集更大的媒體採購量，可以和媒體單位談判拿到更好的時段、版面和價格，以爭取客戶最佳媒體曝光的安排。

肆、市調部門

　　由於市場不斷地擴大，廣告主與廣告代理商對消費者的反應與市場動態的瞭解，已經無法從觀察或接觸中獲得全面的訊息，因此必須仰賴科學性的市場調查取得相關資料，市調部門就是專門負責提供這些資料。尤其廣告目的是為客戶創造有效的收益，更必須在市場與消費者資料分析下的結果擬定對應策略。美國行銷協會對市場調查的定義即指出，「市場調查主要指蒐集、記錄以及分析所有有關物品或勞務由生產者移轉或銷售到消費者間，所發生問題的種種事實」。

　　在此部門的人員稱之為行銷研究人員或市調人員，可以說是最接近消費者的人，他們會用各種方法與技術，竭盡所能去理解消費者的喜好、選擇與趨勢。由於許多時候是採問卷調查來瞭解消費者行為，因此電腦輸入與統計報表的解讀能力往往是此部門的人員必備的專業技能。市場上也有許多行銷調查公司（如尼爾森、紅木、潤利、山水等），專門執行各種相關產品或廣告的調查，因此有些廣告公司會直接從行銷調查公司購買相關的資料。

第二篇 訊息篇

第四章　廣告訊息的產製

第五章　廣告與創意

第六章　廣告訊息的風貌

第七章　廣告理性策略與表現

第八章　廣告感性策略與表現

第四章

廣告訊息的產製

第一節　廣告訊息的構成

第二節　訊息的思維導向

第三節　訊息的創意元素

Advertising
Communications

　　廣告訊息就是廣告本身，也是廣告主與消費者溝通的語言，它表達了廣告主所要溝通的基本意念，包括廣告說些什麼與表現了什麼。一般我們所謂的廣告就是指閱聽眾所接觸到的廣告內容，而這些內容的整體表現也就是廣告訊息。在廣告傳播的過程中，廣告訊息的展現非常重要，因為消費者能否注意到相關的產品或活動就是看廣告訊息是否具有吸引力。尤其在市場品牌競爭下，消費者對產品印象是快速與變動的，因此廣告也必須有其說服性的語言，不管是用直接或間接的方式，都必須給消費者一個明確的廣告訊息。因為訊息是否具有創意，對商品而言已成為被購買與否的第一個衡量指標。亦即廣告傳播過程中，除了選擇媒介形式外，更重要的是訊息的內容，有時「說什麼比如何說更重要」，因為一則廣告的好壞在於其訊息所帶來的效果與力量。

第一節　廣告訊息的構成

壹、廣告訊息的概念

　　廣告訊息的內容是廣告設計的核心，一則廣告訊息包括了四大要素：訊息內容（說些什麼）、訊息結構（如何安排訊息的條理及邏輯順序）、訊息形式（如何將訊息表現出來）、訊息來源（誰來闡述訊息）。在廣告代理業中廣告訊息與內容的創作常被稱為創意的工作。很多人嚮往廣告人的創意，就是因為看到許多具有創意的廣告訊息，常會驚嘆這是一個好的廣告；這樣的稱讚就是因為廣告訊息的創作展現了創意。因為廣告人必須要有敏銳的洞察力與驚人的創作力，才能給予消費者關於產品或服務強烈的感覺或正面反應，才能創造出動人的廣告。

一、訊息型態

　　整個廣告訊息可分為語文型態與非語文型態兩種廣告訊息，語文方面常出現在平面媒體（如報紙、雜誌、廣告傳單、海報等）中的視覺文字的表達，以及立體媒體或電子媒體的旁白、廣播廣告的口語播音內容等；著重文案的表現，亦即包括標題、副標題等所有傳遞的文字描述。非語文型態的目的是幫助廣告達到視覺化的效果，所以文字字體的形狀、插圖、照片、色彩、插畫等，都是屬於藝術導向的創作，許多的廣告製作都是以影像作為傳遞商品訊息的主要元素。兩種訊息型態建構出完整的廣告訊息，運用時的思維包括：哪種訊息型態可以展現品牌的特性？哪種訊息型態足以刺激消費者需求？哪種訊息型態能使消費者瞭解商品屬性與效用的訊息？哪種訊息型態能展現產品使用時愉快情緒的訊息？

　　不同廣告訊息的目的，就必須要有不同的表現方法與訴求內容。好比人際溝通的過程中，有些人會強調面對不一樣的人就要說不一樣的話，是同樣的道理。因為每個人對訊息內容的感受力不同，而傳播者說的方法也會影響到收訊者接收的意願。在廣告傳播中說的方法就是廣告訊息該如何說，也是所謂的採取何種訴求，常見的簡略分法是理性與感性策略訴求（後續章節有詳細敘述）。說些什麼就是訊息內容，其吸引的程度關係著是否能達成刺激消費者購買欲望的關鍵。

　　由於任何文字或影像的運用都會在消費者心中形成一個形象，消費者會根據自身的經驗對此形象做解讀。如果廣告無法讓消費者產生對此解讀的參與，消費者就不會感受到他與廣告之間的關聯性。而不同的符號象徵會從消費者潛意識的記憶中喚起某些經驗、印象與聯想，產生喜歡或不喜歡的反應。即使每個目標對象的生活背景不同，解讀的方式也不一，但大部分的解讀結果必須能產生正

向的情感反應與對商品正面的態度，才是訊息創作所要達到的目標。所以貼近消費者生活的語言或能接受的語言與之溝通，是訊息創意的重要關鍵。

二、訊息創作者

在廣告公司中有關廣告訊息產製的主要部門是創意部門，其中從事廣告文字的工作者就稱為文案人員或撰文人；從事影像構圖的設計人員是藝術指導。當創意部門對廣告訊息的構思整體完成後，就會依照屬於平面媒體的製作或是電波媒體的製作尋找相關的製作公司，例如，某某傳播製作公司或是某某平面媒體製作公司，或是現今趨勢所流行的某某多媒體製作公司。由於廣告訊息創作者比其他文字工作者（如小說家、編劇、記者等）承擔明顯且必要的說服目的，因此在知識領域與寫作專業上也都有一些特殊要件，包括：

(一)圖文的駕馭能力

不論文字或影像都是廣告符號的表現，不同處在於文案撰寫者是從文字發想創意；影像人員則是從圖形構思創意。兩者與創意思維都有直接的關聯，所以文案撰寫者必須同時有畫面掌握的能力，影像人員也必須有文字的感受力。

(二)產品屬性的獨到見解

運用印象深刻的符號表現讓消費者瞭解產品的屬性與利益，就是廣告訊息設計時的創意發揮。這樣的發揮是建構在消費族群的思想、行為、生活與文化面上，亦即廣告人會利用各種消費族群所能接受的影像、文字、音樂等符號作為傳遞商品訊息的工具，創造出清晰、說服力強且有利銷售的文字或圖像。因此訊息創作者必須對產品、市場與消費者之間的關係有其獨到的見解，才能根據訴求對象的消費心理，建構出吸引人的訊息。

(三)消費者狀況的掌握

　　廣告訊息是創作給消費者看的，自然要站在訴求對象的角度上，以其能接受、喜歡的語言或圖像表現，才能讓消費者感受到這則廣告訊息是為我而作的。雖然廣告人並不像廣告主般能完全掌握到產品本身的屬性，但卻一定要比廣告主瞭解消費者心理。尤其有時候客戶提供的資料並不是很全面時，文案工作者就必須要靠自己的生活經驗與體驗，掌握消費者的輪廓與生活形態，才有可能創造出動人的訊息。

貳、廣告訊息的目的

　　廣告本身不具有任何強制力，即使是政令宣導廣告，也是鼓勵提倡民眾配合，但沒有任何強制效益。例如，在冬天的時候，會有廣告提醒年長者及幼兒別忘記施打流感疫苗針；夏天要到了，提醒小朋友多洗手以免感染腸病毒，或是居家環境要清潔避免引發登革熱等。這些都屬於勸導性廣告，但大眾有沒有接受廣告訊息的提醒，會不會實際做到仍是不一定。如果消費者看到廣告訊息後會想要購買廣告中的商品，就表示這則廣告的確非常成功。但實際上，廣告訊息與直接提升銷售成效之間並沒有絕對的關聯性，畢竟廣告是訊息告知，購買是實際行動產生，兩者之間的轉換機制仍有許多可能影響的因素與變數。除了政令宣導或公益廣告訊息的告知性目的外，商業廣告訊息更是承擔著濃厚的說服目的，包括：

一、增加品牌印象的衝擊力

　　廣告訊息的創作以創意為思維，因此強調作品應具有一定的視覺震撼或印象衝擊效果，才能讓消費者對品牌有印象。訊息如果無法造成品牌印象，就更不可能刺激消費者的欲望進而引發購買行

為；畢竟大多數消費者不會傾向購買一項沒有聽過的品牌。廣告中的獨特銷售主張、廣告誇張表現、產品定位法、廣告歌曲、感性訴求等都是用來強化品牌印象的訊息表現。

例如，喜歡喝咖啡的消費者通常會認為，罐裝式的即飲咖啡在品質與口感上較差，而貝納頌的廣告即以此思維切入，強調自己的產品有「無法被超越的口感」，企圖塑造貝納頌的極品質感。第一支廣告使用名模黃志偉，坐在咖啡店的窗邊卻喝著貝納頌，傳達出兩種意涵，一是即使在咖啡店也喝貝納頌罐裝咖啡即可享受口感，二是喝著貝納頌罐裝咖啡猶如現煮咖啡的口感。第二支是被討論得很熱烈的「老師傅封刀篇」，該則廣告以沖煮咖啡的老師傅喝到貝納頌罐裝咖啡後就再也不想開店了，因為有了這麼美味的罐裝咖啡，何必再費時費力煮咖啡？到了第三支廣告，則是延續第二支的效果，請來咖啡評審團隊，評比老師傅的現煮咖啡和貝納頌，但是當評審團隊先喝貝納頌咖啡後所展露出的滿意表情，讓老師傅知覺到不必再比了，其訊息依舊訴求口感無法超越的重點。連續的三則廣告訊息不僅成功傳播出極品咖啡的廣告重點，增加品牌印象的衝擊力外，也帶來市場銷售的亮麗業績。其他如飲冰室茶集其文藝氣息濃厚的廣告表現、芬達無厘頭式的誇張廣告、中華賓士汽車的溫馨感人廣告也都是為了增強品牌印象的衝擊力表現。

二、增加消費次數

當廣告訊息偏重在讓消費者明瞭某項產品的使用要有一定的週期率時，主要是希望消費者能頻繁地使用此產品。例如，小嬰兒的尿布廣告，強調必須要定時換尿布，寶寶屁股才不會紅；海倫仙度絲推出溫和配方，鼓勵大家天天洗頭；TOYOTA汽車廣告強調「定期保養，可以讓你一路好運道」，以五千公里就應更換機油為訴求，希望增加進廠維護的頻率。另外許多促銷廣告的訊息目的都

是要增加消費者消費次數的創作，例如，在清明節、母親節、父親節、中秋節、情人節等特殊節日時，廣告主就會寄送不同產品組合的廣告傳單，上面的訊息就是提醒、告知、刺激消費者，不要忘記節日要送禮、表達心意。

除了藉由廣告增加消費次數外，也可以藉由研發產品新口味或相關性的衍生產品或訴求不同客群，提高消費次數的可能性。例如台灣食益補股份有限公司（廣告主）所生產的白蘭氏系列產品，對其品牌的願景在於希望成為所有人一輩子的健康夥伴，因為不論是幼年、成年到老年，人們都希望能夠一輩子快快樂樂、健健康康。因此，其產品的研發就鎖定在不同人生階段中不同客群的健康需求，包括白蘭氏雞精系列產品、白蘭氏健康一錠系列。其廣告表現就將該產品定位為可作為日常保健補充品，養成定期使用習慣，每天為自己儲存健康，強調任何時候皆可食用，來增加其消費次數。

三、增加消費的機會

市場上產品種類眾多，消費者在選擇性增多情形下，要培養品牌忠誠度需要時間的經營。但是如果透過產品新用途的創意，來吸引或鼓吹消費者增加消費的次數，也是突破市場銷售的關鍵；亦即嘗試把非經常性消費者轉變成經常性的消費者。例如，桂格麥片系列特別生產美味大燕麥片，其目標客群鎖定在重視身材但又要兼顧口感美味的消費者。因為許多消費者總是有某種偏差的知覺，認為營養的東西就不美味。因此桂格食品不僅在產品系列名稱上就以「桂格美味大燕麥片」定調外，廣告中特別指出該產品最重要的特色就是「熱量有限，口味很多，最重要的是真好吃」；而適合食用的時機包括「運動後吃沒負擔，加班當晚餐營養夠，當宵夜都不怕」。

其他例子如冬天吃火鍋最好配上黑松汽水更過癮，讓屬於夏季的飲品變成冬天也可以喝的飲料；又如打開「話匣子」，槓就抬不

完，把休閒食品變成泡茶聊天時的佐料；又如餐後吃口香糖有助於清潔牙齒且芬芳，將口香糖提高為有助於清潔牙齒的作用；可口可樂是「任何食物的好搭檔」，希望消費者吃東西時，就能聯想到可口可樂；統一速食麵以第四餐為訴求重點，就是希望消費者能將速食麵充當宵夜的習慣；舒跑運動飲料從初進市場的「運動後，迅速補充流失的水分；發燒、發熱時，醫生推薦使用」定位，到現在冬天強調「舒跑也可以熱熱的喝（加熱飲用）」都是延伸拓展產品的消費機會。

🎥 第二節　訊息的思維導向

　　任何一則廣告表現都涵蓋重要的產品或品牌訊息，訊息究竟該怎樣產生，廣告人在這方面的思維導向主要包括幾種途徑：垂直與水平的思維、腦力激盪法、聯想法、5W1H思考法及ROI思考法。

壹、垂直與水平的思維

一、垂直思考

　　垂直思考法（Vertical Thinking）是一步一步往前推進的邏輯思維，以逐步推演來辨別方案的對錯，也是我們傳統所用的思考模式。亦即面對問題時，會根據已知的理論、知識和經驗出發，按照一定的思考路線，垂直深入分析研究的一種方法，此時舊有的經驗與觀念會影響人們的思考方向。屬於一種有所根據的理論與分析，讓思考的範圍會愈來愈小，直到發現一個或少數幾個令人滿意的答案；所以又稱為邏輯思維或收斂性思維。

　　其特質是問題與答案之間是一對一的，如果問題是在平面上

一個點,答案就是空間中相對的一個定點,兩點之間有條或長或短的思路,由面而起層層攀升,垂直射向答案;所以也可稱為分析性的思考法(Analytical Thinking)。常用此思維模式的人,比較容易呈現出理智、客觀、合邏輯、實務導向、量化、有計畫的人格特性等。可靠性與說服性較強,較易使別人跟隨你的思考方式而與你達成共識的結論。

　　廣告人中業務員、媒體人員與市調人員,對工作上的許多問題都必須要維持頭腦清楚、簡單、明瞭以及有條不紊,因此其專業表現中主要展現垂直思考的能力。但對於創意人而言,如果用此思維有時會是新概念的障礙。因為此思維是基於邏輯思考的本質要求,亦即對腦中的思緒作嚴密的控制,能對每一件事都加以邏輯分析和綜合,較難接受事情的變化,容易阻礙新想法或突破性概念的產生。

二、水平思考

　　水平思考法(Lateral Thinking)與垂直思考法是相對性的,係指盡量擺脫傳統觀念而從新的視野對某一事物重新思考的一種方法,也是放射性思考的一種方法。亦即從對問題的描述開始,把思維帶離問題的明顯架構外,擺脫舊有的經驗與觀念,將其求解的思路從各個問題本身向四周發散,即善於從多方面、不同的角度來考慮問題。換言之,連結其他各個相關方向的思維,朝不同的範圍思考,最後形成邏輯式的選擇,發展出許多解決問題的點子,又稱為創意思考法或發散性思考法。

　　這是一種對事情的認知能夠隨時轉換形式與事件前後關係的能力,也是我們平常所謂「換個角度想一想」或是「轉個彎想一想」的思維,因而具有較多的創新可能性,也是創意思考的基礎所在。這種作法有益於擺脫思考舊有的框架與經驗,容易獲取新穎的觀

點。常用此思維模式的人，比較容易呈現出感性、主觀、直覺、想像力主導、質化、隨性的人格特性。此思考法通常和頓悟能力、創造力及幽默感之間的關係十分密切。

廣告創意人的思維表現中，主要展現的就是水平思考法。因為水平思考屬於發散式的思路，能跳脫垂直式思考的思緒，所以不會急於去解釋、分類、組織任何資訊；就算彼此元素之間沒有任何特別相關也無妨，每種答案也無所謂對錯的情況下，因此能創造出獨具創意、別出心裁、令人拍案叫絕的點子與創意。

貳、腦力激盪法

前面的思維是個人思考的展現，但是廣告創意通常是一組人員的產物，而非單一個人的想法，所以集思廣義有其必要性。因為每個人習慣的思考方式均不同，對問題的解決方式也不一樣，對於自身的思考盲點與障礙，只有藉由他人的思維與經驗刺激，截長補短，才能產生最好的點子。這種有目的性的思維激盪是由亞歷司‧奧斯本（Alex Osborn）所創，主要指一群人在短時間內產生大量構想的方法，以協助團體協尋問題的解決方案。

這是一種基本的團體思考方法，目前常應用於各行各業，它不是自由閒談提出個人看法而已，而是藉由每個人的獨特特質、經驗與技能，對問題有所瞭解，進而藉由所提出的點子不斷地滾雪球的情形下，找出最好的解決方法。其核心要點就是希望產生「碰撞效應」，畢竟一個好的創意通常是無數平淡的點子所激盪產生。運用腦力激盪時有以下幾項原則必須把握住，才能達到成效。

(一)避免價值判斷

在腦力激盪會議中，沒有好、壞的點子，也無所謂可行、不可

行的想法，只要成員都能確切瞭解探討的主題，根據主題所作的任何發想都是受到歡迎的。任何形式的評斷只會使成員不願意發言，因而喪失鼓勵發言的精神。

(二)接受任何想法

鼓勵成員跳脫自己平日的思考障礙，或破除對各種議題的禁忌，讓頭腦針對問題盡可能做任何形式的想像、聯想或幻想。各式各樣的想法，不論是否瘋狂、合理或不合理，都能受到鼓勵並接受。

(三)鼓勵多產量

成員可以根據自己原有的點子或別人所提出的想法為基礎再構想出更好或更多的點子。腦力激盪的最大樂趣也在此，自己因他人的靈感所刺激的思維，有時也會超乎自己的想像之外，很多人甚至

圖4-1　廢電池回收專線：電池魚篇
圖片提供：時報廣告獎執行委員會。

會訝異自己竟會有這麼多獨特的想法。

參、聯想法

聯想法也是一種產生創意點子的好方法，也是廣告人常用的思考方式。聯想的本質就是經由事物之間的關聯性、比較結果或因果關係所啟發的創意思考，也就是運用聯想和掛鉤的方法將原本兩個獨立的東西連結起來。聯想力的訓練也是教育心理學家所強調的思考能力訓練，因為可以強化個人的想像力與記憶力，主要就是藉由自己過去經驗的組合，將事物或情感等各元素做連結。如果從小就經常喜歡將事物或問題聯想的人，比較容易展現這方面的特質。我們常說「舉一反三」就是表示該人的聯想力豐富，所以反應能力也快。不過也顯示出要具有聯想的特質者，通常需要有更豐富的生活經驗與更敏銳的情感，可以從各項資訊的獲取中，取得各項的連結。在許多產品的使用並不容易或也不便直接顯示產品功能時，藉由聯想的訊息表現，提供消費者更多的聯想，有時效果反而更好。常用的聯想方式包括：

一、類比聯想

在發想中，以人、事或物的某一項特徵為主，按照人、事或物之間的相似點來進行由「此」到「彼」的聯想，叫做「類比聯想」。亦即以兩個或兩類本質上存在相類似的屬性，扣連彼此的相關性。操作上就是以相似或相關的事物做聯想，或是以隱喻法解釋過程。例如，康乃馨強調「百分之百嬰兒棉柔感，每一秒都能瞬間吸收」；華南銀行轉運現金卡的廣告中，以擁有該現金卡好運就會接二連三的來臨，作為廣告訊息的主要表現，就是希望將現金卡與好運氣之間做類比的聯想。**圖4-1**中的畫面是一條在冰塊上的魚，

準備出售給喜歡吃魚的人。但是這條魚的肚子裡可能吃了許多人類意想不到的東西，因為一顆廢棄的鈕扣電池所流出來的汞，可以讓六百噸的水從此受到污染而無法飲用。所以現在是魚先遭殃，接下來很快的就是喜歡吃魚的人類了。這是廢電池回收專線所刊播的廣告，藉由死魚來類比聯想下個可能就是你了，希望受眾響應電池回收。

二、相對式聯想

以相反或完全無交集的事物來推論或作聯想。例如，房車只是一項運輸工具的本質，但是廣告創造出了「房車是優質生活的指標」，就是將「房車」與「優質生活」聯想在一起。另外，廣告將數量稀少、價值珍貴的鑽石，轉變成是愛情堅定的重要象徵，也是一種相對聯想。

還有許多包裝水廣告，都是強調本身產品特性如何的天然與潔淨，如統一麥飯石礦泉水就是強調麥飯石脈礦的珍貴與層層濾淨，所以其礦泉水是潔淨珍貴的。這樣的元素連結屬於連結式的聯想，亦即元素之間有所明確的關聯性。但是「多喝水」則是從產品面利益點走到感性訴求面，透過「多喝水角色交流協會」的推廣，企圖將「多喝水與多做好事」之間有所扣連。但事實上喝水與助人之間並沒有直接的關係，但是透過廣告訊息這種相對式聯想的操作，可增加消費者對該品牌的好感度。

圖4-2廣告中的安全帶猶如一條眼鏡蛇，這是VOLVO汽車希望提醒家長知覺到，為孩子準備合格的安全座椅以及安全帶是非常重要的。眼鏡蛇的毒性相當強，如果家長疏忽安全座椅的重要性就可能發生不幸，造成無可彌補的遺憾；而安全帶與眼鏡蛇之間就有相對式聯想的關係。

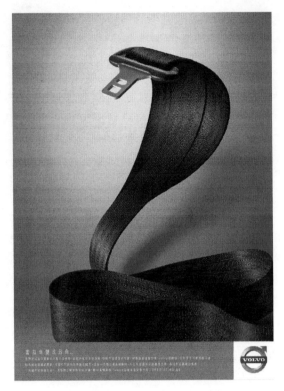

圖4-2　VOLVO汽車：眼鏡蛇篇

圖片提供：時報廣告獎執行委員會。

三、連結聯想

直接以因果關係推論的聯想法，例如，黛安芬「危險曲線」廣告，就是以穿著該系列品牌的胸罩後，身材就會變得惹火危險的直接聯想；披薩店達美樂的電話號碼（28825252）就以諧音「餓爸爸餓我餓我餓」來作直接的連結聯想。又如阿瘦皮鞋希望拓展年輕消費客群，企圖將產品以時尚潮流包裝起來，傳達「阿瘦也可以很流行」的品牌概念。於是找了四個時尚名模代言，每個名模因其特質不同而連結阿瘦女鞋的四種產品風貌：俏、甜、美、艷。其中形象

甜美可人的許瑋甯，讓人聯想到甜美公主風，代表甜美年輕鞋款；
童怡禎因為高挑身材與亮麗外型，代表美麗的鞋款；具有國際名模
身段的張珈禎，其專業的肢體語言適合詮釋艷麗的鞋款；凱渥名模
當紅炸子雞白歆惠，以其明亮的雙眸、古靈精怪的個性，代言年輕
俏皮的鞋款。顯見，廣告主在尋找代言人的過程中，都會仔細考量
其特質，才能有利於產品與代言人之間的連結聯想。

　　圖4-3中蜈蚣是令許多人感到可怕的昆蟲，而英文不好時，面
對一堆的英文單字就像看到蜈蚣一樣，可怕的想躲開。但其實只

圖4-3　OKWAP-S858：蜈蚣篇
圖片提供：時報廣告獎執行委員會。

要有好的翻譯工具，英文就沒有這麼可怕了。這是內鍵翻譯功能的OKWAP-S858手機所刊登的廣告，主要傳達出有此手機就不怕英文的訊息，其中蜈蚣與對英文的恐懼就是一種連結式的聯想。

肆、5W1H思考法

5W1H指的是Who、What、Where、When、Why、How；不論是在新聞或公關的寫作領域，或是消費者相關行為的理解，都以這六個元素為切入的思考點（如**表4-1**）。同樣的，在創造廣告訊息的過程中也可以用這六個元素掌握訊息創作的核心原則。

表4-1 5W1H思考法

指標	概念	切入思維
Who	誰是你的目標對象，亦即廣告所要溝通的對象	愈能用貼近對象的語言與符號，所創作的訊息就更容易引發共鳴
What	明確定位產品本身的特性與優勢	目標對象對產品的意見是什麼？他們平常關心的是價格、品質或產品形象等何種因素？
Where	找出消費者的地圖	在哪裡可以發現消費者的蹤跡？
When	產品的購買與使用時機	產品的季節性為何？消費者何時購買本產品？購買的頻率為何？
Why	消費者購買的理由為何	產品吸引消費者的原因為何？消費者為什麼需要購買本產品？
How	用何種方式和目標對象溝通最有效	應該用什麼樣的方式或方法和目標對象溝通？

全聯社近年廣告強烈主打「便宜有好貨」的形象訴求，成功將全聯的品牌形象與銷售業績大力提升，其創作反映出5W1H的思維展現。其中各項的思維表現如**表4-2**所示。

表4-2　全聯社廣告5W1H的思維展現

指標	創作表現概念
Who	對象是社區的一般普羅大眾（有別於要開車到量販店購買）
What	產品本身的特性與定位明確在「超市規模、量販價格」
Where	在都市化的社區中，全台擁有300多家據點，便利社區居民
When	大多數人都會希望買東西時方便、快速，但便利商店的貨品有限且價格稍高，全聯生活用品等供給可滿足社區居民更多樣的需求
Why	每家賣場都打出便宜的口號，卻沒有明確告知消費者他們為什麼便宜。因此藉由全聯社的樸實無華，作為「便宜」的最有力佐證
How	訊息的主軸思維在「沒有醒目的招牌或其他停車刷卡宅配等服務，但我們省下錢，給你更便宜的價格。」

伍、ROI思考法

一、相關性（Relevant）

　　廣告訊息必須針對正確的目標對象傳送，除了瞭解目標對象的價值觀外，還需知道他們怎麼想、想些什麼、什麼感覺，以及什麼會引起他們的興趣，根據這些角度才能創造出正確相關的訊息。所以廣告創意基本上需要一些同理心的能力，將自己轉換成對方的角色、心情，感受對方的反應。此外，廣告創意人對事情必須能夠找出一般人眼中所見到表象之外的關聯性，才具有更高層次的抽象關聯。換言之，用不同的角度再次省視每一個事物，也許就能感受到新的意義。也可以嘗試將其中的元素重新組合或做配對扣連，也可以尋找出另一種關聯性。所以在廣告中不要認為1＋1，一定等於2。如何將產品與使用者之間做實質層面或精神層面的扣連，就是相關性的創意思維。

二、原創性（Original）

　　指想法或點子的新穎、新奇或獨特；或以前沒有做過的、不

在預期中出現的表現。當一則新穎或成功引發話題的廣告手法出現時，很快在同品類或不同品類的廣告中也會有相似的手法出現。這種因學習或模仿或類似抄襲嫌疑的情形經常在廣告中出現，但是通常是第一則最具原創性的廣告令人印象深刻，因為其獨特性已經建立消費者對該品牌的印象。即使是同一品牌的系列廣告，為了維持廣告調性的一致性，又希望每則系列廣告也同樣具有不同的原創性，並不是一件容易的事。

例如，倩碧化妝品的廣告第一次以全部黑白色呈現時，很多人都認為很大膽且具有原創性。因為有些人覺得化妝品應該是給消費者亮麗、光采的感受，用黑白色系太過灰暗；有些人則認為這是突破性的作法，也是將化妝品帶入平實的另一種境界。由於每個人的生活歷練與學習經驗均不同，所以一些點子對某些人可能具有原創性，但某些人可能不認為如此。

基本上，只要廣告所要訴求的目標對象，都能接受或留下深刻印象，該廣告的創意即具有原創性。換言之，一些打破形式或窠臼的廣告表現，或把兩種想法、點子在無預期的情況下做扣連，通常較容易具有原創性。一般人都會想到的點子或已經常見到的表現方式就不具有原創性；尤其一個剛開始具有創意的點子，如果使用過度也會變得陳腔濫調而失去廣告創意的特性了。

三、衝擊性（Impact）

由於大部分的廣告對消費者均只是瀏覽過而無印象，一個具有衝擊性的點子才容易吸引消費者的注意，並幫助消費者用新的觀點看自己或看世界。但是製造衝擊並非標新立異或過度挑戰社會接受的尺度，例如，維力大乾麵的「向前衝篇」以男性精子為畫面的表現，的確具有視覺的衝擊性，但是這樣的衝擊卻造成許多人覺得「不雅」而要求停播。又如2009年增加許多線上遊戲的廣告，有麻

將遊戲以巨胸的女性穿著清涼晃動並以其曖昧的用語「不要碰」、「我要摸」來傳達產品訊息，引發爭議，認為不妥與物化女性。顯見這樣視覺表現的創意，的確有其衝擊性，但能否被消費大眾所接受有待考驗。

但是也有些衝擊性的創意點子成功為其品牌提高知名度，如安泰人壽的一系列「世事難料篇」廣告中，用死神隨時降臨的恐懼訴求方式來表現保險的重要性，這在保險業來說是相當具有衝擊性的，以往的保險廣告往往怕觸人霉頭，根本沒想到要以此方式提出訴求，因此在當時廣告一播出時，所造成的衝擊效果相當引人注目。又如萬歲牌杏仁果點心，以開羅會議的紀錄影像做合成的效果，當四巨頭在聊天及閱兵行進時等正式、嚴肅的場合，也都會拿萬歲牌點心品嚐。該廣告以幽默的方式，反應出該產品可以隨時提供你愉快心情的特點。以嚴肅的歷史紀錄片與詼諧方式的表現做產品的扣連，強烈的情境對照，就相當具有衝擊性。另外，政治選舉中的廣告表現，更容易有許多衝擊性的畫面，例如運用國父孫中山先生等歷史人物的肖像做廣告等。不過，這些畫面與點子的衝擊性雖有，但是否能達成正面的廣告效果值得進一步評估。

如果這個衝擊性是建立在情感面向，比較容易達成正面且有效的長期效益。例如，全國電子一系列的「全國電子最感心」的廣告，企圖以其低價與服務周到的生活場景打動消費者，也因為畫面的主角與取景相當貼近一般民眾的生活，所以能打動消費者的情感，帶來衝擊性的印象。畢竟商業廣告中，產品的購買應該是希望讓生活更美好、更提高生活品味，產品價值才能更提高。所以衝擊性的點子如能引發共鳴，廣告效果就大為提升。

第三節　訊息的創意元素

　　廣告訊息在發想的過程中，必須以策略為前提抓準產品的核心概念或訴求，而廣告人的創意也在此時有最直接的展現。隨著不同的創意總監或團隊，所運用的思考方式也不同。若只強調某一類型的思考，忽略另一種的思維都是思考上的障礙，也會讓自己的創意表現僵化成型。所以一個好的創意人應勇於挑戰自己的思維，也要能跳脫出成型的表現形態。一般在執行廣告訊息創意的構思中，可從以下三個面向的要素考量。

壹、產品的實質面

　　你買一台數位相機是因為該相機可以讓你方便攜帶照相；媽媽買護手的洗碗精是避免引發富貴手脫皮；爸爸參加健身俱樂部是為了消除中年的鮪魚肚；姊姊買知名的美白保養品是為了有更潔白的皮膚，不同的消費購物與目的卻都反映出大家對商品的期許，能達到購買時的目的最重要，錢才不會白花。換言之，消費者在購買一項商品時，都會想從商品本身得到一些好處，而這個好處就是來自產品本身實質面，其特質也會因產品不同而有差異。

　　基本上，產品的實質面指的是包括產品性能、名稱、商標設計、研發、包裝、顏色、外觀等特性，以及產品的生命週期和競爭品牌目前處在何種階段等，是產品提供消費者最基本的購買誘因所在。有的時候廣告人看到的產品訊息與行銷研發人員可能有所不同，雖然行銷研發人員瞭解產品，但是廣告人更懂得消費者的心理與情感。換言之，廣告人從產品實質面的各項可能訊息中，必須找出產品特質中最具有市場賣相的特點，轉化成廣告訊息來贏得消費

者的信賴。

例如，普拿疼伏冒熱飲強調不傷胃、不嗜睡，所以廣告中女主角頭痛有感冒徵兆出現而無法參加聚會，喝了朋友沖泡的伏冒熱飲後，精神就恢復，可以出外參加聚會了。由於感冒藥一般都是顆粒狀，而其中某些成分會讓人頭暈不舒服甚至想睡覺。因此伏冒熱飲的沖泡便利性與產品不嗜睡的特性，尤其口味如同檸檬水般，不僅有鮮明的產品區隔，廣告訊息的表現也直接反映出產品可消除頭痛和不嗜睡的產品性能，很受市場歡迎。又如「感冒用斯斯，斯斯有兩種」已經成為許多人到藥房買感冒藥的第一印象了。其他如牙膏直接在廣告中單一訴求其抗敏感或潔白的實質功能；尿布主要訴求是可避免尿布疹；洗髮精的實質功能包括止頭皮屑、洗髮潤髮雙效合一、柔順光澤等；保健食品則以其特有成分作實質功能面的強調。顯見許多產品廣告直接展現的創意思維以簡單明確為主。換言之，找出最有賣點的產品功能或利益，就可以成為獨特的銷售賣點，也是訊息創意元素的重要切入點。

貳、產品的情感面

消費者對產品的使用除了功能實質面的需求外，更多時候是因為與產品之間產生了某些的情感扣連；而這樣的情感連結通常是廣告人的創意所創造或所激發出來的。畢竟同類產品之間功能屬性的同質性頗高，有時並不容易在實質面上找出彼此之間的差異性。因此為了有效的市場區隔，增加消費者對自家品牌的印象，就從情感面的連結做起。產品情感面可以從兩方面思考：

一、產品本身使用的情境氛圍建立

雖然同樣是可以解渴的飲料，你認為喝飲冰室茶集的感覺比較

具有藝文氣息；同樣喝罐裝咖啡，有人會堅持要喝浪漫的左岸，有人堅持喝咖啡極品貝納頌；有人買車要買新好男人的房車，有人喜歡買足以顯示身分尊貴的賓士。同類產品卻有不同的消費動機，是因為每個消費者的人生經驗與對生活的態度各有不同。這也是消費者心理中對產品所呈現的符號意義各有不同的解讀，因此廣告人可以創造產品所能延伸的符號意義，滿足消費者使用產品時的愉悅感覺。產品的生產是不帶情感性的實體，雖然具有許多功能，也可以解決消費者的問題，但同類產品選擇性廣的情況下，消費者考量的就不僅是產品性能而已，心理符號的滿足感更是重要的考量，因此片面性的功能訴求顯然不足以吸引消費者。這樣的消費心理，也提供廣告人構思訊息時可以加入更多的情感色彩。換言之，廣告人的訊息思維在於必須給予產品生命，建構出一個引發共鳴的情感與故事。而訊息的呈現通常是情感性多於實質性、象徵性多於具體性。

二、從品牌形象面切入

包括產品想要給消費者的觀感為何、它具有什麼吸引消費者的特點、產品的利基點與消費者消費動機是否能契合等概念。例如生命禮儀服務主要就是對於人身後事的相關處理，萬安生命以一個女孩從小沒吃到這輩子的第一個冰淇淋，之後遇到一個疼她的賣冰阿伯，但是賣冰阿伯有一天再也沒出現後，小女孩的人生也出現許多無常。包括沒有和初戀情人結婚、覺得老公陪工作比陪兒子還要多、覺得孩子被女朋友搶走、兒子幫她開的冰店最後收掉、無法健康的走出醫院等，呈現出人的一生有很多事其實並不能如願。但重要的是萬安生命能幫每個人實現人生最後一個願望，就是「用你想要的方式道別」，於是大家在送阿媽最後一程的現場都吃到冰淇淋，廣告的結尾是小孫女問「阿媽呢？」大人回答「阿媽在天上吃冰淇淋」。感人的故事情節增加品牌形象的情感元素，成功建立了

該產品於廣告中所欲突顯的特質「用你想要的方式道別」。

參、產品的話題面

話題廣告顧名思義就是該廣告引發話題的討論，其產生可能是刻意的安排，也可能是因為其表現引發大眾不同社群之間的自然討論。其意涵可以從兩個面向檢視：

一、因廣告表現而引發話題

主要指廣告的創意表現有其獨特處或是廣告手法引發受眾討論，或是極具爭議性而引發話題。例如2008年北京奧運時有一個贊助廠商「恆源祥」，以十二生肖為串場的台詞，台詞的格式為「鼠鼠鼠鼠北京奧運會贊助商恆源祥，牛牛牛牛北京奧運會贊助商恆源祥……」以此模式唸完十二生肖，自然也將廠商名稱複誦十二次。許多觀眾都打電話到電視台抗議，覺得這樣的廣告簡直是疲勞轟炸，引發許多負面話題的討論。相較之下，Mazda以各種不同星座的特質與車子做扣連，呈現出不同星座的人開車會展現不同特質與習性，也引發討論，但都是正面且肯定的評價。同樣引發話題，但對品牌印象的情感卻是截然不同。

又如線上遊戲《殺online》於2009年4月上市，其遊戲著重玩家與玩家之間的砍殺，以尺寸極大的武器、華麗的技能與場景為主，強調爽快的擊殺感受。但是廣告表現中從頭到尾完全沒看到遊戲畫面，只看到代言人瑤瑤身體搖來搖去的，一直喊「殺很大，殺不用錢……」的廣告台詞，引發網路與現實生活中熱烈的討論，連網友與電視節目《全民最大黨》都以此作為搞笑題材，包括代言人瑤瑤的晃胸以及廣告的無厘頭內容。

二、廣告策略中的一環

　　有些廣告引發話題是事先經過廣告的企劃過程所安排的話題討論，可以說是話題行銷的操作。因為人們在茶餘飯後通常需要一些有趣的聊天話題，所以行銷人開始製造話題，啟動消費者的交談，希望引發媒體更多的報導，就能產生錦上添花的宣傳效果。例如VOLVO汽車的廣告以電影情節拍攝手法，描述一位從天而降的帥氣雅痞007特派員駕駛VOLVO房車，與搭乘直升機的知性美女，不知為了達成何種神秘任務，一路展開競速和鬥智的追逐賽？其懸疑和緊湊的情節安排，就是要引發觀眾的好奇心，並引起網友們的熱烈討論。在密集播送幾天後，再播放謎底版，亦即007特派員所執行的重要任務，就是要將結婚週年的禮物安全、準時地獻給其妻子的情節；主要傳達出VOLVO車主寵愛妻子和重視家庭的形象。像這樣劇情式的廣告，在操作上會傾向先引發觀眾的好奇與討論，再播放謎底版，其目的就是希望藉由具有創意和話題性的廣告策略，建立消費者對其品牌的印象。

第五章

廣告與創意

第一節　創意概念

第二節　創意思考

第三節　廣告創意的流程

Advertising
Communications

🎥 第一節　創意概念

壹、創意界定

　　廣告是有所目的而為的傳播活動，本身常是一種商業活動，廣告主希望透過廣告情境與表現對消費者造成某些程度的影響，包括刺激或誘導消費者購買其產品、採用其服務或接受其觀念。如何有效達成這個目標是依明確廣告目標下所形成的創意。所以創作廣告時，不論是內、外因素都必須考慮，如切題性、執行性、經費等限制，才能以事實為基礎，創作出一個具有說服性的廣告內容。不是一般所談的創意可以隨心所欲自由發想，這是廣告創意與一般創意最大不同之處。因此可以將廣告創意定義為：「為了有效解決廣告溝通問題，所發想出高效益結果的點子或作法。」其中，廣告溝通指的是如何傳達出消費者與產品之間的關聯性；高效益指的是其點子要能讓消費者產生共鳴與容易記憶的效應。這樣的創意思維所展現的成果具有下列特性：

一、獨特性

　　創意本身的特質就是一種獨特新穎，尤其是廣告創意著重的更是新奇或獨一無二非抄襲的表現。即使是創造性模仿的目標仍是創造，而不是仿冒，這才是創意的真正精神。所以當e-bay創造「唐先生打破龍蟠花瓶」的廣告引發熱烈討論，迅速提高品牌知名度時，Yahoo也隨之創造一篇「唐先生出走」的續集篇，企圖轉引消費者對其品牌的認知。但由於角色情節的相似性與延續性過高，消費者已經先有e-bay的品牌印象，較少有人因此而將此廣告的印象轉嫁到對Yahoo的品牌印象上。但Yahoo廣告的相似性反而引發批

評，主要就在於缺乏自己創意的獨特性。

　　基本上，人們對新奇的人、事、物總是會感到好奇與新鮮，只要能引發受眾的好奇感或新鮮度，廣告訊息吸引目光的基本目標就達到了。除了訊息設計的獨特性，媒體安排也必須極具獨特性，才能在氾濫的廣告資訊中擊中目標對象，達到廣泛的接觸率。

二、核心性

　　創意是廣告的核心所在，簡單的訊息與印象深刻的字眼是達到有效傳播的主要關鍵點。由於廣告往往是利用有限的媒體時間或版面做宣傳，要能有效掌握消費者的閱聽行為，就必須在廣告中有一個明確的主題焦點，將創意的點子集中於產品所能提供的利益上，使消費者發生興趣、產生好感。避免閱聽眾「可看可不看」的心態下，將創意表現簡短有力的植入消費者的腦海中，引起受眾的注意力、衝擊性與記憶。畢竟消費者在氾濫的廣告資訊中，已經學會面對訊息時「視而不見、充耳不聞」的境界。因此有利於消費者接受與記憶的單一訴求，最能傳達訊息的核心性。

三、競爭性

　　創意的目的是要增加廣告對受眾的衝擊性與記憶性，落入窠臼的訊息展現，容易讓消費者心生厭倦。雖然一個有創意的廣告往往只能暫時吸引消費者的注意力，但只要消費者對該產品有所需求而進行購買決策時，留有印象的創意廣告產品被購買的可能性通常會高於其他產品。所以，除了在不同媒體使受眾在眾多廣告中接觸到廣告外，必須對訊息內容的陳述有所印象、接受或認同，才有可能消除對廣告的漠視心理，進而增加廣告效益與產品競爭的籌碼。換言之，唯有用創意打動消費者，才容易使消費者注意廣告、記憶廣告並採取行動。

貳、創意的重要性

一、目光的吸引

　　廣告的目的在於協助品牌與消費者之間建立關聯，進而激發消費動機。在這個廣告充斥的競爭市場中，觸目所及的廣告影像或張耳所聽的廣告訊息，如果沒有獨特處，很容易就從身邊稍縱即逝，更不可能在受眾的腦海中留下印象。然而廣告本身若不能讓消費者喜歡、有興趣去看或是廣告不耐看，很快地就會讓觀眾感覺膩了。這就是為什麼有創意的廣告比起平凡無味的廣告更讓人容易記住，畢竟個人所能記住的廣告相當有限，有些研究認為每個消費者頂多只能記住七至十則廣告而已。因此，唯獨有創意的廣告才可能在極有限的篇幅或極有限的時間內，從許多同質性高的廣告中脫穎而出，讓消費者留下深刻印象。

二、產品形象的區隔

　　同品類產品之間的區隔其實並不大，彼此之間的特性與功能同質性極高。但是藉由廣告創意的表現，往往能使產品在消費者心中建立明確的形象區隔。例如，一直以「歡聚、歡笑、每一刻」家庭溫馨訴求的麥當勞，廣告表現一直都是以小朋友以及家人為主的歡樂呈現。但是自從在世界各地營運成績欠佳之後，決定重新定位品牌形象。因此，從2004年開始的廣告就以「I'm lovin' it我就喜歡」作為廣告的定調，並且請知名的王力宏代言，企圖為麥當勞這個老品牌注入新活力。

三、品牌的擴散效應

　　全國電子系列廣告從溫馨、親情、感性、寫實角度出發的創

意手法，如「過年圍爐篇」中以一個女孩幫客人洗頭洗到手都起繭
了，因此洗衣服時手會痛。她的媽媽看了很心疼，於是在全國電子
買了一台洗衣機。女兒看了好開心之外，也將自己賺取的費用給媽
媽貼補家用。彼此之間的貼心，平實的傳達出感人的情境，引發情
感上的共鳴。相關的系列廣告包括：安裝冷氣機、購買電視機、零
率利等，都成功的塑造出全國電子主動為消費者想到許多事情，所
以「就甘心ㄟ」。而其感人的平實廣告手法，引起網路上的熱烈討
論，使其品牌知名度大為提升。

第二節　創意思考

壹、創意的準備

　　美國創意教育基金會（Creative Education Foundation）指出，
創意是個人在某些情境下，對問題解決所能想出一些新方法的能
力。創意能力不僅影響個人的生活態度，更影響個人在工作職場上
的表現。當你認為自己無創造力時，表示你解決問題的能力較弱；
相反的，如果你有很好解決問題的能力，通常顯示你有很好的創造
力。因為在競爭激烈的工商社會中，每個專業都需要有許多的創意
想法去開發新契機，以掌握生產力和競爭力。尤其在資訊氾濫的傳
播環境下，如何突顯自己的訊息，做有效的傳播更需要創意的表
現。

　　由於創意是一種有效解決問題的構思過程與展現，所以用心生
活體認人生、深刻觀察培養觀點、多加想像與豐富的聯想成為不可
少的要件。心理學者與教育學者都發現創意其實是直覺與經驗的累
積，天才畢竟是少數，尤其在廣告領域中，創意天才仍然需要對問

題有所準備，才有可能想出適切的點子。除了知識外，廣告人更不能欠缺豐富的常識。知識是有系統、有方法、有目的的學習，透過自我的咀嚼、思考與體驗，才能融會貫通；常識則是用心的生活、體驗人生，一切感受才能內化成為自己的生活概念。兩者都是創意人不可或缺的資料，缺少資料或擁有錯誤的資料，都會導致創意人無法構思出有效的點子。

豐富的資訊在廣告創意活動中可發揮兩項功能：

1. 方法選擇多：資訊提供解決方法，越多資訊越能幫助廣告人確切掌握問題的狀況，萌生更多有關解決問題的新想法，所形成的解決方法也不會單一性。
2. 加速創意構思：思考的基礎建立在原有的資訊上，而豐富資訊能加速刺激靈感，有助於偉大點子的形成。如果腦中空無一物，創意不可能產生。

對於資訊的準備，可分為有目的性與無目的性兩個層面來加以探討。

貳、有目的性的準備

廣告創意是建構在事實的基礎上，所以凡是與產品或目標對象直接有關的資料都要有所瞭解。最基本的就是有目的性的瞭解市場資料、消費者資料及相關媒體資料。

一、市場資料

市場的動態會隨著時間與市場的競爭態勢轉換，創意人除了對商品基本的品質、屬性、功能有所瞭解外，有關商品市場的各類情報，如現有的產品種類、生命週期、行銷網等都必須想辦法挖掘。

並且想辦法找出更多產品本身的意義，透過廣告將這些意義表現出來。藉由市場調查的資料，可讓創意人員知道該產品的定位為何、應該從何處開始表現，用什麼樣的訴求點等概念。進而以最有創意的表現方式，吸引消費者的目光與對產品的興趣。有許多調查公司的專業就是專門執行市場調查與消費者的研究，藉由他們所提供的資料，廣告人可以很快地掌握消費者與市場的輪廓。例如，東方消費者行銷資料庫、廣電人市場研究股份有限公司、蓋洛普市場調查公司、潤利事業有限公司、多寶格行銷股份有限公司、AC尼爾森臺灣分公司等。也可以說市場調查資料不僅是創意的輔助工具，也是創意表現科學化的第一步。

二、消費者資料

廣告創意是對消費者直接說話，如果創意人都不瞭解說話的對象，怎麼可能說出像樣得體的話？尤其是在這個以消費者稱王的時代，消費者所言、所行、所好、所惡等指標都成為廣告人需瞭解的情報。唯有掌握這些資訊，所創造出的訊息才會正中目標，搔到癢處。而且當你不知道從何處開始想點子時，「消費者」永遠是你最好的開始切入點。你可以用實地勘查的方式，觀察他們的消費型態、消費行為；利用深度訪談的方法，知道他們對產品的看法與認知、購買力；或用腦力激盪的方式讓一些消費者暢所欲言的說出他們的消費動機、對品牌的概念、產品使用經驗、對競爭品牌廣告表現的觀點等。此外，別忘記自己也是某個消費族群的一分子，瞭解自己的消費習性，或同儕間的消費習慣，也是很好的切入點。

其他以消費者基本的人口統計資料，如年齡、性別、教育程度、信仰等，或以活動、興趣、意見（activities, interest, opinion, AIO）等為基礎的生活形態調查，以及消費者內心的價值觀等都是瞭解消費者的重要指標。當創意人與其他廣告人面對一堆消費者相

關報告時，不同的反應是創意人必須用有思想、有感情的方式瞭解消費者，以他們的生活語言和他們溝通，而不是把消費者看成一堆刻板生硬的數字與歸納族群。換言之，必須從消費者的角度來看產品，而不是從廣告人的觀點來看產品。

三、媒體資料

現在的媒體環境是量大類多的競爭生態，廣告媒體的區隔也愈來愈精。對媒體人員而言，如何找出適當的目標對象做媒體組合是一項挑戰。對創意人員而言，媒體的選擇是溝通的一部分，有好的內容卻沒有好的工具，效果會大打折扣。創意人所需要瞭解的媒體資料與媒體人員的資料略有不同，媒體人員是根據媒體的發行量、收視率、到達率及媒體閱聽眾的特性等資料，做最有效益的媒體組合與搭配，並實際執行與監督媒體出稿進度與檔期刊播的時間表。創意人則是對媒體的屬性要有所瞭解與掌握，因為媒體的屬性關係著廣告訊息的表達方式。尤其目前隨著媒體科技的進步，廣告人所能運用的媒體不僅種類更多樣化，內容表現形態上也有很大的變化。

由於舊媒體往往隨著新媒體的衝擊，可能轉換、增添或刪減其原有的屬性，以因應環境的變遷，唯有掌握其現況才能使創意的發想在不同媒體上的落實不成問題。此外，創意人必須常收看各類媒體的廣告，研究競爭對手所創作的廣告，瞭解競爭對手的創意策略與表現方式，一來刺激思維，二來區隔出自己點子的獨特處，避免有抄襲之嫌。也只有在競爭對手的廣告刊播或刊登後，才能知其策略與手法，所以媒體是蒐集相關同業廣告表現的資料所在。

參、無目的性的準備

基本上，廣告是位在生活情境下對消費大眾說話，所以是相

當具有生活性的。雖然廣告創意是建構在事實的基礎上，但是創意人不能光靠事實發想。相反的，創意人必須時常走入群眾之中，瞭解他們現在喜歡什麼、說些什麼、用些什麼、玩些什麼、注意些什麼、想些什麼，才能用消費者的語言與思想和他們有效的溝通，因此，生活的用心與認真態度已成為創意人不可缺少的特性。如果想要從事廣告業，就應該讓自己不斷地養成四種特性：敏銳度、好奇心、想像力與表達力。

一、敏銳度的培養來自生活的觀察

敏銳度指的是個體對人、事、地、物等特質的觀察力較強，能看出或感受到別人所沒看到的細節，而且反應速度也比較快。生活中我們有時會說某人的敏銳度低，反映出這個人常容易搞不清楚狀況，很可能造成某些場面的尷尬或人際相處上的困擾。在廣告專業的領域上即需要有敏銳度，因為智力密集的廣告產業與市場脈動相扣連外，更需要有預測性或前瞻性的視野，而其基礎能力就在於敏銳度的培養。生活周圍的環境就是訓練自己敏銳度的資料庫，隨時養成觀察環境的習慣，用欣賞、好奇、讚嘆、質疑等種種精神與態度面對，可以提高自己的敏銳度。換言之，最怕一切都太習以為常或認為理所當然，因為這樣的態度較難有創新的思維與勇氣。

除此之外，經驗的累積也是儲存豐富常識不可缺少的要素。很多的創意人在工作一段時日後，都會放下手邊的工作到外地旅遊，以增廣見聞、擴展視野、更新一些腦中的資訊與影像。由於廣告人必須隨著商品種類的不同而跟不同的人溝通，唯有瞭解生活才能創造出扣人心弦的廣告，而許多偉大的創意也都是反應在生活面中。基本上，生活經驗的累積是增加事件直覺判斷的依據所在，用心生活的創意人不僅懂得捕捉生活素材、累積資料，也懂得豐富自己人生、豐富點子線索。

二、好奇心的能量來自多聽多看多問

　　每個人的知識與常識最怕的就是無知於自己的無知，當我們不知道事情，卻又不知道自己不知道而固執己見時，會囿於偏執一方之思維或陷於浮面的迷惑，最好的創意是不可能產生的。所以創意人要避免過於主觀的判斷事物，多聽一些別人對事情的看法，讓自己能從不同的角度思考，並養成不輕易否定的習慣，能提供另類觀點的刺激。在資訊爆炸的今日，透過逛街、聽演講、聊天等動態資訊的接觸，多聽、多看、多問自己的所見、所聽、所聞、所感受到的經歷，往往能掌握市場脈動的新變化。只要能掌握資訊，便能掌握潮流的趨勢。一旦有先入為主的觀念掌控人的思維時，人就不容易對所見、所聽、所聞、所感受的經歷再發現問題的另外觀點了。有了這樣的體認就容易蘊育出好奇心，而好奇心正是創意思維的基本要件之一。

三、想像力的養成來自更多的思考活動

　　想像是一種心中形成的印象，根據過去的感覺或知覺的記憶，想一件事物的情境或形狀，亦即把原有的意象做新的配合；也可以是無中生有的在腦海內拼湊出前所未有的意象。由於每個人都有自己的經驗意象，在不同的情境中用不同的方式組合這些意象，就是想像力的發揮。想像力愈豐富的人創造力也愈高。除了整合新舊經驗的想像之外，聯想與幻想也是創意人重要的自我訓練。

　　聯想是用舊經驗詮釋新事物，它不是天馬行空的變成胡思亂想，而是事物彼此間可能具有的綜合性、接近性、類似性、隱喻性或分析性的關聯，也可能完全是一種全新的搭配或顛覆組合。幻想則是脫離現實、超越現實，以一種自我滿足的心理狀態從事的腦力活動，可以讓你的精神有所抒發或解放的作用。平常我們往往會因

為工作性質的重複性過高或生活的變化性不大，使我們面對很多問題時都很自然的制約反應，思考活動也就跟著僵化，無法有新意產生。唯有不斷地多做想像、聯想與幻想的腦力與心智活動，訓練自己逆向思考模式，才能維持思考的彈性與靈活度。

四、表達力的展現來自掌握重點的能力

創意人除了要有靈活的頭腦、敏銳的思緒外，最重要的是要能懂得表達。這牽涉的不是只有個人點子發想過程而已，還影響到提案時能否具有感染力，讓廣告主願意在眾家比稿中採用你的點子。想法的表達有多種，可以用語言、圖形、文字、音樂、影像等符號做意義的詮釋。當你的腦海中有一幅美麗的景象，卻無法用圖畫或影像表達出來；或有許多的想法、觀念泉湧而出，卻無法用文字、言詞表示時，不僅是創意思考的障礙，也是創意思考的不完整。創意人員的表達重在將自己的點子有情感性的陳述，好比一個說故事的人，如何將其故事表達得生動精彩、有感染力，讓觀眾也能感受到精彩是相當重要的。如果你與一些資深的創意人聊天時，你會發現他們的幽默、侃侃而談的思路、誇張爆笑的肢體動作，無形中你的情緒與情感也相對的跟著起伏，因為他們是很會「說故事」的人。

第三節　廣告創意的流程

壹、廣告創意的流程

當創意開始有公式可循時，創意就已經失去創意的精神與本質。但是創意點子牽涉一連串的思維激盪與修正活動，可以說是思

考的粹鍊所成。整個的思維準備與發想，亦即廣告創意的流程，各家都有不同的說法，無法全然簡化為一些規則，更沒有一定的準則可循，但有一些共通的特性可作為參考原則。畢竟有步驟的思考，可以使思考更為流暢。所以這些原則提供的是一個概念，一個讓有心人決定走上這一圈內前多做一些準備的參考。但是讀者需知，真正發想創意的過程絕非死板板的一步一步按流程來，因為具有生活性的廣告創意，其思維是迅速的，而其反應是靈敏的。但是這些非一蹴可幾，畢竟有天分的人不多，平日的用心與努力就是累積收穫與自我成長的重要管道。有一天當你發現你很容易藉由某種過程想出一些有用的點子時，也許你也可以與他人分享你的創意流程了。

以下介紹三種常見的創意過程，希望讀者在這些不同流程中，能掌握到創意過程的基本元素。

一、Graham Wallas

英國社會學家Graham Wallas首先把創造的過程用四個階段表示：

1. 準備（preparation）：盡可能蒐集有關問題的資料，不論是第一手的資料或次級資料，並且嘗試將這些資料的新經驗與原有的舊經驗相結合。

2. 醞釀（incubation）：當你對問題想不出解決方案或答案時，先暫且把問題放在一邊，不要鑽入死胡同，但潛意識仍在思考解決問題的方案。

3. 明朗（illumination）：有一天你會突然對問題該如何解決產生一個靈感、一個點子。

4. 確認（verification）：將你的靈感與點子加以實施，並驗證其落實的情況為何。

二、Alex Osborn

Alex Osborn是前BBDO代理業的總裁，也是創意教育基金會創始者，他把上述四階段衍生為七個更詳盡的流程：

1. 導引（orientation）：知道問題的所在。
2. 準備（preparation）：取得相關資料。
3. 分析（analysis）：將相關資料整理、分類、分析。
4. 想法（ideation）：把所有可能的想法、點子都集結起來。
5. 醞釀（incubation）：利用你的點子，開始運用想像力。
6. 合成（synthesis）：把你所想到的一一拼湊起來。
7. 評估（evaluation）：最後評斷出最適用、最好的點子。

三、James Webb Young

James Webb Young所提的創意流程如下：

1. 熱衷（immersion）：埋首於你所面對的問題，並熱衷從舊有的經歷中，尋求一些相關資訊。
2. 消化（digestion）：從不同的角度與觀點省視你所獲得的資訊，不要浪費時間在不相關的資訊上。
3. 醞釀（incubation）：將你所獲得的資訊先放在一邊，讓自己散個步、喝杯咖啡或做其他事情，先不去想問題。
4. 明朗（illumination）：一些解決問題的點子或想法，通常會在你不經意的情況下福至心靈地產生。
5. 實證（reality testing）：解決問題的點子是否與目標一致，是否能符合策略。

貳、創意思維的步驟

由於廣告創意是有目的性的思維活動，而且牽涉到產品在市場上的競爭，因此其創意是在有所壓力與有所期望下完成的，唯有當這則廣告出現在閱聽眾眼前時，廣告創意才算是真正的大功告成。其間所經歷過的步驟不外乎下列四個階段（如**圖**5-1）。

一、明確問題、掌握目標

廣告是一項團隊的工作，當業務員與廣告主接洽案子後，與創意人員開會報告時，創意人員要能確切掌握廣告主的要求與目標。亦即這次的廣告目的是為什麼？要跟消費者溝通哪些問題？如果問題與目標沒弄清楚，等於方向錯誤，之後所發想的點子自然達不到該有的效益。因此，隨時能正確理解目標並能用恰當的陳述是相當重要的。

二、激盪思維、去蕪存菁

確定問題、瞭解目標後，能立即想到新穎的點子少之又少，通常還必須有其他資料的閱覽與狀況的瞭解，才能在一堆資料中找出最適合有用的資料。藉由不同的方法激盪思維，讓自己慢慢地從雜亂中理出秩序、條理，再從無意識中醞釀出一些可行的方案。往往思考的彈性，能想出不同類型的點子。

問題解決的可行方案通常不會只有一種，不同的可行方案都是各自一個創意點的發展，當有愈多點子時，愈容易有最精彩或最

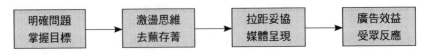

圖5-1　創意思維的步驟

適合的方案產生。往往思考的流暢性，有助於豐富點子的產生。此時必須要能再次確定問題、瞭解目標，刪除不妥的或效果較差的點子，再從其餘的點子中找出最好或最適宜的點子。

三、拉距妥協、媒體呈現

點子形成後，必須得到廣告主的認同與接受，否則一切都是白搭。有時創意人迸出精彩的火花，卻因心裡認為會被打回票而不敢提給客戶，因為有些廣告主有其主觀的概念與期望的作法。因此很多廣告的呈現並不一定是絞盡腦汁所想出來的，並非創意人拒絕提供最好的，而是廣告主有其喜好。如果創意人堅持原來的想法，就必須能說服得了廣告主，通常仍是經過不斷地修改過程，直到廣告主滿意為止。所以呈現在消費者眼前的廣告可能和原先廣告公司創意部門的原稿精神和味道大不相同。

四、廣告效益、受眾反應

只有紙上談兵的階段，仍不能算創意的完成，必須透過媒體的搭配組合，將訊息傳達給消費者，才算創意的落實。但是消費者的反應如何，是評估廣告創意效果的一項重要指標。消費者是否能瞭解廣告的訊息、對產品有所認知、能認同廣告中所言等，都是廣告創意的目的所在。創意既是廣告的核心，也是銷售的關鍵，相同的也只有當效果部分被確認後，廣告創意的作業流程才算真正的完成。

第 六 章

廣告訊息的風貌

第一節　平面媒體的廣告訊息

第二節　電子媒體的廣告訊息

第三節　網路媒體的廣告訊息

Advertising
Communications

第一節 平面媒體的廣告訊息

　　平面的廣告媒體主要是指報紙、雜誌、廣告傳單、海報、型錄等，由於媒體本身的傳播屬性屬於靜態性，因此讀者對於平面媒體的閱讀與解讀更屬於主動性，亦即讀者對其產品有興趣或因為標題的吸引、圖像的好奇等因素才有可能作更多的閱讀，不然通常很容易就會忽視廣告的存在，或是拿到廣告傳單時連看都沒看就丟進回收桶了。而這也是為什麼廣告人在構思平面媒體的廣告訊息時，都嘗試在各項可能的元素上作更多的創新，以吸引讀者的閱讀。

壹、訊息元素

　　平面廣告相較於電子廣告富有較多的產品訊息解說任務，因此文字的處理在訊息的構思上就顯得格外重要。主要的訊息元素包括：

一、標題

　　標題是廣告的靈魂，是一則平面廣告中視覺集中的焦點所在。一般而言，50%-75%的廣告效果來自標題的力量。不僅維繫了整個廣告的連貫性，同時引起受眾對廣告注意與決定是否繼續閱讀的關鍵。標題的主要功能包括：

(一)引起注意力

　　標題是所有文字訊息中最大、最明顯的文字，因此，視覺上承擔著要引起讀者注意的重責大任。畢竟讀者並不會主動搜尋報紙廣告的內容，所以標題的吸引力相對即是該則廣告能否引起注意力的

關鍵所在。

(二)顯示產品利益點

標題是將產品利益轉化成消費者購買動機的重要切入點,必須能在最短時間內說出產品的賣點,才有可能吸引讀者往下閱讀。因此,許多平面廣告的標題主要都是以直接利益式的標題創作為主。

(三)引導文案閱讀

標題目的在吸引消費者的注意,但是要瞭解產品更多資訊必須藉由其他更詳細的副標或內文闡述,才能瞭解產品更多的訊息。因此標題功能在帶領讀者繼續往下看,具有引導性的功能。

(四)目標對象的區隔

每個人在看廣告時都會自然的直覺反應想不想看該則廣告,其中一項直覺的判斷就是該產品是不是自己現在所要購買或需求的。如果不是,視線很快的就會跳過瀏覽別的訊息。因此標題如果能夠讓讀者確切知道訴求對象是哪一群人,將有助於讀者縮短對廣告訊息判斷的時間。

二、標題的創作寫法

(一)直接利益式標題

在標題裡直接告訴消費者產品對消費者會有什麼好處,如果當產品有明顯比競爭者優勢的特點就可以直接表明,並且要以消費者的角度來說話,標題寫作就會更明確了。例如:

> 「送你三包優生柔濕巾」(優生系列產品)
> 「舒緩敏感酸痛現象　我專業推薦──台灣製造安心可靠　台鹽抗敏超效牙膏」(台鹽抗敏超效牙膏)
> 「好神拖拖地不濕手」(好神拖拖把)

「蔬視晶睛糖　糖果不再只是糖果　寶貝視力守門員　兒童節
甜蜜上市」（蔬視晶睛糖）

(二)新聞式標題

　　以當下的新聞焦點作標題容易引發讀者的注意，或是產品中某
項具有新聞價值的屬性或較能吸引目標消費者所下的標題，也較容
易吸引讀者的閱讀，而文案中也會呈現產品更多的詳細訊息來支撐
此標題中所講的特質。例如：

「全球銷售冠軍的名床」（席伊麗床墊）
「對皮膚好一點！高檔純天然蠶絲涼被打動無數消費者的心」
　　（YES純天然100%AA級蠶絲被）
「肥胖疾病多　吃醋減肥50天甩12公斤　瘦出好心情」（五元醋
　錠）
「擺脫肥短身材　矮冬瓜飆高化身魅力型男」（同仁堂三合三
　力轉骨配方飲品）

(三)感性或生活型態的標題

　　這樣的標題主要想塑造一種感性或文學性的氛圍，有時具有浪
漫的美感，有時則是應用文學修辭增加文學性。其目的都將廣告重
點放在塑造出來的情境上，企圖勾勒出令目標對象所認同或所嚮往
的生活方式，以建立品牌魅力並吸引讀者的注意。例如：

「當時尚已經成為生活背景　那麼建築絕對是超凡的品味」
　　（駿達——信義御璽）
「最美的挑高比例　6米的曠世心動」（鴻翔居——湖光盛
　景）
「心意永遠陪您一年又一年」（新光人壽）
「向上移動　馬上心動」（VK Mobile）

(四)疑問式標題

以疑問句為標題,因為是問句,所以有引導回覆增加參與的功能。有些除了在標題用疑問句外,內文中也以問答形式表現,在一問一答的文案中,讀者就可以很明確知道產品的利益為何。例如:

「你想賺錢嗎?」（富享建設）

「你知道IKEA的產品全面大幅調降售價了嗎?」（IKEA）

「碧潭有約熱銷七成囉!您怎麼還不來?」（碧潭有約房屋）

「誰能讓你的肌膚由內至外健康有活力?」（Neutrogena）

「您的白金卡權益夠完整嗎?」（VISA信用卡）

(五)促銷性標題

由於平面媒體（尤其是報紙或廣告傳單）的時效性快,因此許多產品的促銷訊息直接就在廣告上呈現,標題的寫作也直接以最高的折扣或最好的價格誘因作訴求的重點。例如:

「麗嬰房四季童裝36折起　史上最強　僅限七天」（麗嬰房）

「床的世界好禮雙重送」（床的世界）

「康是美　全店買777送100元現金抵用券」（康是美）

「低價風暴　柔得寢飾最後8天　寢飾換季出清」（柔得寢飾）

三、副標題

副標題係指在印刷媒體中通常字體小於主標題,但大於內文的字體;比主標題的長度長,但比內文的長度短。扮演主標題與內文之間的橋樑,變化性較沒有主標題來得大,但陳述主標題中所欠缺的商品訊息或廣告訴求,因此其功能是為標題作解說,同時將讀者的視線引導到內文。除了文字論述簡潔扼要、重點性的陳述銷售重點外,有時在字型、字級、版面或顏色的處理上也有別於標題與

內文,因此可刺激讀者想閱讀內文,但對於沒時間看內文的受眾而言,副標題是頗重要的訴求摘要。有時廣告只有標題與內文,而無副標題。

四、內文或主文

好的標題只能吸引消費者,要讓消費者採取購買的行動,還必須有事實的保證。而內文就是陳述事實的所在,也是整體廣告訊息的說明文,它不僅是文案的骨肉所在,也是完成整個訊息銷售的關鍵。如何清楚明確的將廣告訊息傳達給消費者,就在於內文寫作的技巧。內文寫作通常會依據不同媒體特性作因應,例如,在給會員的廣告型錄與在報紙上的文辭就有所不同,有的形式猶如一篇短文或長文。基本上文字的流暢性、詞彙的妥當性都是必需的特點。

另外,理性的說詞或感性的語調也會隨著產品特性與廣告主張有所不同,但具有新意,避免陳腔老調、內容必須令人相信則是一般的通則。但因為廣告的內文通常是最不吸引消費者的部分,所以許多的廣告僅以標題或副標題作呈現,而省略內文,例如,服飾類廣告、鑽石、手錶等平面廣告中,經常可見的只有其品牌名稱與圖像,而沒有其他文字,也是一種純粹品牌形象廣告。基本上,內文的使命就是要能夠形成消費動機與欲望,建立信任感,也是消費者在眾多品牌中找一個一定要選擇某一品牌的理由。在構思內文寫作時,有下列幾個要點可供參考:

(一)避免繁冗陳述

雖說平面媒體比電子媒體有更多版面可以陳述商品訊息,也擔負著比電子媒體要更多商品特性描繪的責任,但並不是意味著可以用更多冗長的文字填滿版面,因為讀者並不會浪費時間在冗長的文字陳述中。如果需要更多的文字說明,許多廣告主會與媒體單位合

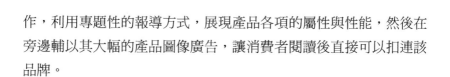

作，利用專題性的報導方式，展現產品各項的屬性與性能，然後在
旁邊輔以其大幅的產品圖像廣告，讓消費者閱讀後直接可以扣連該
品牌。

(二)文字表達的貼切性

　　雖說文字閱讀比較具有抽象思考能力，但並不表示文案的寫作
就要賣弄艱澀難懂的文辭。畢竟產品有其特定的消費階層，消費者
需要的是明確的產品訊息，因此文案的構思仍以產品扣連性為主。

(三)整體布局的考量

　　字體與字型的表現也是廣告訊息是否吸引讀者閱讀的重要關
鍵，因此文案的內容必須搭配整體視覺的布局，使讀者閱讀清晰方
便。假如內文的文字過多，自然容易形成字體與間距的縮小，造成
閱讀的不便。

五、圖像

　　廣告利用影像、圖片、相片、插圖、標誌、色彩等視覺資訊，
或是以商品本身的形象，將產品視覺化，亦即讓畫面說故事，使消
費者一目瞭然。亦即經由各種視覺影像，具體化商品消費的相關訊
息，有助於消費者對產品的認知，並進而建立與產品需求之間的扣
連性。由於影像的記憶留存通常比文字要久，因此愈來愈多的廣告
以圖像代替傳統的內文，以視覺說話的方式傳達商品的特點。即使
在適合文字論述的平面媒體中，視覺圖像的運用也愈來愈受重視
（如圖6-1、圖6-2）。

貳、訊息的操作

　　平面印刷媒體主要傳達的是空間設計的概念，整體的視覺

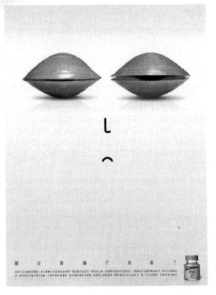

圖6-1　白蘭氏蜆精──眼睛篇
圖片提供：時報廣告獎執行委員會。

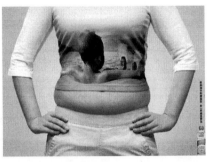

圖6-2　綺麗健康油──游泳圈篇
圖片提供：時報廣告獎執行委員會。

呈現，包括廣告中文字位置與字間、句間關係的安排，字體的大小與風格、攝影或插圖之使用、色彩等各元素在廣告中的配置等就像廣告的「身體語言」，也是廣告訊息操作時所謂的「布局」（layout）；亦即一則廣告中所有組成元素的整體安排。布局如果美自然就會吸引人，如果不美，很容易就被忽略。尤其是平面媒體的閱讀，讀者閱讀的主控性更高，也因此任何人如果不願意或不想看廣告時，都可以很容易的跳過不看。所以當你看報紙時，即使是頭版的下半版廣告，你可能也從不去注意；看雜誌時，只要是廣告可能就翻閱到下一頁；收到廣告傳單，就放到回收袋了。換言之，平面媒體的廣告文案必須有結構性的讓讀者依序閱讀，而訊息要觸及到消費者的目光就必須要更有創意性的設計與吸引人的產品誘因。操作平面廣告的訊息時有以下幾個思維可以參考：

一、創意視覺化

　　文案雖然是文字訊息，但是因為也同樣占據版面的編排，所以就必須考量要有多大的標題？需不需要副標題？內文的內容要呈現哪些訊息？會不會影響圖案的編輯？這些文字訊息要如何與圖片呈現才有視覺上的效果？有力的圖表說明，搭配突出易記的商品名稱可加深讀者印象。換言之，平面廣告訊息的原則就是要將文字訊息也融入圖案訊息的編輯思維中，將訊息創意儘量視覺化。

二、布局的創意

　　一般平面媒體的廣告訊息布局不外乎是豎立型的長方形或條型的長方形，圖片通常被放在長方形的上半部，下方是廣告標題和正文，以及其他一些小圖片。一般而言，簡單質樸的布局，可以使廣告容易辨認。但現在為了吸引消費目光，在廣告布局上也有更多的突破與創新，例如，所謂的煙囪式廣告，其布局就是突破一般的版面概念，有更多的靈活運用。又如可以採用鮮明的色彩、醒目突出的圖案和文字來增加刺激強度。

三、文案長短的功效

　　文案的內容究竟要以多字的長文案有效？還是要精簡些以短文案較有效？兩者之間並沒有定論，因為不同的廣告人各有己見。不過可以確定的是，長文案有助於理性的訴求策略，可將產品的優點與功能作詳實的說明。很多刊登於報紙的補習班或英語教育的廣告訊息，就是長篇大論的介紹其產品各項優點，並將消費者選擇時最常發生的困擾以問答的方式呈現，提供消費者完整的商品資訊。但是一般產品使用平面媒體時較常以精簡的短文案呈現，畢竟多數消費者看廣告都是簡化訊息的閱讀，如果太多的產品訊息可能會讓消

費者產生排斥感。這也就是為什麼香水、手錶等平面的產品廣告主要呈現品牌訊息而已,而賣一部電腦的文案與一雙布鞋的文案內容不會一樣長度的原因。不論文案的長短為何,基本上都不可忘記提醒消費者馬上採取行動,所以常用的廣告名言──「心動不如馬上行動」時常出現在文案的訊息中。

四、圖片所占比例變大

在現代資訊社會中,人們似乎已經愈來愈傾向視覺化的傳播型態,尤其是目前的青少年,對於圖像的接受度與喜好度極高,也非常習慣於以圖像傳達訊息。例如,《壹週刊》、《女性雜誌》、《蘋果日報》等平面媒體,圖像訊息的篇幅與內容占據相當多的版面。圖像比文字的確有更吸引人的條件,而其傳達訊息的快捷性也是目前平面廣告作品中逐漸偏重的因素之一。雖說平面媒體特質是可以展現產品更多的性能或屬性的說明,但是目前在圖像傳播的趨勢下,長文案的訊息運用與效果也逐漸下降,而圖片所占比例明顯增多或變大。許多平面廣告已發展成只有一幅圖片加一個商標而已(如圖6-3、圖6-4)。

🎥 第二節 電子媒體的廣告訊息

電子媒體主要是指廣播與電視為主,因為透過電波傳送,所以也稱作電波媒體。習慣上以電視傳送的稱為電視廣告,以廣播傳送的稱為廣播廣告。由於電子媒體的廣告訊息是影像、聲音、動作的結合,因此消費者除了使用視覺外,也用到聽覺器官。

壹、電視廣告

電視廣告影片，又稱為CF（Commercial Film），經常運用很多鏡頭、光影、音效、音樂、速度、演員、用詞、畫面、服裝、故事情節、布景，藉以烘托氣氛，製造效果，彰顯產品價值。是一種在有限時間內運用眾多藝術元素的組合，來達到明確訴求目的的特殊藝術形式。廣告主會在電視節目與節目之間買下某些特定時段作為CF的播放，包括十秒、二十秒、三十秒及六十秒不等的廣告時間限制。其訊息構成主要有下面幾個元素：

一、訊息要素

(一)圖像（Video）

你所看到電視機螢幕上的影像就是圖像概念，它是透過攝影機拍攝錄影，將產品、人物與景觀都具體呈現在眼前。它是電視廣告主要構成的要素，也是最吸引人的要素，因為連續呈現的畫面具有生動、直觀、具體等特點，比平面靜態的廣告更有吸引力。

(二)聲音（Audio）

聲音是電視廣告表現的另一個重要因素，它是聲波透過電視機還原的結果，也是各種聲音資訊的再現。所以，同樣一句廣告詞透過平面媒體的書寫與電視媒體代言人的敘述，造成的印象效果往往是電視上比較強。在聲音與圖像配合下，電視廣告的資訊就相當豐富，具有很強的表現力和真實感。

(三)廣告標語（Slogan）

唸得順、記得住、朗朗上口、易於被人們記憶和理解的簡單語句就是廣告標語。成功的廣告標語能夠充分發揮語言文字的功能與特色，用簡單的一句話，傳達豐富概念，吸引觀眾的注意，讓人產

圖6-3　Lay's 樂事網站篇
圖片提供：時報廣告獎執行委員會。

圖6-4　滿意寶寶──大腦篇
圖片提供：時報廣告獎執行委員會。

生共鳴或會心一笑，有助於產生品牌的深刻印象。尤其愈引人注目的廣告詞愈有助於產品形象的確立與推廣，金句獎的選拔即是針對廣告標語的創意展現所作的肯定。通常廣告標語必須著重消費者可得到的實際利益，突出獨特的銷售陳述（Unique Selling Proposition, USP）。雖然廣告主通常都會希望有生活化的標語出現，但並不是每一句標語都能引發消費者的共鳴。不過所有的標語都有簡潔性的特質，其內容有如說話一般，因此標語的發想通常是表現企業的生命力和產品特徵的短句。

例如，「全家就是你家」是全家便利商店的廣告標語，其文字都是常用字，而且「家」字用了兩次，有押韻的效果與節奏感，

不僅易讀、易懂也易記。更重要的是將商店名稱與消費者的生活情感連結，傳達去全家便利商店買東西就好像在家裡一樣，給予一種溫暖、便利和關心的感覺。又如美國的西北航空當初推出的「你講台語嘛也通！」傳達出空服人員與乘客之間的語言溝通無障礙，也消除長輩飛行時語言不通的焦慮感。許多公益廣告的標語不僅簡潔有力，而且對於觀念或行為的宣導有加分的效益，例如，「雖然我不認識你，但是我謝謝你」的捐血廣告、「快快樂樂的出門，平平安安的回家」的戴安全帽廣告、「六分鐘，護一生」的子宮頸抹片檢查廣告都是顯而易記的廣告標語。

每年《動腦雜誌》都會主辦廣告流行語金句獎，就是由專業人士評選以及消費大眾票選出當年度最熱門的廣告標語。例如，2008年得獎的廣告標語包括：「一把抵兩把，何需瑪麗亞？！」（3M魔布強效拖把）、「三不五時　愛要及時」（全球人壽）、「用你想要的方式道別」（萬安生命）、「多喝水沒事，沒事多喝水」（味丹企業股份有限公司）、「好險，有南山！」（南山人壽）、「信任，帶來新幸福」（信義房屋）、「便宜一樣有好貨」（全聯福利中心）、「想像力是你的超能力」（雄獅文具）、「整個城市就是我的咖啡館」（統一超商city café）、「贏甲嘸知人」（台灣彩券）、「全國電子　足感心ㄟ（台語發音）」（全國電子）、「肝苦誰人知」（白蘭氏五味子芝麻錠）。

(四)廣告音樂

廣告需要在最短時間內，吸引消費者注意，就必須藉由各種可能的元素組合，而音樂或音效就是激發情緒的最佳利器。音樂帶給閱聽眾的聽覺享受與心情壓力的釋放一直是音樂的價值所在，這也是為什麼教育學者會鼓勵父母親多給小孩聽一些柔和的音樂，有助於性情的穩定與樂觀。在廣告中，不僅常用音樂表現，更重要的是

廣告中有了音樂的搭配後,展現出極大的渲染效果,不僅可以快速軟化聽者的情感,也可以帶動聽者的情緒,的確有助於消費者對品牌印象的記憶與好感。在廣告中所運用的任何音樂都是廣告音樂的範圍,包括:

1. 只有旋律的背景配樂:如Mazada銷售十萬台十萬個感謝廣告中,只有汽車行駛畫面與之前廣告片的某些片段集結,就因為背景旋律的優美,相對傳達廣告主對消費者支持的誠摯感謝。

2. 廣告影片歌曲:主要是先將該則廣告的歌曲作成後交付拍攝,然後導演按照歌曲將畫面逐一剪入與歌詞中的每一情節相對應,許多廣告都是這種作法。例如「大同大同國貨好,大同大同最可靠……」、「綠油精、綠油精,大家愛用綠油精,哥哥、姊姊、妹妹都愛綠油精,氣味清香綠油精……」、「感冒用斯斯、用斯斯……」等。

3. 廣告音樂(Commercial Jingle):係指表現於廣播電台及電視以廣告產品或宣傳事件之簡短的音樂單元,一般長度僅約二至三秒,主要是一個產品或企業的識別及形象,譬如麥當勞「歡樂美味就在麥當勞」及「I'm lovin' it!」、全家便利商店「全家就是你家」等,片尾均有音樂作為結束。

二、訊息操作

(一)廣告腳本

廣告要透過電視或廣播製播時,會根據廣告策略的創意思維擬定廣告影片的劇情架構。這部分通常是製作公司及導演的義務與責任,因為他們必須以各種可能的形式來協助廣告主預想廣告的模樣,其中最主要的方式就是以分鏡的廣告腳本呈現廣告訊息。亦即

會將相關的情節以每個鏡頭呈現的狀況繪製出來，依序排列，再佐
以文字說明，以及聲音表現說明，就是所謂的分鏡腳本或廣告腳
本。其中也記錄和展示了廣告表演的台詞、旁白、動作、表情、語
氣、音樂、音響、道具等各種要素，可以說是一種具體表達電視廣
告創意的故事式圖畫。其重要性在於讓廣告公司與廣告主都能充分
瞭解與掌握導演與製作公司拍攝的廣告內容，也為電視廣告製作單
位提供了製作依據。

(二)電視廣告的拍攝

　　廣告片的製作方式有現場拍攝、攝影棚拍攝和電腦繪畫等三種
方式，這三種方式是目前廣告片製作較為普遍使用的方式。

　　1.現場拍攝製作方式：是由廣告製作人員，直接攜帶攝影相關
　　　設備到現場直接把廣告內容拍攝下來，經稍加剪接即可播出
　　　的一種廣告製作方式。
　　2.攝影棚拍攝製作方式：這種拍攝製作的方式是廣告製作人員
　　　根據創意要求，設置相關的布景和造型設計的廣告拍攝方
　　　式。
　　3.電腦繪畫製作方式：這種廣告製作方式是由廣告創作設計人
　　　員向電腦專業人員提供廣告創意和廣告效果圖，電腦操作人
　　　員透過電腦的合成或動畫等技術進行編製程序，繪製廣告畫
　　　面的一種廣告製作方式。

(三)廣告剪輯

　　電視廣告製作的最後一道程序，主要將分散、零碎的鏡頭連接
在一起，還要將音樂、旁白、音響等各種元素按照廣告創意的構想
編輯、合成為完整的電視廣告作品。基本上，鏡頭的剪接會按照腳
本大綱與劇情架構來進行的，主要的核心思維就是廣告創意。因此

廣告剪輯也必須對廣告創意熟悉，才能剪輯出符合策略與創意表現的廣告。由於電視廣告片有極嚴格的時間限制，因此廣告剪輯時會對時間作精確計算及嚴格控制。此外，廣告片的節奏以及聲音與畫面的配合等要求，也都是廣告剪輯時的專業表現。

(四)時間

時間（Time）是電視廣告的另一項要素，包括：

1. 廣告製播後實際影片的時間長度：大部分的電視廣告製作時通常會以較長的秒數拍攝，畢竟拍攝一則廣告所需的演員、攝影棚、導演等相關費用都相當可觀，再根據產品上市與媒體購買情形剪輯成不同秒數的版本播放。
2. 在電視播放時所刊播的廣告時間長度：廣告影片拍攝完成後，必須透過電視媒體的刊播才算完成。這就是為什麼新上市產品的電視廣告剛開始時的秒數較長，劇情版本的內容也較完整，但是密集刊播一段時間後，就會以更重點以及主要精華的訊息版本出現。

貳、廣播廣告

一、訊息要素

廣播廣告的最大特點就是必須將廣告資訊轉換成聲音資訊，才有辦法充分表達與展現。因此訊息的要素以聲音為主，常聽到的聲音類型如下：

(一)播報聲

播音員或廣告代言人向聽眾敘述廣告資訊的方式，就是一般的說話聲音。

(二)對話聲

兩位以上的播音員或廣告代言人以對話的方式，談論產品的相關資訊。透過對話的方式可以產生聲音的變化，有助於聽眾的收聽興趣。人物通常以三人為限，而且聲音表現也各有特色；較少超過四人的對話，因為容易造成聽眾的混淆。

(三)旁白聲

以旁白方式說出廣告商品的名稱，以襯托出其他的廣告訊息。

(四)效果聲

廣播廣告很重要的一項聲音要素就是效果的聲音，就是所謂的音效。有了效果聲音的製造，可以增添聽覺上的刺激，並襯托商品的特質。尤其要傳達某些情境時，常會用許多製造出來的背景聲音，如用水流聲音表示河流、用尖銳的煞車聲音表示緊急煞車、用咳嗽的聲音表示感冒，另外球場歡呼聲、海浪拍打聲、雷雨交加聲等都可以在廣播中呈現。現在已經有許多音效的資料庫，供廣告主以及作曲家選擇。如果都不喜歡，也可以自行合成創作。

(五)背景音樂聲

為傳達廣告產品的訊息，配上背景音樂聲音。一些典型的音樂商品，如CD的廣告，就一定會以歌手與歌曲為主要的訊息，廣告中即插入歌曲的內容。

(六)廣告歌曲聲

廣告歌曲一直是廣告表現的重要元素，尤其在以聽覺為主的廣播廣告中，廣告歌曲的聲音更顯得重要。好的廣告歌曲可以讓聽眾容易記住，並且可以不經意的哼唱，強化對品牌的印象。有些產品已經有其專門創作的廣告歌曲或音樂，在廣播中也一定會播放，有助於延長廣告效果。

二、訊息操作

廣播廣告的類型主要可分為「贊助節目」與「插播廣告」兩類，「贊助節目」廣告就是贊助電台節目，取得在節目中進行播放廣告訊息的權利。由於在廣播中只要超過三分鐘以上的內容就稱之為節目，因此「贊助節目」廣告也以三分鐘為最短時段。這類廣告如果是由電台自製者，就由電台業務部門自己接廣告；如果是獨立節目製作人承攬節目者，就由自己招攬廣告，自負盈虧。此外，這類廣告可以由一個廣告主自行完全提供，也可以由多家聯合提供。「插播廣告」主要是指插入半點與整點期間所播放的廣告，通常是由電台業務部門自己接廣告播放。隨著電台開放，新的廣播電台增加與競爭激烈的情況下，目前愈來愈傾向以贊助節目廣告的形式來操作廣告訊息。主要的操作思維包括：

(一)主題概念

整篇的廣告文案是否能有效的傳達主要的銷售訊息？是否足以讓聽眾在廣告開始到結束時都明確廣告主題為何？

(二)表達方式與語氣

廣播廣告為了能讓聽眾聽得更清楚，通常比一般新聞報導與節目的說話速度慢，但主要仍是會配合整體廣告的節奏、調性與製作的配音效果等因素。亦即考量廣告的語氣是要以激烈、嚴肅、幽默、搞笑、重、輕等何種語氣表現。

(三)聲音與音樂

指採用廣告音樂或其他的背景配樂，如果廣告時間短暫時，為了希望資訊較為完整，配樂相對的較少情況下，廣播廣告稿的字數就相對較多。如果廣播時間較長者，會多用些配樂效果，但字數相對較少。

(四)時間與速度

　　要有足夠的時間傳達訊息，能夠重複的提到產品的名稱。習慣上，廣播廣告稿的字數與時間的搭配為：十秒：二十五至四十字；二十秒：五十至八十字；三十秒：七十五至一百二十字；六十秒：一百五十至二百四十字。

第三節　網路媒體的廣告訊息

　　網路廣告是網站中作為傳遞企業、產品等訊息，以吸引使用消費、購物等相關的任何內容。其內容一般採用文字、圖像之形式組合，或使用多媒體影音，甚至結合互動機制以增加訊息的曝光（Impression）和點選率（Click Through Rate）等效果。相較於傳統媒體，網路廣告擁有較多彈性、互動性、準確性的優勢，儘管網路的廣告量逐年上升，一般廣告主刊登廣告仍喜歡以電視為「主流」媒體。所謂的「主流」媒體，指消費者生活中常態性接觸的媒體，也是廣告主要刊播的媒體。通常主流媒體的傳播效果會較強，較受廣告主的喜愛。根據資策會2008年報告指出，台灣寬頻上網家戶普及率為59%，排名世界第六，預估2012年將提升到74%。網路媒體的普及已經是必然的趨勢，但其去中心化的特性，廣告人要能有效發揮網路廣告的效益，必須能夠更加掌握目標消費者的特性，因為網路媒體並非如電視般可以明顯依其節目屬性與區隔找出其消費群的所在。

壹、訊息要素

一、規格尺寸

　　不同的網路媒體和廣告型式，會有不同的標準和條件提供給廣告人進行廣告設計。美國網際網路廣告局（Internet Advertising Bureau）提出各種不同網路廣告規格的參考準則，以畫素（Pixel）為單位，其尺寸（橫×直）例如：方型廣告180×150、彈跳式視窗廣告250×250、橫幅廣告468×60、按鈕廣告125×125、摩天大廈式廣告120×600等。另外，The Internet Link Exchange（http:// www. linkexchange.com）也將網路廣告尺寸限制在400×40（畫素）之內，以便有統一規格方便使用。國內則是依每個網站所提供的廣告版面大小，有不同的圖素尺寸與價格。除了一般常見表現型式，如隨機輪替式廣告、固定式版位廣告、彈跳式廣告、隱藏式廣告等已經有共識性的廣告名稱外，有些網站也會依照自己的版面規格與服務內容而創造新穎的網路廣告型式，例如，近年來相當熱門的部落格廣告、關鍵字廣告，或者在特殊節慶、活動中常見廣告主買下整個網頁版面的包版式廣告。

二、版面位置

　　指廣告在網頁上所擺置的版面編排，亦即廣告所出現的位置。任何一則廣告的刊登除了在乎創意表現外，位置的選擇也是吸引網友注目的重要關鍵。通常讀者對出現在網頁最上方的廣告印象較深刻；但實際點選網頁右下角廣告的網友比例反而高（兩倍以上）；此外，如果將廣告置於離螢幕上端三分之一處，網友實際點選的比例似乎也比出現在正上方的廣告高，但不如右下角的差別明顯。通常因版面位置的差別性，也衍生出不同的版位名稱，例如，雅虎奇

摩就將其無名的首頁廣告版面位置區分為首頁大看板、墊腳石、方塊、夾心橫幅、強打圖章；聯合新聞網首頁分成首頁橫幅廣告、腰帶按鈕廣告、腰帶黃金文字廣告、翻頁破壞式廣告、跳出式視窗廣告、覆蓋廣告。廣告版面會有不同的效果差異，因此廣告人必須考量版面的優缺點安排廣告，設計適當的內容表現。

三、媒體選擇

由於使用者在網路媒體上的點閱、瀏覽幾乎為自發性行為，因此透過網站伺服器的紀錄，可以蒐集並分析出使用者特性，更可以有效精準地測量廣告效果，作為媒體選擇的參考依據。網路廣告最常出現的網站，亦即網路廣告主要的媒體選擇可分為三大類：

(一)搜尋引擎／入口網站

流量最大，使用者通常將其設為網路瀏覽器的首頁，作為資訊搜尋或者進入其他網站的入口，如Google、雅虎奇摩、MSN搜尋引擎等，可以用來搜尋其他網站的網站。

(二)內容提供者

使用者在網路上從事資訊閱讀行為的網站，如PChome、中時電子報、TVBS、華視、台北愛樂電台等，本身就有提供一些媒體的資訊與廣告刊登的服務。

(三)使用者平台

分眾較為明顯，如部落格、討論區、線上遊戲、拍賣網站、即時通訊、免費影音平台等網路空間，提供給不同使用者進行資訊分享、休閒娛樂、購物等活動。廣告人可以依據平台的主題、特性，選擇媒體與消費者溝通。

四、刊登管道

廣告主如果想要刊登網路廣告，有以下幾種管道進行：

(一)廣告代理商

由於網路廣告已成為趨勢所在，許多較具規模的綜合廣告代理業都設立相關部門（如互動行銷部、網路事業部）來因應，以面對不同客戶的需求。另外，也有許多代理商公司直接以網路媒體廣告的專業登記，提供專門的網站架設、網頁設計製作，以及網路廣告刊登等方面的服務。

(二)網路聯播網

由於網站的多樣性與多變性，對於網站的掌握成為廣告刊登的重要概念。但對於每一個網站的網站特性、刊播價格、監播、廣告點閱的報表等的分析與掌握需要相當的人力與時間，聯播網就是為了提供廣告主這方面的服務。網路廣告聯播網（Ad Network）就是將一群網站的廣告量集中販賣，提供廣告主更好、更簡單的購買管道。它基本上是廣告主與網站站主雙方一個交易的平台；對廣告主來說，購買一次即表示可以購買一大群網站的曝光量。而且可以在任何方便時間內進入聯播網中所聯盟的網站，由於已經經過屬性與類別的分類，因此可以方便廣告主更有效率地選擇想要的網站。對網站而言，透過聯播網的銷售力量意味著能接近更多的廣告主，任何想要銷售網站的廣告版位，都可以在聯盟網站上登錄網站資料以及廣告版位的價格。

貳、訊息操作

網路廣告訊息的創作與傳統廣告的創作方式雖然有技術上的不

同，但最終的目的應該是一致的，即為廣告的轉換率（Conversion Rate），即指廣告刺激銷售的效果。在網路廣告中的訊息操作上，主要的基本考量包括：(1)對廣告規格的瞭解：不同網站和廣告版位對廣告尺寸的要求都有所不同，廣告人必須先確定刊登版位的廣告尺寸及規格；(2)廣告檔案大小：廣告能否被迅速瀏覽是廣告達成效益的重要指標之一，因為網友通常是沒耐心的，更不會為了看一則廣告而苦苦等待。所以製作網路廣告時要留意圖檔不宜過大，以免下載速度過久就被放棄觀看了。

此外，網路使用者擁有控制、選擇訊息的權力，消費者在瀏覽網頁時注意到廣告，或者點選與否往往在幾秒之間。不論廣告放置在目標消費者經常造訪的網站上，或者即使放置在幾個流量相當大的入口網站，在實際的狀況中，只能憑藉著其高流量增加與消費者接觸的機會，但不見得能有效發揮效益。因此不論是何種網路媒體選擇，如何提高網路廣告的效益，回歸到廣告訊息本身才是創作廣告的根本思維。下列幾項操作的要則可以參考：

一、運用吸引力的詞句

網路廣告與其他廣告一樣，都必須要能吸引消費者的目光。尤其在實用資訊與廣告訊息同時充斥一個畫面中時，要吸引網友的目光就必須在文辭上給予直接的吸引，吸引的詞句包括：

(一)有價值性的文辭

有價值性的文辭概念是必須站在消費者角度來看的，亦即當消費者看到該連結訊息時能夠認定它將有實用性或參考性，才有可能願意花時間點選閱讀。如同一般消費者購物時總會期許能物超所值般，網路的標題與文案同樣要能給予網友產品的價值感。例如，「給你考證照的實用學習情報」、「懶女人的保養秘方」、「幫你

輕鬆趕走黑眼圈」、「打擊草莓鼻，緊緻毛孔，整天不油光」。有時會在廣告旁邊加上「點這裡」的字樣，對於許多新使用者而言也是具有價值性的引導，因為很多人往往不知道該點選哪裡好時，「點這裡」、「快速申辦」等字眼會有引導點選廣告的作用。

(二)回饋的誘因

如果網站提供產品相關的福利、優惠或贈送，對消費者而言都是一件非常愉快的事情，也是最能直接刺激誘發網友點選廣告進入觀看的重要刺激因子。「免費」字眼常在網路上使用，但也不完全是免費給贈品或服務，因為另一層意思可能是指，瀏覽者可以自由點擊廣告，該網頁可以免費提供瀏覽或下載訊息而不收費。例如，雅虎奇摩的「參加拍賣，就送汽車」的標題，對於喜愛汽車的人，這樣的廣告標語可能就能吸引到特定愛車族群；針對學生族群提出「填寫資料　送免費電子辭典」、「玩遊戲　獎不完」；對旅遊感興趣的人特別容易對「旅遊金　消費券2倍抵」產生注意；在美食網中廣告「加入會員　免費骰子牛肉」誘使消費者填寫基本資料，並刺激實際消費行為。

(三)折扣價格的吸引

產品價格通常比實體通路便宜是網路購物的一大誘因，也因此要讓網友點選進入，就必須給予明確的產品價格誘因。例如，B&Q特力屋「愛家紅利人人加碼　最高一萬點」、花旗銀行「折扣消費日　天天享折扣」、網路購物中心「週年慶24期0利率」、「挑戰全國最低、OUTLET精品出清、比專櫃省一萬」、「70合一遊戲機 只有今天五折」、「任2件＄400」、「如何不花一毛錢給我好氣色」、「最強的百家家具聯合清倉大拍賣2.5折」都是廣告運用產品價格優惠常見的表現，經常能夠得到消費者的注意，進而閱讀廣告如何獲得優惠的辦法等相關資訊。

二、視覺圖像的吸引

　　網路的視覺圖像運用比其他媒體更能多元性與豐富性展現，因此要掌握這項媒介屬性的優勢，多加以運用。例如，可以儘量使用鮮明突出的色彩吸引視覺的注意；可以多用動畫表現讓網友產生喜愛；多使用一些與網站色調搭配的「突出」色彩；圖片的更新也要時常進行，不然很容易就會產生因為該圖片放置時間過長，使點擊率逐漸下降，而更換圖片是保持新鮮感的一個好方法。亦即在一個廣告活動中可以多更換幾支廣告稿，以提高消費者的回應率。除了上述動態影像等內容上的變化吸引消費者的注意力以外，結合即時互動的機制增加廣告的趣味性，讓消費者產生興趣是如今常見的廣告表現手法。例如，好奇寶寶紙尿褲讓寶寶穿成牛仔裝扮坐彈簧馬上，消費者可以使用滑鼠讓寶寶在網路視窗彈跳，搭配寶寶笑聲的音效，就像是在跟寶寶玩一樣。廣告除了提供消費者玩遊戲的樂趣，同時透過遊戲的方式來表達其尿布產品不易鬆脫的優點。

三、網站屬性與廣告內容的相符性

　　網站屬性與產品的關聯性（relevance）是訊息操作的一項要則，如同廣告刊登其他媒體時也會根據節目或版面的屬性不同，而有不同的媒體安排。基本上，許多的網站對於任何廣告（除了色情類的產品）都是樂意刊登的，因此廣告人就要更懂得網路媒體之間的區隔性與網友特質屬性。也因為網路廣告訊息的編排比其他媒體都容易的多，因此在產品訊息賣點的設計上，可以與刊登廣告的網站屬性相容具有相關性，更能有效地提高點擊率，以及相互形象加乘的效果。例如，一家美容護膚的橫幅（Banner），如果出現在休閒網站上，就應該強調美容護膚可以放鬆壓力並且是對自己好的表現；而如果出現在美容保養網站時，就可以突顯美容護膚的光彩與

自信的象徵。又如以男性為主的汽車廣告,就要選擇以白領階級男性族群的網站為主;如果是兒童相關產品的廣告就要選擇婦女常去的網站為主;補教業廣告特別適合在特定專業技術討論區、網站的版面中放置「電腦製圖人才培訓　配合國家發展,培訓專案100%免費」訊息。換言之,網路廣告的使用不局限於單一行銷活動和產品推出,如果能和一個與產品特色相符的網站合作,並瞭解網路使用者的特性,來安排廣告訊息,就更能達到廣告效益了。

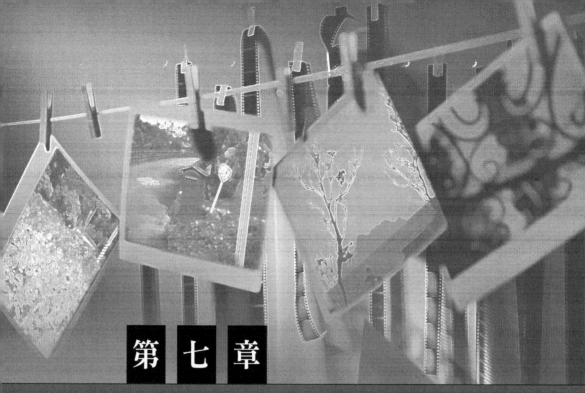

第七章

廣告理性策略與表現

第一節　理性策略

第二節　理性策略的表現形式

第三節　平面媒體廣告訊息呈現

Advertising
Communications

　　廣告訊息的呈現絕非天馬行空，所要呈現的內容牽涉到要用何種訴求才更能達到廣告目標。通常訊息的表現方式最好是求其精而不求其廣，而且最好一次一個重點以免模糊訴求主題，而使目標對象無法解讀我們所欲傳達的訊息。在擬定訊息主題過程中，廣告人如何包裝廣告訊息內容、運用什麼樣的溝通語言及思考切入角度，都會帶給消費者不同的感受與衝擊。常見的廣告訴求策略包括理性策略與感性策略，訴求也是創意的一種表現，通常都明確的表現出產品的某種特定利益、誘因，說明消費者應該考慮或購買廠商所廣告產品的理由。不同的策略思維就會展現不同的訊息結構與效果，何種策略最有效，沒有一定的標準，必須依廣告所設定的目標而定。

第一節　理性策略

壹、理性策略的概念

　　以往市場上並沒有太多的品類選擇，同類產品中競爭品牌也不多，廣告的表現只要能夠說明產品的優點，以及消費者的利益點何在，通常就可以吸引到消費者的目光，所以早期的廣告幾乎都是直接以產品利益或產品功能為訴求，例如，洗衣機以省水；冷氣機、電冰箱以省電；汽車以省油；小美冰淇淋以健康好吃等為訴求重點。這樣的訴求就是讓消費者明確知道產品的好處在哪裡，屬於硬式的銷售方式。廣告中也會經常重複產品名稱或品牌名稱，對於某些消費者而言，的確比較容易記憶且容易直接理解。

　　這樣的廣告表現就是理性的策略思維，廣告中主要以非人性化及產品本身的物性表現為主，採取「說之以理」的方式，直接訴

諸目標視聽眾理性的自我利益，強調購買產品的理由。換言之，廣告說理性強，其基本思維在於傳遞明確的產品訊息，藉由產品本身及相關有利的線索，喚起受眾的理智判斷，廣告目的就是希望引起受眾推理的思維過程，進而對廣告中所提產品的相關線索，做客觀的評斷。此類訴求能給受眾一定的商品知識，提高其判斷商品的能力，尤其愈高價格的產品廣告，愈傾向以理性訴求為表現。

隨著廣告表現的多元，訊息策略也從理性訴求到感性表現都有。但是理性策略仍是廣告訊息運用的重要策略思維，畢竟對許多消費者而言，要掏錢購買之前都會先謹慎地比較思考，尤其是當產品的風險愈高時，消費者會希望廣告訊息的內容趨向理性的資訊為主。因此，廣告訊息的重點也要以邏輯思考為主，用產品利益改變消費者的認知或態度，例如，以產品的品質、功能、成分、價格、安全性、外觀等優勢為誘因吸引消費者。換言之，你可能喜歡某則汽車的電視廣告，雖然你買車時會考慮該品牌，但是你絕不會只因為看了該則廣告就直接下訂單，而是需要更多平面媒體（如汽車型錄、簡介）或業務員的介紹才能瞭解更多產品的資訊，而更多產品資訊的提供就是理性策略的運用。

貳、理性策略的應用

理性訴求策略既是一種理性說服的廣告形式，其應用不僅可以作正面說服，也可以作反面說服。正面說服的手法就是在廣告中強調產品的功能特徵，例如AB優酪乳、每朝綠茶等，都以獲得國家健康食品認證的背書手法，作為訴求重點。亦即告訴消費者，如果購買這些產品，消費者可以安心產品的品質有保障；或者是讓消費者知道，購買該產品可以得到某種明確的利益或回饋，例如屈臣氏「我敢發誓」的系列廣告，以比別人低價為訴求，並且用發誓的行

為表現，突顯所言為真。所以只要消費者到屈臣氏購物，就能得到更便宜的價格。

相對的，反面說服就是要告訴消費者如果不購買該產品就可能會讓自己產生某些不好的效應。例如，有些男性壯陽產品，強調家庭的幸福在於夫妻之間的房事，如果丈夫不能給妻子滿足就可能導致家庭破滅的危機，因此必須趕快購買某某產品，恢復男性本色與自信。現在則有許多幫助孩子增高的產品，指出孩子的身高要能夠傲人，不然就矮了一截，做父母親的要在小孩轉大人的轉骨階段給予最好的營養補給，因為錯過黃金時期，小孩身高長不高，就可能會埋怨自己的父母親；所以要趕快讓小孩服用某某產品等。這些理性訴求的廣告表現就是要讓消費者思考到如果錯過產品的使用，就可能造成人生中某些缺憾。

有些政策性宣導廣告也慣用理性訴求，例如，早期宣導騎機車要戴安全帽，正面手法是戴安全帽不僅對生命有保障而且不會被罰錢；負面手法是不戴安全帽的騎士一出事就是頭顱破裂意外傷亡，或引用事故傷亡統計資料作恐嚇性訴求。不論是正面或反面手法，訊息中心均以「理」出發，希望消費者思考該產品能為自己解決困擾或可以避免產生不好的結果。

第二節　理性策略的表現形式

壹、功能性訴求策略

每個產品都有其基本屬性與功能，也是消費者購物的基本動機。如果想要用產品直接吸引消費者，就要直接告知商品的用途、特質、性能等為何，使消費者直接認知產品利益，給消費者一個購

買的理由。也就是產品資訊式的廣告表現,其訊息表達通常不帶感情色彩,但也是最直接了當的訴求策略,讓消費者看到內容後就可以立即知道所販售的產品或服務的內容為何。

例如,青少年成長過程中最困擾的事情之一就是長青春痘,曼秀雷敦藥用抗痘凝膠廣告中就特別指出該產品能深入毛孔抗菌,有效對抗青春痘,向痘痘說NO,青春抗痘。不論是La New或阿瘦皮鞋在其廣告中都強調出了一系列的功能鞋款,包括登山專用鞋、淑女造型氣墊鞋、女士按摩鞋等,強調不同鞋款各有其功能與舒適,適合不同場合時機穿著。又如感冒用「斯斯」、咳嗽用「免嗽」、肝與胃不舒服時用「肝胃能」、頭皮屑困擾用「海倫仙度絲」、牙齒過敏用「舒酸錠」等,都是在廣告中直接以產品的特點作主要的功能性訴求表現。

另外,購物頻道中的廣告表現大部分都是以產品的功能為主要的訴求策略,主持人將產品的功能以吸引人的語氣和誇張的表現,突顯出該產品的功能可以為消費者解決存在已久的困擾。例如,拖把相關產品指出是媽媽拖地的好幫手;收納相關商品則是解決空間狹小的問題;廚房家電用品讓職業婦女可以同時做個快樂的廚師等。在購物頻道中許多的廣告表現,主要是主持人自問自答形式來展示產品的功能。現在除了主持人外,還會加入使用過產品的藝人或素人消費者,以一問一答形式突顯產品的功能外,同時也提供了使用者的見證說明;其目的在強化消費者理性思考。

貳、道德訴求策略

一般商品廣告目的在刺激消費,因此訴求策略主要在於激起消費者的消費欲望。但是有些政令宣導或公益活動性的廣告,就必須藉由勸導式的內容鼓勵大家支持或參與某項活動或理念。其目的

在傳達社會規範，讓大家知道什麼是正確或錯誤的行為，因此最常出現在公益廣告的表現。這種訴求方式，通常是採「曉以大義」、「道德勸說」、「社會價值」的方法，訴求目標是閱聽眾的道德意識或正義感。

例如，陶大偉、張小燕、孫越為安寧療護所拍攝的廣告，即是為癌症末期的病人追求一個有尊嚴的醫療環境。又如羅慧夫顱顏基金會拍攝一系列顱顏患者的真實情況，包括他們因為顏面的傷害遭受到同儕排擠、有些家長讓孩子接受治療後與一般人一樣、顱顏患者勇於面對人生的自立更生等廣告。其訊息的主軸強調只要給生命一個機會，生命會走出自己的路，就像所有廣告中的主人翁一樣，即使有唇顎裂，他們仍然是社會中不可缺的一分子並有其貢獻。其他如向毒品說不、喝酒不開車、地球只有一個、捐血一袋救人一命、給喜憨兒一個機會、救援雛妓、救救受虐兒、婦女要遠離家暴等廣告，都可算是此類的訴求。

又如公益廣告協會利用文字的編排製播「不笨篇」與「沒用篇」兩則廣告，提醒家長進一步思考孩子的價值與肯定他們。廣告中並沒有熱鬧的場景或教條式的證言，而是充分運用中文字辭的不同排列，由不同的人各自拿一張大字卡，其中一則剛開始所排列的字意是「這題你不是練得好幾遍　笨得喔」，之後所有的人重新組合後，整個字意變成「你不笨　是這題得練好幾遍喔」，最後的文案出現「態度改變　孩子的人生也會跟著改變」。另外一則剛開始的字意是「什麼都不能跟人家比　誰像你一樣沒有用啊」，重新組合後變成「沒有誰能像你一樣啊　不用什麼都跟人家比」，最後的文案一樣是「態度改變　孩子的人生也會跟著改變」。顯然的，這則廣告主要針對父母親而做，用文字遊戲的方式來做廣告創意，不僅突顯出不一樣的能見度，也同時引發思考。

參、比較性策略

在激烈的市場競爭中，後起的產品（市場跟進者）為了迅速獲得在市場競爭中的有利地位，有時會在廣告中將自己與同類產品作比較，尤其是與市場中的知名產品作對比，有助於快速建立本身產品在消費者心中的印象，即為比較性廣告。因為單獨宣傳某一產品的功效，有如老王賣瓜自賣自誇，但是拿其他品牌對比時，等於是拿已經在市場上具有優勢的一方充當成配角，也是將自己的產品定位成比對方產品好的位置。有助於消費者將注意力集中在產品之間的差異點上，對產品留下印象。

不過，除了競選廣告中候選人直接以對手作比較外，在商業廣告中的比較廣告，並不會將競爭品牌的品名呈現在廣告中，以免造成彼此之間的惡性比較。例如，A產品直接在廣告中比較說明自己的產品比B產品量多，如果B產品也作一則與A產品比較的廣告，強調自己產品比A產品品質好有保證，兩個產品就會陷入比較的惡性競爭了。畢竟每個產品都有其特色、功能與不同的成本，並無法直接完全的對比。如果針對特定競爭對手，有批評、貶損的表現，就難免涉及他人的權益了。這種比較性策略在廣告表現中成為一種獨特的比較性廣告，操作概念如下所述：

一、比較性廣告的概念

不論要比較什麼東西，一定是同類產品的比較才有意義。因此廣告中的產品亦然，如果想要用對比突顯自身的優勢，就必須在同一類產品或服務類別中，比較兩個或多個品牌的產品或服務的屬性。已經有實證研究指出，比較性廣告比非比較性廣告更能引起消費者注意，提升廣告及品牌的知名度，增加消費者對廣告訊息的處理程度，造成對廣告品牌的偏好度，進而提高購買意願，甚至增加

實際購買行為；然而，比較性廣告一般也會引起消費者質疑資訊來源的可信度，並產生對廣告本身的負面態度。

二、比較性廣告的操作

操作上，以新品牌或小品牌向高市場占有率品牌挑戰，相較於一個已有知名度的品牌使用比較性廣告更能在消費者腦海中形成相比兩者間的相似程度。亦即一個不知名品牌比一個市場知名品牌運用比較性廣告更具說服力，也更能造成品牌偏好。相反的，如果是市場上已頗具知名度的品牌使用比較性廣告，傾向傳達廣告品牌優於競爭品牌的概念，其目的應在於拉開消費者對兩者的認知差距，以造成消費者對廣告品牌的偏好。目前在商業廣告中的比較性策略，常見的比較型態可分成下列三種：

(一)突顯自身優點

主要是突顯自己產品的某些優點，直接面對面來證實使用情況，強調自己的品牌製造得較好、較柔軟、較精緻且較便宜等；或是突顯其他品牌的弱點，使自己的品牌獲得較多的支持，但不會直接對比品牌名稱，只會用些隱喻方式。換言之，這是一種針對競爭對手而採用的廣告策略，建構的思維是「不怕貨比貨，就怕不識貨」；主要的比較項目包括功能與品質對比，例如，衛生棉與尿布都以吸水力作比較；洗衣精比潔淨的功效；電腦防毒軟體比較誰的掃毒功能強；冷氣機早期比安靜無聲，現在則比節能省碳；房屋仲介比專業與服務的貼心程度；旅行社與航空公司比旅費與機票的價格。

另外，近期經典的案例就是全聯福利中心不停地用比較手法的廣告，說明：「便宜，一樣有好貨。」包括以兩位男性老人家當場咬米果，看看是全聯或他品牌的米果脆度高，結果分貝的記分欄上

當然是全聯的獲勝。之後,又請兩位女性老人家當場洗頭髮,看看全聯的洗髮精與他品牌的洗髮精濃度與流量上的差別,其結果仍是全聯獲勝。此外,還證明其所銷售的抽取式衛生紙張數和一般的衛生紙張數有過之而無不及,並引起市場上討論「消費者買衛生紙真的會計算張數嗎?」這些比較手法目的都是為了證明自己的產品更值得消費者購買。

(二)使用前後對比

產品的功能就是能改變某些情況,所以廣告主會以消費者在產品使用前的情況為何,對比產品使用後的情況。例如,各種品類的塑身衣都會請真人實證表演,尚未穿著前小腹以及腰圍突出,但是穿著後不僅看到腰身而且小腹變成平坦。另外,常見的保養品與化妝品廣告大都以使用前後的對比為表現,包括使用產品後,就可以淡化黑斑、皮膚恢復緊緻或皺紋消失等。現在則有許多增高產品的廣告,以廣告節目化的表現形式,請小孩與家長現場說明孩子長不高的痛苦,但是服用了某某轉骨配方後,就有傲人的身高了。

近期的經典案例就是愛德蘭絲男性增髮的相關廣告,廣告中以不同人擺頭的動作作為訊息表現的關鍵。畫面中每個人剛開始的正面都呈現不愉快的表情,但是隨著音樂擺頭後切換回正面時,每個人的表情都相當開心。傳達出頭髮變多了,笑容也回來了的核心訊息。廣告中以「Are you happy?」提醒消費者想一想,自己是不是因為頭髮少,同樣也逐漸減少笑容。另一則廣告則是不同的人藉由跳舞擺頭動作,同樣呈現不開心與開心的兩種表情。廣告中以「Are you ready?」提醒消費者想一想,自己是不是已經準備好要進行增髮進而讓自己快樂些。

使用前後對比目的在突顯自己產品的功能,通常會以具體的圖像顯現,增加可信度與說服度。因此,常在電視廣告或平面廣告

上看到消費者或名人，現身說法自己因使用某產品所造成的差異。顯然的，尚未使用產品前的生活有某種程度的不快樂或困擾，但使用產品後就可以得到快樂與自信。藉由消費者前後差異性的明顯對比，更能突顯出產品的功效所在。

(三)直接與競品比較

為了避免不必要的爭議，以及破壞同業間的和諧，比較性廣告通常不會直接將競品的名稱顯示出來。不過有些時候，仍有許多廣告主在廣告中，會以非常明顯的手法讓消費者知覺到該品牌主要與某一明確對象的競品作比較。最明顯的例子就是百事可樂與可口可樂兩大品牌的比較性廣告，都非常鮮明的呈現兩大品牌的對比。其中經典的一則廣告為「小孩投幣篇」，描述一個小孩拿著銅板到自動販賣機投幣，按下兩次取得兩瓶可口可樂後，讓人以為他是要買可口可樂，但他卻將兩瓶可口可樂疊在地上踩著，增加他的高度以便利投幣，而這回主要就是投幣取得百事可樂，當他拿到百事可樂後，就開心的離開，地上的可口可樂根本不想拿。廣告中沒有任何對白，只有小朋友投幣取得可樂的動作。但一個簡單的動作卻直接鮮明與嘲諷地點出，可口可樂是用來墊腳的，小朋友只想要百事可樂。

2009年的全國電子與燦坤之間的價格比較戰也是典型的案例，燦坤砸下超過百萬元的費用，在報紙上刊登全版廣告，諷刺全國電子毛利過高，謀取暴利；而全國電子也不甘示弱地回嗆全版廣告，要燦坤不要再不實抹黑，強調「足感心ㄟ」金字招牌不容詆毀。兩個廣告主都強調自己的產品才是真正最便宜的價格，於是彼此都把產品與價格詳細的比一比。甚至開始比給消費者回饋金的多寡，不斷地加碼，燦坤還原金從9%加送到12%，全國電子也不甘示弱，現金折扣從5%加碼到12.3%，兩者之間的比較顯然就是要一較高下。

肆、證言式訴求策略

　　廣告要有效，廣告代言人扮演非常重要的角色。早期購物頻道廣告表現中，主持人口沫橫飛闡述產品功能，猶如江湖郎中叫賣販售，所有產品在其嘴下都成為神奇商品，就是一種自賣自誇的表現，這種自賣自誇的保證，說服度往往不高。為了提高產品的說服力，透過第三者的見證可以相對提高產品的信賴感；第三者的見證就是證言式的訴求策略。藉由推薦人在廣告中表達對產品的認同，來建立消費者對產品的態度。第三者的見證依其身分可分為專家權威、名人、使用過的消費者三種，透過他們來向消費者強調某商品的確有哪些優點或功能，就可能提高產品的信賴度。

　　基本上，證言式訴求策略常被視為短線的操作手法，不過因為效果快速明顯的特性，成為廠商們愛用的廣告表現方式。因為在證言的表現上，可以發揮的廣告溝通效果頗多，例如，專家權威有其專業背景的支撐，談論相關的事情時，本身就有一定的可信度；名人之所以有名，代表是被社會大眾所認可與肯定，受到某些人的認同與喜愛，因此為產品見證時，消費者容易認同；而一般消費者親自使用的見證能貼近自己的生活，因此運用這三種身分的人為自己的產品陳述優點或功能時，比較能產生一種「信賴效應」，從而導致信任。但是不同類型的廣告代言人具有不同的魅力與影響力，必須審慎思考採用哪一種類型的代言人，以及如何將產品與廣告代言人結合在一起做最完美的呈現。

一、專家權威

　　專家或權威係指個人因為教育、職業、專業或特殊經驗等因素，所具有的獨特社會地位，例如醫生、學者、律師、新聞主播、資深廣告人、美食專家等。因為其專業性足具代表對某課題的熟悉

度與掌握度,因此,藉由他們的角色代言通常能取得受眾的信賴感。廠商在選擇專家或權威時,也會盡量找與其產品相關程度較密切且具有公信力的專家,因為名副其實的專家才能發揮其魅力與影響力。

經典的成功案例就是舒酸定牙膏廣告,指出當你的牙齒怕酸或怕冰時就是敏感性牙齒了,而經過牙醫師的推薦,最有效的抗敏感牙齒就是舒酸定牙膏。明確的功能性訴求外,醫師的推薦提高產品的可信度。也因此當許多牙膏以清涼口味或優惠價格廣告時,舒酸定卻以比一般牙膏更高的價格上市,但卻很成功的成為市場的領導品牌。現在高露潔也同樣以牙醫生見證,並指出該品牌同樣是全美醫師協會推薦的第一品牌為訴求。又如小兒科醫生為嬰兒奶粉代言,自然增加許多新手媽媽對該品牌奶粉的信心。另外,許多運動相關用品的廣告所找的專家自然就是知名的運動明星,如老虎伍茲、麥可‧喬登、王建民等。

二、名人

主要係指社會名人,特別是影視明星或社會知名人物,他們往往因工作表現的出眾,有所成就而贏得敬重。由於其言行常會成為消費者競相模仿的對象,因而具有領導消費流行的魅力。所以廠商希望將產品和名人連結在一起,使消費者因喜歡或認同該名人進而同樣接受該產品。操作時,會採用在該領域最當紅的名人。例如,《海角七號》電影的賣座,讓劇中茂伯角色成為「國寶」,接下許多產品的代言,幾乎在同一時期的許多產品都是由他代言。又如名模林志玲深受許多人的喜愛,也一直維持正面的形象,因此許多廣告主都會想找她代言。可以說當下誰出名,誰就有可能接下許多廣告代言的機會。

此外,當名人的某些狀態與產品屬性有所扣連時,也經常代言

產品。例如,藝人懷孕時或生產後,通常會代言臍帶血的儲存、嬰兒奶粉、尿布、濕紙巾等相關產品。由於藝人本身的公眾性,經常會有相關媒體採訪報導,可增加產品曝光度外,消費者通常相信這些名人會小心謹慎選擇產品,所以會相信他們選擇的產品。

三、使用過的消費者

使用過產品的消費者是廣告代言人的另一種選擇,其廣告內容就是以消費者見證為呈現的方式,而見證的基礎在於親自使用過該產品。由於他們對產品功能的親身體驗,容易給人一種平易近人的感覺,而且其平實自然的見證有時候會更具有說服效果。例如,早期飛柔洗髮精的廣告表現中,以貨車開到路上就擺出洗髮器具,讓路人試洗飛柔,然後展現飄逸的長髮!等於是直接在路上請路人使用產品後直接見證。現在則是高露潔牙膏廣告,利用早上在辦公大樓附近針對路人進行牙菌殘留的檢測,以證明即使刷過牙齒仍有許多細菌殘留。因此當場讓路人用高露潔牙膏刷牙後,再次檢測有無細菌殘留,檢測結果讓使用者非常滿意。另外,桂格麥片的廣告以不同的消費者參與試吃桂格麥片一段時日,看看對於其膽固醇是否有降低的功效,結果發現參與者的膽固醇都有效的下降,於是廣告訊息強調「有效就要告訴他人,做功德啊!」。

購物頻道中的廣告大多數也都是用消費者見證方式,讓消費者親身闡述產品帶給自己的利益。例如,許多保養品廣告就指出因為某某保濕產品的特殊保濕配方,才能讓她的皮膚從乾裂到水嫩嫩,並且展示以前乾裂皮膚的相片,提高自己所說的可信度。許多網路部落格的版主也經常分享自己生活中使用過的產品,介紹產品的功效、分析產品成分,曾用過哪些產品都沒效,現在用了哪種產品極為好用等等。由於其可信度高、說服性強,口碑的傳播效應很快就在網路間流傳。因此,許多廣告主就開始請人氣旺的部落格版主為

其產品廣告，就是希望以消費者推薦消費者，降低受眾在進行理性思考時的距離效應。

第三節　平面媒體廣告訊息呈現

　　平面媒體本身的文字特性比電子媒體占有理性表現的優勢，雖然現在許多平面媒體也趨向圖像化的表現，但文字仍是該媒體顯著且重要的廣告元素。尤其文案的寫作策略往往會決定了這則廣告的表現方式，因此平面媒體非常重視標題的寫作。不論是文案的寫作或圖像的編排，平面媒體的廣告極適合以理性策略為訴求，因為平面媒體版面特性可以提供產品更多的相關闡述，也讓讀者有更多的時間可以思考訊息要點。除了報紙中的分類廣告有固定的格式與字數限制外，其他理性的廣告表現方式可分為下列幾種：

壹、廣編特輯型

　　不論是報紙或雜誌版面上經常會看到所謂「廣編特輯」的小標題，其實就是廣告形式的一種。因為讀者很容易就省略不看廣告，要吸引讀者的目光最好的方法就是利用報紙或雜誌媒體的文字特性，亦即以文字介紹產品，但必須有別於一般廣告的文案訊息，才不會讓讀者一下子就拒絕閱讀，因此產生了類似專題報導的廣編特輯，也有人稱之為「報導型廣告」，也是目前最常用的廣告形式。這是一種為廣告主量身訂做的廣告服務，是報紙或雜誌主要的廣告營收來源，也是一種置入性行銷的手法。

　　其表現形式與新聞專題報導類似，對於一些高價位商品、理性商品及深度涉入商品，消費者必須有充分的資訊提供，才能深入瞭

解及比較分析，最後才能下決策購買與否。因此報導中就會先對某
議題的現況或趨勢作分析，或先闡述某些人共同的困擾，再用客觀
式的分析或診斷提供讀者建議，而建議的過程與結果就是要告訴讀
者其實某樣商品是最佳選擇。其表現中人、產品畫面、文字、驗證
數據、表格化比較是此類理性廣告中常見的五種要素。此外，常用
一些名人或使用者證言，以強化報導的正確性與權威性。這類型的
廣告方式常在房地產產品、銀行基金投資、化妝保養品、保健產品
與醫藥品中使用。

貳、商品情報型

有關產品相關的詳細資訊展現，通常以標準的商品介紹方式，
使消費者明確辨別商品的外型、使用特性、使用時機或地點等資
訊。例如，報紙中房屋建設的廣告，常用美女圖像，但是其他的圖
文訊息主要都會以房屋坐落的地點、交通情形、房價、格局坪數等
主要的產品資訊為主；旅遊版中各旅行社行程的販售、出版品的銷
售等；展覽或活動舉辦的訊息告知等，主要都以商品的訊息為主要
的表現，充分運用平面媒體的廣告特性。

參、產品促銷型

報紙因為每天出刊的發行特性，適合進行刊登短期或近期內
的促銷廣告。廣告的表現也直接簡單，但是會顯現各類促銷商品
的款式與價格，以及促銷時間、地點訊息，希望消費者能好好比
價。其表現常用吸引人的價格標題吸引消費者，如「全商品不限金
額三十六期輕鬆付」、「3C商品天天五折」、「夠省才敢大聲」
等，百貨公司或各大賣場週年慶的促銷訊息也都屬於此類型的表現

方式。

肆、專家諮詢型

許多的產品廣告在電子媒體中喜歡用知名的代言人，但在平面媒體中則會以專家的推薦、諮詢與建議的資訊為主。例如，化妝品的廣告，除了有美女模特兒的圖像外，也會有醫學美容專家或美容皮膚科醫生的建議，提出如何保養等正確與詳細的程序，讓消費者對產品的使用與該產品所具有的功效有更進一步的信心。

伍、產品見證型

除了電視消費者親身見證的瘦身減肥廣告外，報紙雜誌中也有許多這類型的廣告表現。而且常以豐胸瘦身者產品使用前與使用後的圖片見證，另外文案中則充滿許多產品使用成效的數字見證，如「從A罩杯到D罩杯」、「十四天瘦五公斤」等。現在則出現許多青少年轉骨的相關產品廣告，廣告中以消費者對自己身高的不滿意並且亂吃其他產品，差點影響關鍵成長的時機，但是自從服用某某產品後，身高就明顯有所改變了。

陸、澄清說明型

每個企業或產品都可能會遇到一些特殊的危機情況，如果沒有澄清或說明就可能對品牌造成不可收拾的負面效應。所以現在企業面對任何危機情形都會謹慎以對，甚至會主動舉辦記者會說明或在報上刊登澄清式的廣告。例如，2008年末發生大陸三聚氰胺毒奶粉事件後，許多知名品牌的物料如果是來自大陸，大都被驗出含有

三聚氰胺而被要求下架,當時許多產業都受到連鎖的負面效應。有些品牌則是在報紙廣告中,強調自己產品的原物料是來自歐美國家等,並提出進口證明的相關文件,其目的就是希望藉由理性的澄清,消除消費者心中的疑慮與不安。又如2008年燦坤與全國電子之戰,當燦坤直接在報紙廣告中挑明與全國電子比一比之後,兩家通路商彼此就開始在報紙上刊登一邊互嗆一邊說明的理性廣告。全國電子以「足感心ㄟ招牌不容詆毀,針對燦坤不實指控的聲明及家電12.3%現金回饋之宣示」在各大報買下整版的廣告,用理性的文字論述來澄清與宣示。

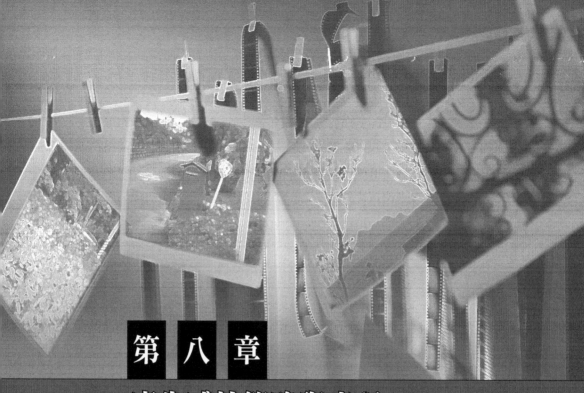

第 八 章

廣告感性策略與表現

第一節　感性策略

第二節　感性策略的表現形式

第三節　電子媒體廣告訊息呈現

Advertising
Communications

第一節　感性策略

壹、感性策略的概念

　　每個人都有情感，豐富的情感是人類與動物的明顯區別之一，只是情感元素與著重的內容因人而異。產品廣告目的既是要誘發人的購買行為，而人的消費行為之所以產生往往跟情感活動脫離不了關係，因此當人的情感活動愈強時，消費行為相對的也愈容易產生。可以說在多數的情況下，人的消費購物之所以產生主要取決於個人的情感因素。尤其是對於低涉入度的日常生活用品，廣告的表現如果以感性策略更能打動消費者。因為大多數消費者在購買此類商品時不會花費太多時間在瞭解產品訊息上，購買決策也顯得比較單純，如果該產品廣告能讓消費者熟悉與喜歡，通常有助於消費者的消費決策。也因此如果能將商品不僅當作只是具有各種使用功能與物理屬性的產品而已，而是有血有肉、有個性的品牌，消費者才能從商品中獲得情感上的滿足，進而能跳脫產品只是純粹物品的消費觀點，而提升至象徵意義與心理滿足的層次。所以當廣告中如果訴求人的情感時，主要就是企圖造成心理衝擊共鳴，而這也是感性策略產生的基本原因。所以感性訴求的重點，就是要和消費者搏感情，企圖以人性化的內涵接近消費者的內心並試圖感動他們，讓他們參與或者分享產品或服務所帶來愉悅的精神享受，進而與品牌之間建立情感的聯繫與偏好。

貳、感性策略的應用

　　操作上，感性訴求策略主要並非從商品本身固有的特性出發，

而是取其象徵的意義。例如，汽車廣告中不會告訴你車子有哪些配
備或功能等，而是以感覺、知覺、表象等感性認識為基礎，亦即以
開房車就是優質生活的表徵等。另外也以更多消費者的心理需求切
入，以柔性訴求或動之以情的表現為主，可說是一種間接式的說服
策略。人類生活中許多正面情感如愛、幽默、自信、歡樂等感受的
運用，都是可以讓消費者產生認同與共鳴的溝通情感。換言之，感
性策略偏重的是以人性化的訴求影響消費者的情感，進而轉嫁到對
產品的正面情感。所以如果將商品變成為人類情感的一部分，訴求
親情、友誼、溫暖，不僅讓廣告與產品間有了生命力，更容易將商
品與消費者之間做正面情緒的連結，能讓消費者從中找到了自己生

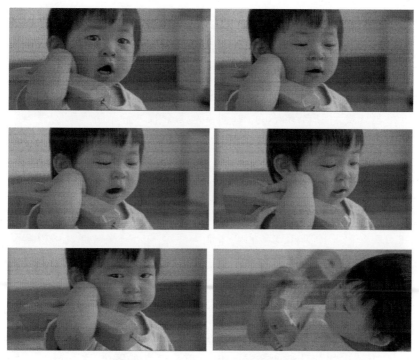

圖8-1　中華電信——中華電信國際電話019叫爸爸篇
圖片提供：時報廣告獎執行委員會。

命過程中的某些影子；因此從消費者心理層面著手是主要的思維考量。相較於理性訴求的廣告，更多的感性訴求廣告受到消費者更多的肯定與喜愛。

第二節　感性策略的表現形式

壹、3B訴求策略

在感性訴求策略中有一個基本的3B表現原則，該原則認為如果以Beast（動物）、Beauty（美女）、Baby（兒童）中的一種元素為表現手段，那麼這則廣告就能取得良好的效果。因為多數消費者對動物、美女與兒童都持有正面的情感，就算不特別有好感也不至於產生拒絕或排斥的現象，所以當廣告把美女的柔情、動物的有趣以及令人喜悅的小朋友展現出來時，比較容易使人心情愉悅。這就是為什麼消費者隨時可以看到香水、金飾、胸罩等電視廣告中搔首弄姿的俊男美女；平面廣告中線條完美的模特兒；或是汽車展示會、世貿展等活動中辣妹的勁舞，都顯示出美女為產品廣告代言，具有視線的衝擊力，很容易贏得消費者目光的注意。

兒童的純真無邪一直是成人世界所保護與欣賞的，也是快樂的代表與象徵。也因此許多的廣告加入兒童的元素後，通常可以增添許多歡樂的氣氛，讓廣告看起來更溫馨。例如，中華電信為了突顯費率的便宜，讓國際電話的通話不再是分秒必爭，其中一則廣告以一個可愛的小寶寶對著電話一直講「爸爸、爸爸」。因為其可愛純真的模樣不僅吸引觀眾的注意，也因為小孩不會有費率的概念，所以即使一直拿著話筒叫爸爸，也沒有關係（如**圖8-1**）。另外一則是父親和小女兒與長途電話另一端的母親對話，要找一片CD，由

於小女孩年紀小，自然無法明確知道哪一片CD，於是爸爸只好將
話筒放下，再帶女兒一起找。小女兒的可愛模樣同樣吸引觀眾。這
兩則廣告都是同樣以小寶貝為廣告主角，成功的吸引觀眾目光。

　　動物一直是人類親密的好友，也是廣告中很好運用的創造元
素。許多平面廣告會以動物作為襯托作用，電視廣告中也常用動物
作為主角或配角以吸引消費者目光；運用動物元素的廣告相當吸引
小孩子，例如，老品牌綠油精的廣告就以一大堆可愛的動物在畫面
搔癢，動作逗趣，因為是真的動物的真實畫面與動作，讓觀眾看了
覺得直接、親切和有趣。

貳、情感訴求策略

　　每個人對人、事、物的情感態度都不同，但在人際關係漸趨疏
離的社會環境中，人們反而更加渴望生活中有更多的情感圍繞。所
以即使在消費生活中，消費者追求的已經不只是物的擁有而已，而
是希望體悟到更多物的情感價值，這就是一種發自內心深處的「感
情消費」或「情緒消費」。換言之，如果能在廣告中加入更多的情
感因素，就更有可能打動消費者的心、激發消費者的情，從而影響
消費者的消費。

　　生活中有太多的情感面向可以運用，例如，家庭親人之間的親
情、朋友之間的友情、男女之間的愛情、人與寵物間的慈愛、人對
環境生態的愛惜之情等。人與周遭任何個體或元素的互動都有可能
延伸出某種情感。因此廣告訴求如果以情感出發，利用生活中各種
情感的元素與素材，嘗試營造某種情感氛圍，就容易拉近產品與消
費者之間的心理距離，並產生親近感。

　　例如，當市場的國際電話變成價格戰時，中華電信009國際電
話則以經營品牌定調其廣告表現。在上海台幹篇中，呈現一個離鄉

到上海工作的男子，下班後並不想跟著其他同事一起應酬，最想要的是聽聽家人的聲音（如**圖8-2**）。另一則是一個到美國留學的女生，獲得數學的優異表現獎，當然期望在頒獎會場家人能一起分享榮耀。但是，基於現實狀況的考量，她並沒有直接開口邀請遠在家鄉的父母親。不過得獎後，仍然好期待與父母親一同分享這個榮耀。所以廣告中的旁白是「這個時候，他最需要的是聽到你的聲音」。兩則廣告均以情感訴求策略為主軸，完整的表現出家人的思念。

圖8-2　中華電信──中華電信國際電話009上海台幹篇
圖片提供：時報廣告獎執行委員會。

參、性感訴求策略

　　俊男美女大家都喜歡欣賞，尤其隨著社會尺度的開放，許多
人的穿著打扮不僅流行而且前衛。有些產品廣告的表現也在開放的
風潮下，趨向直接、大膽甚至煽情。例如，許多胸罩廣告中，身材
姣好的女模特兒直接穿著性感的內衣褲作表現；有些則點出男性對
女性胸罩下的遐思等。基本上，煽情性訴求的表現容易受到爭議，
例如，藝人「女F4」出道後，即以「F級」罩杯的身材作為話題焦
點。維士比公司請她們代言新推出的「麻吉椰奶」飲料。由於廣告
中四女穿著夏威夷的清涼草裙裝、隨著音樂歌曲搔首弄姿，並在其
文案中以性感聲音指出：「等一下ㄋㄟ（奶）」，語帶雙關，引發
部分人士反彈。許多觀眾認為廣告內容中充滿了對女性同胞的不尊
重，因為F4穿著火辣並且動作不斷要讓觀眾注意到她們胸部旁邊手
上所拿的飲料，實在是物化女性的表現。因此許多家長要求停播該
則廣告，其論點主要是該則廣告看在成人眼裡或許只是認為養眼沒

圖8-3　曼黛瑪璉──鈕釦篇
圖片提供：時報廣告獎執行委員會。

什麼，但是對於正處於學習時刻的兒童及青少年而言，此廣告可能會讓他們下意識中對女性產生一種刻板印象，亦即「女性＝身材及美貌」，並且對女性不尊重！

基本上，有許多的廣告採取性感甚至煽情的表現，主要就是因為這樣的表現相當具有視線上的吸引力。

有些性感訴求的廣告不僅吸引注意，也為其產品成功提高品牌知名度。例如，曼黛瑪璉的內衣廣告一直都是以性感定調，大部分的廣告表現都是以女性穿著其胸罩後，將托高集中等功能直接展現。但其中一則由蔣怡代言的廣告表現相當含蓄，更成功展現性感訴求的另一種表現。該則廣告表現是女主角縫好上衣的鈕子後，穿好準備要出門，卻在轉身穿鞋的同時鈕子掉了，女主角笑笑回應；此時旁白指出「魅力藏不住」。女主角更換了拉鍊式的上衣，卻在門口時同樣遇到拉鍊繃開的情境；整則廣告簡單的將其產品功能「魅力藏不住」明確突顯（如**圖8-3**）。

肆、幽默訴求策略

在忙碌緊張的現代生活中，人的情緒容易隨時隨地作波動，通常一個人在心情好的時候解讀事物的觀點也會比較正向些。而幽默是生活中一種特殊的喜劇因素，可以讓人逗笑，不論是哈哈大笑或會心一笑，都會產生愉快的情緒體驗，進而釋放某些壓力能源。因此，廣告常用幽默手法企圖引發消費者快樂愉悅的反應。許多研究的確也證實了幽默性的訴求策略通常是廣告有效被記住的好方法，因為觀眾會在有趣可笑的訊息中引發對產品的正面解讀。

操作上，幽默可以透過比喻、誇張、象徵、諧音等手法，將生活中不合理或自相矛盾的事物或現象作含蓄或顯露的批評、揶揄和嘲笑，使人心情進而輕鬆愉快。例如，中華電信為了讓消費者知道

在其網路內講來講去講不完都沒關係，刊播了兩則以幽默為訴求的廣告表現，引起許多正面的評價討論。其中一則「爺孫篇」主要是以身為老闆的爺爺臨時打電話要看麥可的企劃書，麥可只好打電話請老婆琪琪送企劃書到辦公室，但懷孕的琪琪正準備產檢，因此打電話給妹妹協助送企劃書，妹妹只好打電話給其家教學生小偉偉下午臨時要停課。小偉偉聽完開心的打電話給老闆爺爺，請他下午陪他玩。疼孫的爺爺答應後就打電話給麥可取消下午要看企劃書的會面。於是，麥可又打電話給老婆不用送企劃書了，老婆也打電話給妹妹不用送了，妹妹就打電話給偉偉要上課了，偉偉就打電話給爺爺不能一起吃冰淇淋玩耍了，於是爺爺又打給麥可要看企劃書。一連串的連鎖效應就這樣不斷地發生，傳達在中華電信的網路內不論怎樣講都沒關係的訊息主軸（如圖8-4）。另一則訂婚篇的廣告表現，也同樣以這樣的連鎖效應作為幽默表現的手法（如圖8-5）。

　　幽默之所以受到人們的喜愛，就在於幽默訴求淡化了廣告的直接功利性，使消費者在歡笑中自然而然、無戒心的狀況下接受產品訊息。當然，每個人可以理解的幽默內容或接受的幽默程度也有所不同，如果以銀髮族為目標對象的產品廣告或是食品、保健等產品就不適合以無厘頭式的幽默訴求為表現。目前以幽默為訴求的廣告表現愈來愈多，例如，肯德基的「這不是肯德基」系列、「油條尋找燒餅的傷心系列篇」、海尼根「就是要海尼根」的堅持篇系列、芬達無厘頭式的幽默系列等。

伍、名人訴求策略

　　產品要有使用者才能將產品的使用效益在廣告訊息中具體呈現，所以廣告中會請人來拍廣告代言該產品。如果有適當的產品代言人往往可以增加消費者對產品的印象，也因此許多廣告主喜歡找

圖8-4　中華電信——中華電信行動電話爺孫篇
圖片提供：時報廣告獎執行委員會。

圖8-5　中華電信──中華電信行動電話訂婚篇

圖片提供：時報廣告獎執行委員會。

社會知名人士、明星、權威人士、名流，或當下熱門的演藝人員為產品代言。藉助名人在消費者認知中的知名度，以及公眾對名人的信任或偏愛或崇拜等情感傾向和態度來提高產品的知名度。代言的過程就是希望藉由知名人士的公眾魅力與影響力，影響消費者對產品的觀感，希望消費者對產品產生移情作用，將對代言人的情感轉嫁到對商品的情感。

商品廣告的名人代言可以用柔性的情感訴求，指出自己也用這個產品，並對此產品深具信心。當產品品牌與知名人士之間的連結度愈深時，消費者心中就會產生此商品品牌與人物的連結，知名人士的「光暈效果」也會跟著產生。當消費者會去買此商品時，通常也是因為他記得這個代言人與其使用的產品。這也是為什麼許多廣告主重金聘請明星代言商品的主要誘因。例如，SKII的化妝品廣告是典型的名人廣告表現，廣告主以重金聘請了蕭薔、劉嘉玲、鄭秀文等知名藝人代言，不僅具有新聞話題，也因為這些藝人都以使用產品過後現身說法的方式來說服女性消費者，增添廣告許多的說服力，也創造了很好的銷售量。

一、名人訴求的廣告效益

(一)品牌知名度提升快

名人往往有一群崇拜者與喜愛者，當名人推薦背書某一個產品時，可以使消費者迅速地加以辨認，並使消費者對該人物產生認同心理，對於產品知名度的提升有正面效益。尤其當名人的魅力愈廣，跟隨的消費者也相對愈多時，產品知名度也擴展的愈快。因為追隨者會基於對名人的認同而改變自己的生活方式、消費習慣與消費行為。這也是為什麼廣告主喜歡用當下熱門的名人，因為可以創造當下許多粉絲（迷）的認同，認同代言名人，進而喜歡廣告、對產品有好感。

(二)增加產品信賴感

　　廣告本質因其誇張元素往往減低其信賴感，但是如果藉由名人來推薦可提升對產品的信心。因為在真實生活中，名人通常具有商品消費「意見領袖」的作用，有了這一層關係的扣連，對產品也會比較安心。一般消費者會認為，名人為顧及形象不會說假話才對。這也是為什麼大部分的記者不敢隨便，也不願接商業產品的代言工作，因為記者本身的專業形象，對產品更有直接背書的效益。如果產品出了狀況，可能也會相對影響到自己的專業形象。但是許多知名藝人通常樂於接商業廣告的代言，除了酬勞因素外，也是增加自己曝光的機會。

(三)利於品牌個性扣連

　　產品要塑造品牌形象就要建立易於聯想的品牌個性，亦即賦予產品某種個性、特徵，才容易引起消費者的注意。如果能透過創意廣告將名人個性特質與人格魅力展現，就是將商品賦予特質，使商品從原本的使用物、消費物，成為具有人性與魅力的感覺物。這也是為什麼廣告主願意花大筆代言費請某些當下知名藝人代言，希望將自己產品能與代言者的特質之間做某些程度的扣連。例如，陳美鳳因為主持美食、美容保養等節目，所以鍋寶廚具、金蘭醬油、雅芳羊肉爐、桂格三寶燕麥等產品，都請她代言。其目的就是希望藉由陳美鳳「台灣好媳婦」的印象特質，與飲食或廚具類產品的屬性有所扣連。

(四)強化品牌印象

　　由於消費者能感受到名人本身就是流行文化中的重要角色，因此會擇取名人所代表的個人特質與行為，作為閒聊與對談的話題，及確認流行文化的正當性，以滿足消費者的心理追求。而這樣的人際傳播過程中，會將名人與品牌之間作緊密的關聯，有助於品牌印

象在個人與所屬社群之間的強化。例如,劉嘉玲早期為SKII代言的廣告中,以「你在看我嗎,可以再靠近一點」,蕭薔代言時則以「我每天只睡兩個小時」陳述,成為當時消費者閒聊的焦點,並討論這些知名藝人為何願意為SKII代言,一定有其道理等話題,討論過程中其實也強化品牌的存在性與價值性。

二、名人訴求的操作問題

(一)名人與產品間的關聯性

所代言的名人與廣告內容要盡可能一致,有利於受眾產生聯想,進而對廣告記憶更有利,如名演員推薦某某化妝品、球星為運動服裝與運動鞋作廣告、政治人物為公益團體作推廣等。亦即要能運用與考量名人有名的條件與因素,與自己的產品定位或形象作搭配。有時廣告主只考慮聘請名人代言,卻不思考是否與其產品符合,是蠻危險的一件事情,因為名人代言並不是廣告效果的保證書。

(二)名人代言的單純性

所聘請的名人最好不要同時為兩種或兩種以上同類或近似商品作廣告,如此反而會給廣告的商品帶來負面效應。因為會造成消費者在認知上混淆外,名人也可能因為曝光過度而影響消費者對名人的新鮮感,進而產生對產品訊息的排斥。尤其廣告是密集性的播放,如果觀眾一下子看到某代言人正代言某個產品,轉台時又看到該代言人代言另一個產品,不僅減弱產品的印象,也會相對降弱代言人原有的代言效益。畢竟廣告主花代言費的目的仍是希望消費者看到的是名人手上拿的廚具、臉上用的保養品、嘴裡吃的食品,或手裡開的車子等產品品牌,而不是只有名人的臉而已。所以當名人代言的單純性愈高時,名人的光暈效果比較能夠扣連到產品。

(三)名人形象的維護

公眾人物的私生活往往被媒體隨時拿來檢驗，相對的名人就要更懂得拿捏自己的言行分寸，畢竟名人的言行會是許多青少年學習模仿的對象，具有指標性的象徵意義。也因此，名人本身在當時社會輿論的傾向性也應考慮，如果有相關的負面事件而遭到輿論批評，或媒體踢爆私生活一些不當言行時，都可暫停繼續拍攝廣告，或暫時停止發布，以免殃及廣告內容給消費者的印象。

(四)名人的責任

如果名人所代言的廣告為不實廣告，或產品導致消費者某些權益受損或身心傷害時，代言的名人基本上有其道義責任。畢竟名人與一般消費者的證言最大不同處在於，消費者會因認同與信賴名人進而轉嫁購買商品。所以當商品出問題與狀況時，許多的代言名人會將所有的責任推給廠商，對信賴名人的消費者而言，其實是蠻挫敗感與失望的。因此名人推薦、介紹的產品應該是要真正安全的優質產品，而且是名人自己熟悉、確實有把握的產品。

陸、廣告音樂或歌曲訴求策略

廣告音樂是一種刺激，能吸引聽覺上的注意，不同的音樂旋律帶給消費者不同的感受。通常利用音樂和歌曲所呈現的廣告容易記憶或感受到廣告呈現的情境氣氛。而如果旋律動人的音樂調性配合某些特定的廣告詞，一再播放，更容易被大眾記憶。例如，喬治與瑪莉的現金卡廣告，輕快的音樂節奏與年輕人歡笑的表現，呈現出現金卡解決許多問題，因此要沒煩惱，只要申請現金卡；曾紅極一時的QOO（酷果汁）中「QOO，有種果汁真好喝，喝的時候酷，喝完臉紅紅」的歌曲就深受小朋友喜愛；台灣人壽「阿龍」歌曲「希望每天都是星期天，無憂無慮快樂去聊天……」。透過音樂的

歡樂氣氛，使消費者在感情獲得滿足的過程中接受廣告資訊，保持對該商品的好感，最終能夠採取購買行為。

柒、恐懼訴求策略

恐懼訴求方式，主要希望藉由聳動人心的表現手法與內容，製造一種意象，將某種行為或狀態與可能出現的負面結果連結在一起。換言之，如果你沒有根據廣告中的建議去做某些事情或是購買某些產品，就可能有連鎖的負面效應產生或產生某種威脅。一般消費者都不希望有不好的事情發生在自己或親人的身上，因此這類廣告的目的也在激起消費者對該廣告主題的思考與重視。

但是恐懼訴求通常是在某個程度內是有效的，如果內容過度恐懼而超過閱聽眾的接受範圍時，閱聽眾就會傾向拒絕接觸該則廣告訊息，以免造成自己的不舒服感。當閱聽眾拒絕接觸時，廣告就不可能發揮其效益了。例如，早期有一則宣導不要咀嚼檳榔的宣導廣告，其畫面的表現是潰爛的口腔癌畫面，由於畫面極為噁心，讓許多閱聽眾產生視覺上的不舒服感，沒多久就停止播放了。另外，政令宣導也常用恐懼訴求的表現，例如，愛滋病防治的宣傳品強調沒有安全的性行為，所引發的負面後果不是一般人所能承擔的，也是用令人震撼的恐懼畫面。又如抽菸、酗酒、濫用藥物等也常使用恐懼訴求。

此外，政治選舉中常見恐懼訴求的廣告，候選人會以選民如果選了對方就會導致什麼樣的不幸後果作宣傳，就是訴求選民要作對的選擇，不然後果不堪設想。在商業廣告中，較少用恐懼訴求，主要的原因為商業廣告畢竟是希望消費者在愉快心情下記住品牌，因此所提供的刺激訊息也傾向正面的內容來作正面的連結。即使有些文案在解讀之下也具有提醒或警告意味，但通常較為間接委婉。例

如，早期保險產業的廣告不斷地突顯死亡率與意外發生的機率，讓消費者知道投保意外險的重要性。又如許多英語補教業或才藝班強調，孩子的未來就決定在父母現在是否願意栽培與是否有心栽培的基礎下，不要讓小朋友輸在起跑點上等。利用天下父母期許「望子成龍、望女成鳳」的心態，傳達商品對其孩子未來的重要性，如果父母不選擇參加或購買，將來可能就會後悔等，想要產生父母的罪惡感或恐懼感。

另外，公益團體也經常以恐懼性訴求希望喚醒目標對象對某些議題的覺醒，例如，糖尿病關懷基金會希望提醒家長如果經常餵養孩子不當的食物可能造成的後果。其中一張廣告中的女孩子快樂的吃蛋糕，但是眼睛瞎了，標題是「你乖，我就弄瞎你的眼睛」；另一張畫面中的男孩是開心的喝碳酸飲料，但是腿斷了，標題為「你聽話，我就打斷你的腿」（如**圖8-6**）。瞎掉的眼睛、斷掉的腿和快樂吃甜食的畫面呈現強烈的對比，相信許多人看到的感覺其實都會很震驚。而其目的就是希望提醒家長，不要為了安撫小孩就給糖果甜食吃，因為可能造成日後糖尿病眼瞎與截肢的後果。

第三節　電子媒體廣告訊息呈現

電子媒體廣告的閱聽眾基本上屬於被動的，因為觀眾或聽眾是為了看（或聽）節目才收視（收聽）節目內容。如果有廣告介入時，閱聽眾通常是反感或轉台的，但是有時也會被創意的廣告所吸引或等待節目播放時而看（聽）廣告。因此，如何加深其印象就成為廣告製作的要點。基本上，不論是電視廣告或廣播廣告，訊息呈現的風貌就是廣告結構的形式，主要根據策略與創意，以及是否符合廣告產品訴求為考量。通常電視廣告因為多了視覺影像的表達，

圖8-6　糖尿病關懷基金會──弄瞎篇／打斷腿篇

圖片提供：時報廣告獎執行委員會。

呈現的元素相對的也較豐富。廣播雖然僅有聲音，但是呈現的方式
類別與電視幾乎都一樣，唯一的差異就是有影像與沒有影像的差別
而已。以下是目前常見到的訊息結構類型：

壹、生活情境型

　　產品的使用原本就是在生活的情境中，因此如果將重點放在日
常生活中的片段，強調商品與生活的關係，很自然地帶出商品的特
色或需要，以及暗示消費者可能獲得的利益，就是生活情境型的廣
告表現。由於劇中人物大多是普通人物，且情節的內容也是日常生

活的諸多寫照，因此很容易貼近觀眾的生活，讓觀眾融入其中而引起共鳴。由於廣告表現中的主角所發生的問題，可能就是你我日常生活中會發生的困擾，因此廣告中的主角透過某項產品的使用後，不僅解決困擾，也讓生活更加美好，這就是生活情境型中產品對消費者的利益展現。

例如，麒麟一番搾一系列的啤酒廣告，許多都以朋友相聚的友誼之情、團隊合作完成工作使命的情感作為訴求的重點。生活情境以蘭嶼的捕魚生活為表現，強調在原住民的獨木舟上大家合作撈魚的精神，以及上岸後在原住民傳統屋舍前的廣場飲酒聚會，流露真情的友誼，藉由啤酒分享一天的成果。取景於真實的生活之中，故事也以生活情境的一角為表現，能夠更貼近消費者的情感。

貳、幽默搞笑型

廣告訴求策略如果採取幽默訴求手法，目的是企圖讓消費者在開心愉悅的心情下對廣告與品牌有正面的情感；所呈現的廣告型態可能是會讓受眾會心一笑的幽默廣告，也可能是看不太懂的搞笑型廣告。例如，肯德基推出歐姆蛋燒餅早餐，廣告表現用油條當主角，因為習慣上燒餅油條是一套的組合，但是油條現在非常想念燒餅，所以難過的說出「燒餅，俺好想你」。因此當看到肯德基海報上有歐姆蛋燒餅的圖像時，蹦一聲就跳過去，可想而知油條撞牆了；此時旁白就指出「抱歉　這不是普通的燒餅」。另外，VISA最新廣告「Why is that man dancing anywhere?」，有個男子在新加坡、日本、巴峇島、中國、越南、美國等地以同樣動作不停地跳跳跳，笨拙的舞蹈，讓人覺得有趣又發笑；其訊息主要強調的是到達世界各國旅遊只要有一張VISA卡一切行得通。又如芬達汽水的無厘頭式廣告表現，喝了汽水就具有可以炸掉整個山頭的威力、喝了

汽水會長高、胸部會消掉,片末美女從水果中扭腰、新的乳酸口味則是牛會扭腰等,其誇張的元素組合與表現相當搞笑。

參、劇情型

大部分的人都喜歡聽故事,因為故事本身的戲劇張力容易扣人心弦,引起共鳴;廣告中以此思維架構出不同的廣告劇情吸引閱聽眾,是目前電視與廣播廣告中常出現的表現形式。在電視廣告中,故事的主軸雖不一定隨時會以產品為表現,但是產品一定是劇情發展中主角使用的重要物品。這類的電視廣告通常會拍攝系列性廣告,貫穿整個劇情。在廣播廣告中,產品則是影響整個故事發展的重要元素,讓聽眾覺得若沒有該項產品,故事的結局就要改寫了。

例如,拍賣網站eBay推出的「唐先生打破花瓶」廣告,其內容是在描述唐先生與老婆共舞,卻意外地打破了老婆心愛的花瓶。之後,為了要彌補這個過錯,希望用做不完的家事來贖罪,後來終於在網站上找到了一模一樣的花瓶,卻又不小心打破了,結果可想而知將繼續悲慘的生活。整則廣告就是用人與物品關係的小故事作劇情的架構,由於故事有趣又有張力,引發不少的話題討論。又如南山人壽尋找大提琴廣告,廣告中女主角因為在面試演奏時表現不佳而心情不好,坐公車時心情恍惚而將大提琴遺失在公車上。男主角拾獲大提琴要歸還,幾次與女主角擦身而過,整則廣告的戲劇性猶如迷你的連續劇般呈現。

肆、意識形態型

司迪麥口香糖的廣告表現是經典的意識形態廣告表現,訊息的特質就是運用多元複合的概念來表現畫面的特質,亦即訊息元素

之間可能是斷裂式、跳躍式、無法銜接或不連貫的方法，來重組與反映出一些與產品可能不相干的符號，展現出廣告的另類思想。現在較具經典的代表是中興百貨的廣告，雖然中興百貨現在已停止營業，但其廣告傳播策略皆走在當時社會前端，且與一般廣告的表現手法不同。廣告手法運用多元化，給予人的感覺較獨特；在畫面上常會利用色彩的對比以及類比來營造整體的氣氛，其色調大多偏暗色調或對比性大。訊息傳達的意念也較抽象，常經由模特兒肢體動作，以及反覆口白敘述等方式來傳遞，較趨於意識形態的表現手法。廣告口白也依照當時社會的脈動而記錄，標語往往能讓視聽眾印象深刻，例如，「標準三圍是個壞名詞」、「三日不購物便覺靈魂可憎」、「脫掉衣服之後，你不知道自己是誰」、「人民有享受購物樂趣的自由」、「愛美的小孩不會變壞」、「自毀得永生」等。

伍、消費者見證型

廣告中出現像是朋友、鄰居的民眾，以平易近人的語言，親身體驗舉證廣告產品的功能與優點，並表現出因為該產品而解決某個問題的困擾，如今非常滿意該產品，願意跟大家分享。由於消費者代言本身更貼近一般民眾的生活，因此也有其說服力。例如，在購物頻道中的廣告表現幾乎都是利用消費者親身體驗的結果來作見證廣告。另外，許多廣告節目化的製作也是以消費者的親身座談為表現，陳述生活中的某些困擾（如長青春痘、肥胖、胸部平坦、便秘等），但是用了某產品後問題就會被改善，而且更增添了自信，生活也更快樂。例如，飛柔系列的產品廣告透過消費者的使用證言與消費者溝通，企圖透過消費者的親身分享，真實傳達飛柔洗髮乳所帶來的美好經驗。

陸、名人背書型

　　廣告主很喜歡用名人代言，希望藉由名人的知名度吸引消費者對產品的喜好度，所以電視上很多的廣告都是大家所熟悉的名人在廣告裡演出，有助於消費者視線的吸引與情感上的偏好度。而許多明星也把廣告當成另一種表演舞台，除了誘人的廣告酬勞收入外，密集強打的廣告，可增加曝光度進而更加提高知名度。例如，蕭薔的SK II；林志玲代言潘婷洗髮精、統一四物雞精、植物優格；鄭弘儀代言歌林家電、健康三益食用油、花旗財富管理銀行、桂格燕麥片；王力宏、蔡依林為麥當勞代言等；莫文蔚為LUX洗髮精代言。

柒、經典故事型

　　每個人從小都喜歡聽故事，也都聽過一些經典童話故事或歷史典故。因此，許多經典的故事也是大家耳熟能詳的內容，所以如果能夠以這些經典故事為主軸架構，將產品帶進故事中，不僅可以很快的就讓消費者接受故事情境，而其誇大方式所增加的商品印象也將會有趣與深刻，容易達到廣告的幽默效果。例如，京都念慈庵潤喉糖以「孟姜女哭倒長城篇」建立高知名度的品牌印象後，開始以一系列的歷史典故改編成廣告，包括「臥冰求鯉篇」、「貴妃出浴篇」，以及現在的「包青天辦案篇」。在古意中自然置入商品和功能說明，而演員誇張逗趣的表情提高不少的笑點，增加廣告的可看性。又如S.H.E代言的Heme保養品，就是以白雪公主與灰姑娘的經典童話改編，由於大多數的人都已經熟悉故事基本架構，因此更能將產品印象帶入劇情中。

捌、問題解決型

　　產品要能解決消費者某些問題，才能激起消費者的購買欲望。尤其每個人的生活中原本就存在著許多不同的問題，如果不同的產品能夠對症下藥解決不同的問題，所有的消費將會變得有意義與價值。因此，問題解決型的廣告中，常見到的就是突顯某種問題，企圖引起消費者的重視，然後帶出產品，有效地解決困擾。許多藥品廣告都是讓廣告演員直接點出問題的所在，然後直接帶入產品的優點與功效，亦即單刀直入直接陳述產品能解決問題，是最常見的問題解決型。例如，要跟男朋友約會卻有黑眼圈時可用旁氏的Double White；要出門參加舞會頭痛流鼻水時可喝伏冒熱飲；肩膀上的頭皮屑不雅觀可用海倫仙杜絲；清洗衣物時皮膚會過敏可用白鴿溫和洗潔精；剛睡醒時口氣不好可用德恩奈漱口水；火氣大嘴破時可用廣東目藥粉等，都是在廣告中直接呈現產品的效益，讓消費者可以明確知道該產品可以協助解決哪些生活的問題。

玖、自我實現型

　　自我實現是個體追求人生更美好的生活與目標的一種展現，這樣的展現反映出個人的價值觀、生活態度與奮鬥努力的目標，因為每個個體的不同，自我實現的方式也不同。廣告中經常以追求卓越或自我獎勵作為消費產品的重要理由，表現出的廣告形式就是自我實現型。

　　例如，All New Lancer在新中產階級房車「下鄉篇」廣告中，以一個原本在大醫院就職的醫生，決心離開都市到鄉下地區服務，被同事說成「愛作夢、遲早會後悔」。但是他不顧同事的冷嘲熱諷，堅持心中的理念，理智而愉悅的往鄉下兒童醫院服務，表現出

主角相信自己、勇於實現自己的理想,自我實現人生的價值。又如匯豐銀行以不同老人在年輕時都各自有其想要的事物(如出國留學、買一輛哈雷機車)為表現,因為當時的種種因素可能無法做到,但是即使現在年紀大了,只要有能力與機會仍然不會放棄與忘記自己的理想,自我實現人生的目標。

拾、對話型

廣播以純聲音為主,為了增添聽覺上的吸引力,也常用廣告中主角的對話形式展現或利用訪問的型態。目前許多地方性電台的藥品廣告充斥於電台的節目與廣告中,對於勞工階層與老年人都相當有說服力與吸引力,就是利用戲劇節目、訪談、使用者親身見證的說詞占據藥品市場。

拾壹、音樂型

音樂很容易帶動氣氛、影響情緒,給聽眾愉悅放鬆的感受,除了有助於訊息的接收意願,也相當能夠引起人們的共鳴與好感,因此一直是電子廣告媒體中常見的表現形式之一。有的是以故事為主,再配上廣告主題曲;有的是以主題曲為主,再配合適當的畫面。例如,「胯下癢、胯下癢、來擦益可膚」,畫面呈現主角的搔癢難耐,擦了益可膚就可以順利解決。乳酸飲DAKARA的輕快歌曲「小小的動一動DA-KA-RA,開心的動一動DA-KA-RA,低卡沒有鈉DAKALA」,呈現活潑輕快的印象,強化消費者對廣告的印象。又如劉德華為「愛盲文教基金會」籌募白手杖拍攝公益廣告外,也為他們創作一首動人的歌詞「幸福、這麼遠、那麼甜」,同時收錄在其發行的專輯中。

第三篇 媒體篇

第九章　廣告媒體的屬性

第十章　廣告媒體企劃

第十一章　廣告媒體的購買與刊播

第十二章　廣告媒體與社會

第九章

廣告媒體的屬性

第一節　平面廣告媒體的屬性

第二節　電子廣告媒體的屬性

第三節　網路廣告媒體的屬性

第四節　其他廣告媒體的屬性

Advertising
Communications

　　廣告以各種形式廣泛地應用到各種商品與服務的推銷中，相對的如何選擇廣告媒體成為廣告人重要的思維，因為一旦媒體不適合，再好的廣告創意也是枉然，而選擇目標消費群的不對，也會讓廣告活動事倍功半。但是不同的媒體由於有其媒體特性，所以它們提供的廣告服務往往也不同。媒體的規劃者必須要瞭解各種媒體它的主要功能、成本和其優缺點，亦即對它屬性的掌握。具體而言就是熟悉媒體本身的特性、媒體的發行量或收視率、廣告刊播費用、閱聽眾的收視行為等。媒體人員開始進行媒體計畫時，這些因素都必須考量在內。但是這並不意謂著廣告人應過於強調媒體的形式與風格，而忽略廣告的實質內涵。雖然不同媒體對消費者所發送的廣告訊息往往有不同的效果，但是一個強而有力的點子應能針對不同的媒體屬性作表現上的調整與發揮。

　　例如，廣播是一種屬於聲音性的傳播媒介，電視是圖像媒體，網路是綜合媒體，而報紙、雜誌等屬於文字性媒體，各具有自己的優勢和局限性。就電子媒體而言，廣告時間短暫，並不能使消費者對於廣告中的品牌或產品屬性有許多的想法。但是結合影像聲光的效果，較具有動感，較容易產生深刻且具體化的印象；而訊息表現的多元，可讓產品的形象鮮明，所以適合作品牌或形象類廣告。印刷廣告給閱聽人較多的機會審慎處理訊息，比起電視而言也比較耐保存，影響相對也較深，而畫面的精美，很適合流行服飾、飾品、香水等廣告。然而文字性的媒體同時映入讀者眼睛的訊息還有其他夾雜的各式新聞，因此較容易忽視廣告的存在。許多的媒體也隨新科技衝擊下作經營的調整、內容的變化，創意人必須以舊媒體新視野的心情瞭解這些媒體變化後的屬性為何（如**表9-1**）。

表9-1　主要媒體屬性與廣告形式

媒體類型	報紙	雜誌	電視	廣播	網路媒體
媒體特性	• 讀者年齡層廣 • 時效性高 • 信賴感高	• 讀者群明確 • 重複閱讀率高 • 不宜短期促銷廣告 • 廣告質感高 • 雜誌圖像化的趨勢	• 具體的說服性強 • 激發感情的共鳴 • 印象記憶高 • 成本費用高 • 話題性強	• 聽覺媒體 • 隨身性強媒體 • 附屬性媒介 • 分眾媒體 • 可延伸廣告價值 • 時效機動性高	• 速度快 • 彈性高 • 效果評估精準 • 互動效果佳 • 可達成多重行銷目的 • 目標群眾明確 • 廣告露出時間長
廣告形式	• 專版廣告 • 商業性廣告 • 分類廣告	• 專輯報導的規劃 • 出版別冊 • 活動與廣告結合的規劃	• 資訊式廣告 • 跑馬燈廣告 • 廣告節目化 • 置入性廣告	• 聯播 • 點播 • 地方廣播時間	• 固定版位式廣告 • 動態輪替式廣告 • 插播式廣告 • 寄件式廣告

第一節　平面廣告媒體的屬性

　　平面媒體主要係指報紙、雜誌、廣告傳單等靜態方式表現的傳播媒體。由於是靜態，因此須藉由文字與圖像傳達產品的廣告訊息。通常習慣使用平面媒體的閱聽眾，大多屬於對訊息願意花較多精力思考的人，因此廣告訊息的內容偏向也相對會以較理性訴求為主。由於讀者有較大的主動性與選擇性，因此平面媒體的傳播具有非強制性傳播的特點；亦即讀者可以自行決定是否閱讀某則廣告。換言之，廣告被忽略的可能性就愈高，而且因為同一版面中可能有多則廣告同時呈現，相互之間的干擾性也比較高。

壹、報紙

　　教育的普及，已經讓大多數的人都具有文字閱讀的能力。而報紙以當天重要的各項新聞報導為主，讓民眾能夠掌握生活環境的事件；另外，低價格也讓大多數的人都有能力購買。儘管在2006年台灣有五家報紙停刊（包括《民生報》、《大成報》、《星報》、《中央日報》及《台灣日報》），整體報紙的閱讀率明顯下降，但是報紙仍占所有廣告的三成廣告量，其中《蘋果日報》的廣告量還呈現逆勢成長的態勢。顯見報紙仍是生活中重要的資訊來源媒介，其服務對象包括了許多的年齡階層與職業的讀者。

一、報紙媒體特性

(一)讀者年齡層廣

　　教育的普及，讓大家都有能力看報紙，因此報紙適合一般大眾閱讀，其讀者群廣泛。如果從長期訂戶的特質中，也可以掌握到讀者群基本的家庭人口特質。因其發行區域的不同可分為地方性報紙與全國性報紙。一般而言，社區性的報紙都屬於地方性報紙，例如，台北市因捷運而有許多免費贈送的捷運報，其優點是讀者群較為明確。全國性報紙如《中國時報》、《聯合報》、《自由時報》、《蘋果日報》等，其優點是涵蓋的地區較廣、閱讀人口眾多。

(二)時效性高

　　它既屬於文字性的新聞媒體，時效性高，而廣告本身就是以新鮮吸引讀者訊息，因此很適合在報紙上刊登。而且版面編排的彈性也較大，例如，企業主臨時發生危機事件需要澄清說明時，會與報社協商臨時買下報紙頭版的半版版面登廣告。另外，由於有時效性

所以適合刊登一些促銷廣告訊息。

(三)信賴感高

　　報紙本身因具有信賴感、報導性與保存性之特質，自然是產品訊息刊載的好園地。信賴感是因為報紙主要以報導新聞為主，既是新聞就必須要以客觀真實為主，相對的也提高廣告的信賴感，這也就是為什麼許多的產品訊息會逐漸改採公關新聞報導方式爭取讀者更高的認同。

二、報紙廣告形式

　　報紙廣告的呈現方式已經不僅隨著版面規模的不同而區分，也隨著報紙媒體本身銷售廣告版面的策略而有不同的區隔。另外為了招攬更多的廣告業務，報紙對於各類產品的廣告，基本上都是相當歡迎的，也因此報紙中穿插各種不同屬性與產品質感的廣告。有極高價位的房子或汽車等商業廣告，也有在分類廣告中常見的隱藏性色情小廣告或地下錢莊的廣告。主要的方式包括：

(一)專版廣告

　　由報社記者協助採訪撰稿某一個特定品類的產品報導，透過報導方式增加訊息的可信度，藉以招攬相關產品的廣告業務，《經濟日報》、《工商時報》、《蘋果日報》中常見此類報導與相關的廣告。

(二)商業性廣告

　　常態性產品的廣告均可歸屬於此類，也是一般翻閱報紙時常見的各種廣告。例如，日常用品、汽車類、家電類、保養品類、飲食類、促銷廣告類等。這類廣告通常是透過廣告代理商發稿，有較廣的消費客群的訴求，行銷面廣之外，各地的銷售點也多，因此需要

更多的廣告刊登,也是報社中占最主要與最多的廣告篇幅。

(三)分類廣告

讀者買一份報紙時,通常會很自然的就會知道內頁的哪幾張是分類廣告版。分類廣告的價格低廉,各報對分類廣告都有其區隔模式,例如,寬度不得超過三十三行或六十五行等,高度不得超過四段等。主要原因是如果其規模不加以限制,將會影響到其他商業廣告的計價方式與標準。刊登分類廣告的廣告主相當多元,它是一個可以提供任何資訊的低價園地,早期徵人廣告的刊登占分類廣告的主要篇幅,現在各式各樣的跳蚤市場產品資訊、徵婚啟事、二手房屋的訊息、地下錢莊的訊息、遺失道歉啟事等,都逐漸占更多的篇幅。

《蘋果日報》還特別製播分類廣告的電視廣告,廣告表現強調刊登《蘋果日報》的分類廣告只要八十五元低價,透過電視媒體來推廣分類廣告,倒是其他報紙少見的推廣宣傳。但的確也收到相當大的廣告效益,這點可從該報每天的分類廣告都占有極多的版面得到證明。

貳、雜誌

雜誌因其發行週期不同而分為週刊(如《壹週刊》、《商業周刊》、《今周刊》)、半月刊(如《天下雜誌》半月刊)、月刊(如《財訊》、《空中英語教室》、*ELLE GIRL*、《美人誌》)等分別。又因為其報導主題、方向與訴求對象的差異,可分為財經類(如《天下雜誌》半月刊、《財訊》、《Smart智富》月刊)、新聞類(如《壹週刊》、《商業周刊》、《時報周刊》、《今周刊》)、科技生活類(如《超越車訊》、《PC DIY!電腦硬派月刊》、《電玩通PS2》)、生活休閒類(如*Taipei Walker*、《職業

棒球》、《錢櫃雜誌》）、文史藝術類（如《講義》、《讀者文摘》、《傳記文學》）、語言類（如《空中英語教室》、《大家說英語》）、流行時尚類（如《Sugar甜心》、《大美人》、《Ray國際中文版》）。基本上，這些雜誌屬於文字性的報導媒體，文字與視覺的表現能力強。

一、雜誌媒體特性

(一)讀者群明確

在目前的四大媒體中，雜誌算是市場區隔最為精確的，其性別、年齡、收入、學歷、興趣等背景，都會受雜誌內容而定。所以從雜誌的名稱到內容，大致上就可以判斷出該本雜誌讀者群的某些特質了。而且因為發行週期比報紙長，所以有較多的時間作專題的深入報導，報導主題的內容針對性強，而讀者群明確，使得廣告更具有針對性。因此，只要將產品訴求的目標對象與雜誌讀者群的特質作對比，如果符合自然就適合作為廣告刊登的媒體。

(二)重複閱讀率高

相較於其他媒體，雜誌的重複閱讀率及傳閱率較高，同一則廣告能反覆傳播的可能性也提高。因為讀者通常會利用不同的時間完成雜誌的閱讀，每次的翻閱就有可能再次接觸到相同的廣告訊息。另外，雜誌的單價也較報紙高，保存性、價值性、內容訊息的參考性以及同儕之間的借閱率也較高，這樣的重複閱讀行為，對於廣告傳播而言也等於是相乘的效應。

(三)不宜短期促銷廣告

因為發行週期的因素，時效性差，也相對讓廣告安排較不靈活。尤其不適合作短期促銷廣告，因為促銷廣告往往有其時間性的考量，所以雜誌廣告通常是以品牌形象廣告為主，主要強化讀者對

某個品牌的品牌印象；或是產品訊息的深度報導，其目的在建立或教育讀者對該產品功能屬性方面的知識。

(四)廣告質感高

雜誌印刷的品質通常比廣告傳單以及報紙廣告精美，較具有藝術美感，具有良好的視覺享受。因此許多汽車、飾品、流行服飾與保養品等都願意在雜誌上刊登廣告，因為廣告表現都顯得較有質感。此外，如果廣告主有特殊版面安排的需要與效果的處理，雜誌社的配合意願通常非常高。

(五)雜誌圖像化的趨勢

以往雜誌的主要特質是比報紙更能進行深度報導，因此教育程度愈高，閱讀雜誌的比例也愈高，可以說是屬於較精緻與高階的媒介。但是現在許多雜誌的定位與市場區隔，主要以目前習於圖像思考的青少年為主，因此雜誌的內容編排也逐漸以更多的圖像取代文字。其特質就在於雜誌的閱讀群通常是相當明確，也比較容易掌握特定消費訴求對象。

二、雜誌廣告形式

雜誌傳統的廣告版面主要可分為封面、封面裡、第一內頁、中跨頁、連續頁、三分之一頁、二分之一頁、蝴蝶頁、拉頁、封底裡。另外也可以有許多特殊設計的廣告版面，是廣告媒體人與雜誌社協談製作的結果。如果就效果而言，通常效果的展現為封面廣告＞封底＞封面裡＞封底裡＞內頁。由於媒體多元下的競爭，稀釋了媒體使用時間，現在閱讀雜誌的讀者群逐漸縮減中，而會長期訂閱與購買雜誌的讀者更少，因此雜誌的生存更有賴於廣告的收入。因此許多雜誌開始突破傳統的廣告銷售方式，以更多元與彈性的形式吸引廣告主刊登廣告。

(一)專輯報導的規劃

報紙中會以半版的專輯或廣編特輯的新聞報導形式介紹產品，雜誌也同樣可以用這樣的行銷思維來吸引廣告主。透過為企業主作專題採訪報導，可以吸引廣告主刊登廣告或購買訂閱雜誌。尤其雜誌的文字深度性與廣度性更高，對於企業形象的提升有絕對的正面加分效益。而對企業主更深入的企業經營或相關的產業訊息等報導內容，也比較容易吸引更多的讀者注意，相對的，廣告收入也會跟著水漲船高。另外，像一些年度的一千大製造業、五百大服務業調查、消費者心目中理想品牌調查等，也都是廣告主與消費者所感興趣的專輯內容。

(二)出版別冊

為了吸收更多的廣告收入，除了依靠按期出刊的廣告營收外，許多雜誌也出版別冊來增加廣告主投資廣告的機會。別冊可視為與雜誌屬性或報導主題相關的產業訊息，可以讓讀者更加掌握產業脈動，相對的也可以吸引廣告主的興趣。例如，《錢雜誌》出版「新金融商品」，介紹讀者十五個最賺錢的投資工具；出版「買在最低點」房地產專刊，增加房地產廣告收入；《Smart智富》為寶來證券出版別冊等，都為雜誌帶來另一筆的廣告營收。

(三)活動與廣告結合的規劃

許多雜誌也走出純粹採訪報導的經營概念，也主動找尋廣告主進行活動規劃的結合。如果雜誌的屬性與特質能夠發揮產品的正面效益，或對產品有加分的效果，廣告主也頗樂意與媒體結合辦活動，創造雙贏的局面。例如，有些是登廣告並幫客戶辦演講、座談；有些雜誌是登廣告另外加送內文報導。其他如《美麗佳人》結合SKII策劃電影《英雄》首映會，不但增加了廣告收入，也為雜誌讀者與廣告客戶創造了互動的機會。又如*Taipei Walker*為Motorola

發行MOTO吃喝玩樂護照。另外,《商業周刊》為 New Balance 找代言人,廣告效果也出人意料的好。

第二節　電子廣告媒體的屬性

　　電子廣告媒體主要係指電視與廣播媒體,電視媒介基本上一直是主流的強勢媒介,不僅因為每個家庭電視的擁有率高達99%,許多家庭甚至不只一台電視。即使網路媒體的出現,電視仍是社會大眾主要的休閒娛樂媒體。尤其有線電視的開放,讓媒介節目內容也更加多元與豐富,增加了觀眾收視的選擇。愈多的觀眾收視群,愈多潛在消費者的存在,也是廣告主想要運用的主要媒體。以聲音為主的廣播媒體在以前的世代中扮演相當重要的資訊傳播角色,現在因為電視與其他各類媒體的出現後,相對稀釋掉廣播的聽眾,不過任何一種新媒體的出現,並不會完全取代另一種媒體,畢竟每一種媒體都有其形式上的優勢與存在價值,但是原有的媒介內容往往會有所調整與更動。

　　不論是電視或廣播,訊息傳播速度快,覆蓋範圍也較廣。所以當天災發生時,報紙與電視新聞的即時報導都是相當具有時效性的表現。當閱聽眾收視或收聽節目內容時,通常不希望且也會排斥廣告的出現,因為會干擾到原有收視與收聽的持續性。但是,在這些民營的電視台或廣播電台中,廣告的刊播是極為重要的利潤經營模式,因此節目播放的過程中不可能沒有廣告。相對的,閱聽眾在觀看或收聽節目時,許多時候會不得已或自然情況下接受到廣告訊息。換言之,相較於平面媒體,電視與廣播廣告的訊息傳播較有強制性,讓閱聽眾的選擇權相對較小。

壹、電視

電視媒體主要分為無線電視與有線電視兩種，因為結合了視聽效果，所以影像、語音、字幕俱全。目前台灣地區家庭電視機的普及率高達99%，平均每個人一星期至少都看過一次電視，可以說電視是最直接、最快速又最能深入家庭的傳播工具。所具有的影像視聽等設備，讓產品或劇情的演出都極為生活化與逼真，讓看電視不需要太高的識字能力也能瞭解電視節目中所演的內容，這也就是為什麼即使是學齡前幼稚園的小朋友，解讀電視能力會比看故事書的閱讀能力高，因為每個人都看得懂電視在演些什麼；也成為許多人休閒的主要娛樂媒體。

一、電視媒體特性

(一)具體的說服性強

電視所具有的視聽設備，能讓產品訊息更加完善與具體的演出呈現，內容詳細易懂，如果不是特別表現的廣告類型（如意識形態廣告），通常廣告訊息很容易被觀眾理解。

(二)激發感情的共鳴

廣告訊息訴求如果以感性訴求，主要是企圖以情感上的共鳴建立對產品的正面情感。通常只要有貼切產品的劇情架構，配合廣告音樂或主題曲的進行，都頗能觸動消費者內心的情感。尤其是一些以溫馨訴求為主的廣告，在其他媒體中都無法更具體表現的溫馨，只有在電視廣告上才能完整具體的呈現。

(三)印象記憶高

由於是具體的影像與聲音呈現，因此廣告標語或廣告歌曲經常能造成觀眾深刻的印象。而且廣告中常用的名人代言，也是促進消

費者印象深刻的要因。此外,產品經過電視的具體顯現,更容易造成產品的價值感,消費者從電視廣告中也比較能有產品使用的實在感。

(四)成本費用高

電視廣告影片的製作需要龐大的人力與物力,通常以秒數為單位;除了機器設備外,如果再加上請名人代言,所需要的費用更是可觀。而且電視媒體刊播費用也高,如果播放時期愈長,其費用就相對的相當可觀。

(五)話題性強

電視畢竟是強勢媒體,聲光影像的效果使其廣告表現更具有吸引力。也因此,許多創意性的廣告在電視上播出後,往往很容易就引發朋友同儕之間的閒聊話題。例如,一些利用懸疑式的前導廣告,就是企圖激發觀眾的好奇與討論,不論是正面性的討論或因為看不懂而責罵廣告,都代表該則廣告已經引起觀眾的注意並成為話題的焦點了。

二、電視廣告形式

電視廣告的長度可以是十秒、二十秒、三十秒、六十秒,而播放檔次可以是單一個檔次或包整個節目,播放方式的選擇可以依廣告主的媒體策略而決定。在有線電視廣告中,廣告的方式除了正規的廣告影片外,也包括以下幾種常見的形式:

(一)資訊式廣告

主要以產品資訊的提供為主,通常不受時間的限制,因此可以有較長時間對產品作更詳盡的解說與闡述其性能,屬於一種長秒數的廣告,內容的說明性強。許多購物頻道的廣告方式就是這一類型。

(二)跑馬燈廣告

在無線電視中，跑馬燈早期是用來告知臨時性的一些大事件，或政策性的宣導。但是在有線電視系統中，跑馬燈成為系統業者的廣告業務範圍，主要出現在畫面的左右方或上下兩側以流動字幕出現不同的產品訊息。

(三)廣告節目化

有線電視的廣告形式相當多變，許多形式的呈現，如果不仔細區分，很不容易立即判斷出是廣告。尤其是廣告節目化的製作，將產品訊息製播成節目般，有主持人、來賓、專家或消費者的見證、交流產品使用經驗等，一切的形式表現都與節目一樣，時間也都在三十分鐘左右，只是該節目的目的即在販售某種產品。而且同樣買下不同頻道的時段播放，因此觀眾剛開始會誤以為是談話性節目，但事實上是廣告節目化的表現。

(四)置入性廣告

為了減低觀眾對廣告的抗拒心理，讓產品訊息自然進入消費者的眼中與腦海裡，廣告人開始將產品成為電影或電視劇情中場景的安排或道具的需求。例如，偶像劇中男主角送女主角手機，還秀出手機款式與品牌，之後兩人就拿著同品牌的手機一直甜言蜜語；婆婆在廚房中煮菜，所有廚具都有明顯的品牌名稱；同學每次都只約在某家速食店討論功課；男主角沒事就開著某一品牌的車出門閒逛等等。這些都是目前電視廣告中另一種常見的置入性廣告，廣告主必須付費給電視製作單位。媒體單位就會根據該產品特性編出許多相關的情節，讓觀眾在觀看節目的同時，潛意識也將主角所用的產品與品牌一併接收到腦海中了。

貳、廣播

　　廣播媒體因為電視的出現而被搶了風采，但是即使不像早期年代般的光輝，經過十多年的轉變後，也隨社會生活型態的變化，轉型成攜帶性強的動態媒體。也是民眾生活中顯著的隨身性資訊媒體，例如，許多學生、公車族、司機等工作或休閒生活中，主要使用的媒體之一仍是廣播。另外，收音機的購買與使用基本上也相當普遍，偏遠的山區也能接收到無線電波，這就是為什麼當九二一地震天災，電視都斷訊時，民眾知道的即時新聞主要靠廣播為主。也顯現出廣播雖然不再是顯著的主要資訊媒體，但其媒介時效性強的特質仍有其相當大的傳播功能。

一、廣播媒體特性

(一)聽覺媒體

　　人類的耳朵可以同時聽到四面八方傳來的聲音，對這些聲音加以選擇與理解，但又不至於妨礙進行中的工作。而廣播就是唯一的聽覺媒體，所有的資訊必須完全以旁白、音效、聲音、歌曲、配樂等呈現，其特質就是運用語音傳播方式來傳遞訊息，是一種聲音性的媒體。由於只聞其聲不見其影，因此早期的播音員在音色與發音的標準度都要受過相當的訓練與要求。相對所呈現出來的音質，具有想像空間、移情與感染力；但是現在電台的主持人，只要有知名度或聽眾魅力，基本上都可以當節目主持人。

(二)隨身性強的媒體

　　廣播電台也有全國與區域、調頻（FM）與調幅（AM）之分，內容分時段、分節目，媒介本身相當具有流動性的特質，不受時間與空間的限制，可隨時攜帶到任何一個場域中收訊，已經成為很多

交通工具的常態使用媒介。例如，開車在高速公路上，會聽路況報導；早上公車司機會放新聞快訊；計程車司機會聽評論的政論性節目。

(三)附屬性媒介

　　廣播媒介是一種附帶性的媒介，其特殊的魅力在於聽眾可以同時做別的事情。相信很多人都有一邊聽廣播（不論聽的是音樂性、評論性、新聞性節目或廣告），一邊做其他事情的經驗，也就是把廣播的聲音內容當成一種附屬性的背景音樂；也是在所有媒體中能伴隨其他生產活動同時進行的「一心二用」溝通方式。這樣的收聽行為往往具有調劑生活的性質，雖然廣播的內容播放後瞬間消失，並不會獨占聽眾的注意力，但只要重複播放，訊息仍會在聽眾腦海中留下某些程度的印象。

(四)分眾媒體

　　由於節目屬性差異的鮮明，較容易掌握聽眾特性，主要是以收聽時間與節目型態來區隔聽眾。收聽時間與聽眾的生活型態相關，因為聽廣播者通常會是在某一個特定時段收聽；有些則是因為喜歡某些主持人或對某些特定類型的節目喜愛而養成忠誠收聽的習性。

(五)可延伸廣告價值

　　基本上，廣播是一種簡便快捷的訊息傳播工具，費用低廉，而且聽眾群的特質鮮明與收聽區域的固定，都可以確保廣告的接觸率。明顯的，除了可獨當一面供主要媒體之用，同時作為電視廣告延伸效果之輔助媒體。另外，因為是聲音性的媒體，適合以廣告歌曲為表現形式的商品與服務廣告，具有幻想與移情作用，產生加強與延伸廣告效果之效益。

(六)時效機動性高

廣播對於一些即時的新聞，都可以立即反應報導，具有及時性的功效。因此，對於一些活動告知、促銷訊息、展覽會、開幕、新車發表、電影等有時效性的活動，可以透過廣播作廣告。由於可以現場播放或事先錄音，萬一有臨時狀況或要增添修改廣告訊息內容時，只要播音員的配合隨時可執行，彈性很高。也非常適合Call-in與Call-out節目與廣告，可以有更多的溝通。通常以感性的訊息訴求為主，適合做低涉入度產品的廣告宣傳。

二、廣播廣告形式

廣播稿有兩種基本製作方式，包括直接播報稿以及錄製完成稿。直接播報稿就只有字而已，打字打好送交電台，在規定的時間由節目的播音員念出，廣告主唯一能掌握的是其字句，至於聽起來的效果為何有時就要看主持人或播音員的功力了。錄製完成稿則是在錄音間的理想條件下，預先錄製在錄音帶上，再把這卷完成好的錄音帶複製成數份播出帶，再依據媒體排程表送交給各個電台，在指定的時間內播送。由於廣播是聽覺性的媒體，因此對於廣告文案的寫作就更必須要有想像力與技巧，藉由聲音與聲效的運用，幫助聽眾看見產品、感受到產品，才能喚起聽眾注意到廣告訊息。廣播廣告的呈現方式，可依照廣播電台販售的方式來區隔，主要包括：聯播、點播或地方廣播時間。

(一)聯播

廣告主可以訂購某一全國性廣播網聯播電台的時間，同時向全國市場傳播自己的訊息。聯播網只能為全國性廣告主和區域性廣告主提供簡單的管理，電台的純成本效益較低。廣播網的缺點包括：無法靈活選擇聯播電台、廣播網名單上的電台數量有限以及訂購廣

告時間所需的預備期較長。

(二)點播

　　點播廣播（spot radio）在市場選擇、電台選擇、播出時效選擇、文案選擇上為全國性廣告主提供了更大的靈活性，點播可以迅速播出廣告，有些電台的預備週期可以短至二十分鐘，並且廣告主可以借助電台的地方特色快速贏得當地聽眾的認可。電台代理公司，如凱茲電台（Katz Radio），向全國廣告主和廣告公司代理銷售一批電台的點播廣告時間。

(三)地方廣播時間

　　地方時間（local time）係指地方性廣告主或廣告公司購買的電台點播廣告時間，其購買程序與購買全國性點播時間一樣。地方廣告的播出既可以採用直播方式，也可以採用錄播方式。大多數電台採用錄播節目與直播新聞報導相結合的方式；同樣的，幾乎所有廣播廣告都採用預錄方式，以求降低成本，保證播出品質。

第三節　網路廣告媒體的屬性

壹、網路媒體特性

　　網際網路具有聲光、影像、文字的傳輸功能，又可結合多媒體的製作，展現電視、電影、廣播、報紙、雜誌、書籍等傳統媒體的特性，可算是所有媒體中最能滿足感官多元化的媒體。傳統媒體刊播訊息時有時間與空間的限制，對網路媒體而言並無此限制。因為只要一台電腦連結網路線即可隨時掌握瞬息萬變的資訊，搜尋連結能力更是其他媒體所欠缺的。其出現不僅顛覆了傳統溝通的網絡，

也讓行銷的途徑有了一個全新的開始。

　　尤其網路媒體具有多媒體功能的特質，可讓廣告訊息內容以影像、聲音、文字等多種媒介形式呈現。而全球性的傳播沒有地域的限制、消費者的主導權增加、圖形化的介面增加吸引力與易使用性、資料更新性與可修改性高等特質，也都成為吸引廣告主願意投資製播網路廣告的誘因。

一、速度快

　　電腦已經逐漸普及化，因此只要有著合乎標準的通訊協定的電腦，透過網路連線後，就可以進入網際網路的場域之中；網網相連的效應，讓訊息可以在最短時間內覆蓋最大面積。

二、彈性高

　　由於網站內容資訊的修改容易，讓廣告主可以明確的藉由廣告效果評估的調查，直接用電腦立刻修改廣告內容，完成廣告修改與更換，因此使用者可以很快的就看到最新廣告內容。這樣的快速傳送與更換，且具有彈性的互動性，為其他傳統媒體所不能及。也因為彈性高而使得廣告主在廣告訊息的控制與時間的掌握上有更大的主導性與發揮空間，讓廣告企劃更可以有效的依據預算與目標量身打造。

三、效果評估精準

　　透過網路技術的發展，網站得以記錄使用者的行為，例如，曾上過什麼樣的網站、頻率多寡、喜歡什麼樣的內容、下載哪些產品說明、個人聯絡資料等，都可以被詳實地記錄與追蹤。換言之，網路廣告也可以讓廣告主知道自己的廣告被點閱了多少次，精確的衡量廣告效益。除了可以進一步作為精準評估廣告效益的基礎外，也

可以幫助廣告執行者瞭解廣告設計內容是否達成溝通說服的目的，機動地調整線上廣告策略及內容，以達到最即時有效的廣告訊息溝通。網路廣告市場因此特性得以快速擴張，是整個廣告產業中成長最快的一環。

四、互動效果佳

傳統廣告消費者是被動地接收廣告訊息，廣告主很難瞭解所製作的廣告效果。但網路的互動性使得效果立即展現反應，消費者只要在廣告上按一下滑鼠，就可以獲取更多的資訊，或是進一步的在線上購買產品，完成一筆交易。也使得廣告主與消費者之間的溝通更快速，消費者隨時可以在廣告主提供的郵件信箱留下問題或直接與線上的服務人員交流，廣告主也會立即有效地提供更快速的服務或諮詢，都比傳統撥電話、寄明信片的互動方式迅速。

五、可達成多重行銷目的

由於網路媒體具有其他媒體所欠缺的互動式行銷功能，而成為優於其他行銷上工具的利器。因為廣告的最終目的是銷售，傳統媒體只能提供商品訊息的告知或回函的過程，但是網路可以透過一些互動遊戲的設計，廣告主可以進一步得到網友的名單。所以一次的網路活動可以同時做到許多事情，例如，將知名度提升、名單蒐集、會員招募、銷售、行為分析等都可以在網路的環境中進行。

六、目標群眾明確

網路最大的特性就是它可以大眾化地接觸人群，又可以依不同用戶、不同地理區域、使用時間、廣告接觸頻率、性別、職業、喜好及搜尋關鍵字等變數，區隔出不同群組的使用者；這就是消費群的區隔。精準的區隔出消費客群後，就可以進一步做到客製化的分

眾服務。讓廣告主精準地選取廣告對象,傳送符合消費者特殊興趣以及品味的廣告。而且網友資料的準確性高,所以網路媒體也能直接掛上一份銷售單,網友可在接收廣告訊息後,直接進行線上的訂閱、訂購,在網路上立即完成交易的行為,因此不論是分眾行銷、一對一行銷,較可以直接命中目標客戶,避免廣告成本的浪費。

七、廣告露出時間長

廣告主都希望自己的廣告能讓愈多的目標消費群看到愈好,才能有深刻的品牌印象。所以在報紙、雜誌或廣播與電視媒體中,都會想辦法多買些檔期或版面以增加廣告的露出機會。但是網路一天二十四小時,一年三百六十五天都在運轉,亦即網路廣告是全年無休地刊登在網路上,隨時可以被查閱,並且隨著消費者的主動性操控,愛看多久就看多久,沒有時間的限制,讓廣告的露出效果大。

貳、網路廣告形式

隨著網路傳播科技進展、網路行銷活動的盛行,網路廣告不同的型態也開始出現。亦即,網路廣告是利用網路媒體無遠弗屆的傳播力量,達到其廣告目的。廣告主、資訊服務業者以及網友三個元素建構了網路的廣告環境。與其他媒體一樣,對廣告主而言,網路媒體的發展帶來一個新的廣告平台,讓廣告主依網友族群的不同特性,推廣其相關商品;而網友也根據個人需求來選擇廣告的資訊內容。因此主要的特色包括:價格便宜、曝光率高、互動性高、精準的區隔目標客群、可追蹤記錄網友用戶的反應。由於網路廣告是以網頁編寫的程式語言為主體,不同於平面媒體的版面設計或電子媒體的拍攝,它有專屬的電腦語言,以一列一列的圖形素材呈現,如果沒有電腦語言與圖繪的概念,在畫面創意展現上將大受限制。因

此從業人員必須具備行銷的概念、創意的點子外，更需要有電腦的專業知識。

　　網路廣告的表現形態有多種，常見的包括：橫幅廣告、按鈕廣告、多媒體動畫式廣告、電子郵件廣告、浮水印廣告、文字式廣告、對談式廣告、互動式廣告、分類廣告、推式廣告、彈出視窗廣告、插播式廣告、電子報廣告、超長型廣告等多種。基本上，可將其依呈現模式區分為四大類型：固定版位式廣告、動態輪替式廣告、插播式廣告及寄件式廣告，茲分述如下：

一、固定版位式廣告

　　採傳統平面廣告的邏輯思維，在特定網頁、固定位置上刊登廣告，每次與該網頁同時下載（和「動態輪替式廣告」相反）。依版面的位置按月計、週計或日算收取費用。版位的選擇通常以首頁的四邊為主，例如，《中時電子報》將此類廣告的編置分為首頁右上方、左上方、右下方及目錄頁左上分、左下方。而Hinet網站中，文字廣告、按鈕廣告及浮水印廣告皆為固定式廣告，以週計價。基本上，由於其概念和傳統媒體接近，廣告主的接受度較高。但也因為固定版面是用傳統平面媒體的版面設計為思考，使得刊播網站的選擇會集中在網友流量多，以及較受歡迎的網站為主。

二、動態輪替式廣告

　　廣告主都喜歡將自己的廣告放置在網頁中的明顯位置，為了能讓不同的廣告都出現於好位置上，就採固定版位上輪流播放不同的廣告。亦即廣告版位由數支廣告輪替播放，網友每次瀏覽該網頁都會看到不同的廣告，甚至當網友按下「重新整理」（reload）或者「上一頁」（back）鍵時，都會在網頁上看到不同的廣告。這種輪替、隨機的方式傳送廣告，和固定廣告剛好是相反的操作。至於廣

告的輪替方式則由遞送軟體控管,遞送軟體會根據每支廣告當初的目標設定,例如,播放時段、內容版面或瀏覽器等條件來決定何時遞送廣告。此方式的表現強調每個網頁均可隨機放置廣告,符合網路空間無限的特質。換言之,「動態輪替式廣告」可讓使用者在每次下載同一網頁時看到不同的廣告,或同一廣告可能同時在多個網頁上出現。

三、插播式廣告

插播式廣告也稱為干擾式廣告,運作方式為在網站與網站連結之間出現,如同電視廣告於節目間空檔出現一般。所以當網友要連結到某一網站時,自動在其視窗中跳出另一個子視窗的廣告頁面。亦即在等待網頁下載的時間中,該廣告就占據電腦螢幕。這種方式是網路廣告化被動為主動的出擊,讓網友在出其不意時被強迫看到廣告。雖然網友對廣告內容不感興趣時,可以關閉窗口不看廣告,但是因為它們的出現沒有任何徵兆,所以通常會被網友看到。插播式廣告有各種尺寸,有全屏的也有小窗口的,而且互動的程度也不同,從靜態的到全部動態的展現都有。雖然此類廣告具有強迫性接觸率,但也相對的容易造成網友的反感,尤其網路是著重在使用者的主動性,用強迫性的訊息接觸並非是一個長遠的策略。

四、寄件式廣告

寄件式廣告即電子郵件,可以視為一種網路DM傳單。網路上有許多網站提供免費服務措施吸引顧客註冊,註冊過程中,需填「電子郵件信箱」,同時詢問是否同意接受某類別廣告郵件投遞到其電子郵件信箱,或是廣告公司直接透過電子傳單,對消費者的電子郵件信箱寄發廣告,也就是所謂的電子垃圾郵件。由於它的廣告內容基本上不受限制,廣告主可以傳送任何所想要傳送的產品資

訊，而且針對性強、費用低廉的特點，是其他網路廣告方式所不及的。所以電子郵件廣告如果應用得當，可以輕易地和顧客達到一對一互動效果，是低成本與高效率的廣告工具。但如果使用不當，不僅達不到廣告效果，甚至會讓顧客產生反感。

第四節　其他廣告媒體的屬性

　　廣告人對於廣告媒體的運用已經不僅局限於所謂的四大媒體或外加網路五大媒體而已，因為隨著週休二日的生活型態，消費者有更多的時間與休閒是在外面遊玩，可能是搭乘大眾運輸的交通媒體，也可能是自行開車或是走路等各種形式。當消費者活動範圍更廣闊時，廣告人自然也要把產品訊息透過更多的可能媒介觸及到消費者。因此在廣告媒體的思維中，只要是能刊載廣告訊息的媒介物就是廣告媒體，目前常用的其他媒體類型如下（如**表9-2**）：

表9-2　其他廣告媒體的屬性與廣告形式

媒體類型	行動通訊媒體	交通媒體	戶外媒體	店頭廣告
媒體特性	• 個人化服務 • 即時互動的特性 • 傳播不受時空限制 • 訊息形式選擇性高	• 可移動性 • 視覺接觸率高 • 地區性銷售	• 區域性傳播 • 只能提供簡單訊息 • 吸引視線 • 費用不低	• 消費者視覺直接接觸 • 廣告形式多樣化 • 易於搭配活動推廣
廣告形式	• 手機廣告、簡訊	• 捷運廣告、公車車廂內外廣告、計程車廣告	• 戶外看板、路牌、霓虹燈、氣球、電視牆、電子播映板（Q-Board）、T-BAR	• 店頭展示陳設、POP廣告、商品包裝、吊牌、陳列墊板、布旗等

壹、行動通訊媒體

係指行動電話、數位電視、衛星導航、PDA等各種擁有行動通訊技術的行動媒體。行動通訊媒體的重要性與日俱增，已經成為廣告傳播不可忽視的媒體考量，也讓廣告傳播的媒體運用更加多元。行動電話不僅是人際間聯繫的主要媒介，也成為人們休閒娛樂、接收資訊的重要來源。數位電視讓觀眾能夠不受時空限制選擇並收看節目。衛星導航系統在近年來亦逐漸成為人們外出相當仰賴的資訊管道，除了提供交通資訊外，消費者對其附加功能要求也越來越高，以滿足其他旅遊、餐飲、住宿、休閒等資訊需求。因為行動裝置是屬於個人的物品，運用的原則在於掌握消費者特性，精準傳播以提升廣告效益。其主要特性包括：

一、個人化服務

行動通訊媒體是相當個人化的物品，意味著廣告訊息有機會更精準地與消費者進行溝通。因此為了增加消費者選擇並接收廣告資訊的機會，廣告的運用亦隨之更加個人化。

二、即時互動的特性

行動通訊媒體廣告除了主動提供商品資訊外，消費者會即時主動點選或資訊搜尋，透過服務機制，行銷人更可以在行動通訊媒體上做立即的回應，提供建議以協助解決購物問題。

三、傳播不受時空限制

行動通訊媒體即強調其行動特性，人們可以不受時空限制接收資訊。因此，廣告傳播可以在選定的範圍與時間點進行。例如，運用行動電話傳送電影的上映資訊；行經商場時，行動電話立即接收

到商品的優惠資訊。

四、訊息形式選擇性高

不同行動通訊裝置的功能，亦讓廣告有不同的傳播形式。以行動電話為例，從純文字的簡訊（Short Message Service, SMS）到多媒體訊息（Multimedia Message Service, MMS）的功能，甚至具有無線上網、收看數位電視節目等功能。相較於其他媒體，在訊息表現的形式選擇性高之外，也較具有彈性。

貳、交通媒體

交通媒體廣告可分為交通場所的廣告與移動的車體廣告兩大類，前者主要是指在車站中常見的貼在旁邊的各種看板廣告，或是捷運站中手扶梯旁醒目的廣告，或是站牌上面的廣告等。移動的車體廣告包括所有車體內外的廣告刊登，主要有捷運廣告、公車車廂內外廣告、計程車廣告等。會以交通媒體刊登廣告也是因為有其人潮聚集的效應，而且乘客必須在車體內短暫逗留一點時間。通常交通廣告主要是用來提醒消費者記住或回憶曾經在其他媒體接觸過的廣告訊息。主要特質包括：

一、可移動性

計程車或公車等交通媒體的移動性頻繁、機動性高、流動性大，再加上移動人潮的無所不包，所以交通廣告可以將廣告訊息在一定的範圍內不斷地重複訊息的能見度。

二、視覺接觸率高

坐車本身容易無聊，如果廣告畫面、色彩均很鮮豔，具有視

覺上的突出性，自然很容易吸引到乘客的目光，而看廣告對乘客而言，也可以當作是排遣無聊的時間。這也就是為什麼有些廣告主看好大眾運輸的眾多流客率，尤其是捷運，因此願意發行免費報或捷運報等免費資訊的報紙提供乘客閱讀，因為只要乘客閱讀率高，就可以進一步招攬更多的廣告主願意在免費報中刊登廣告。

三、地區性銷售

交通媒體基本上屬於地區性規模，廣告空間也有限，所以適合地區性的銷售為主。例如，電影上映、展覽活動訊息告知、新品上市的品牌訊息等。

參、戶外媒體

主要可分為戶外看板、路牌、霓虹燈、氣球、電視牆、電子播映板（Q-Board）、高速公路兩旁又高又大的T-BAR廣告牌等各種放置在戶外的媒介形式，通常依其不同的商品特性，使用不同的材質表現。因為是設立於某個地點，運用的考量通常是因為該地點具有聚集人潮的效應，例如，火車站前、信義商圈前等。屬於被動型的媒體安排，必須要有人潮的移動才能發揮廣告效益。主要特性包括：

一、區域性傳播

受限於設立地點的因素，戶外媒體基本上就是屬於地方性視覺傳達特性之媒體，有明顯的地域性、城市化，因此覆蓋面積其實不大，亦即傳達的受眾數量其實也有限。

二、只能提供簡單訊息

因為人潮的移動時間通常是短暫的，而且戶外媒介的媒介設備本身也有硬體上的設限，因此並不適合刊載大量訊息，而僅能提供簡單概念的訊息為主，通常只有一個銷售的重點，而且主要是作為品牌的提示性廣告為主。

三、吸引視線

戶外許多大型廣告看板之版面位置，均集中在車潮頻繁之商圈，廣告內容也經常隨時間季節更換主題，使流行性商品保有其新鮮感。因為製作物本身的大體積，再加上突顯性的畫面，容易吸引經過之路人視線，留下深刻印象。

四、費用不低

戶外媒體因為設立地點的考量，相對的人潮愈聚集處，地點的租金價格也相對的愈高，其製作或架設費用也都不便宜。不過如果長期固定架設，也具有指標性的作用。

肆、店頭廣告

店頭廣告也稱為銷售點的廣告，以各種形式出現在零售店的廣告或宣傳上，包括店頭展示陳設、POP（Point of Purchase）廣告、商品包裝、吊牌、陳列墊板、布旗、試用品、樣本與服務人員及其促銷行為等。因為是生產者與消費者最直接且最具關鍵性銷售點，因此店頭相關的廣告運用也成為重要的媒體安排思維。其特質包括：

一、消費者視覺直接接觸

因為店頭廣告能與產品同時呈現在消費者面前，所以消費者的視覺很容易就能接觸到，也是潛在顧客購買之前所能看到的最後一次廣告。如果設計吸引或提供誘因吸引，有時對消費者會產生直接購買決策上的影響。

二、廣告形式多樣化

店頭廣告的陳設與製作相當多樣化，可包括海報、吊鉤牌、展示牌、小報框、小旗幟等媒體形式。由於成本低廉，而放在銷售現場時，不僅增加店家視覺的豐富性，也讓消費者選購商品時，有更多資訊可參考，已經成為許多店家積極運用的媒體管道。例如，將產品紙箱割掉一大部分，清楚顯露出品牌名稱與商標，並從地上一箱一箱的堆起來，稱之為割箱落地陳列，由於通常位置醒目且占有一定的空間，因此容易吸引消費者視線的注意，是在店頭中值得購買的廣告方式。

三、易於搭配活動推廣

有些POP能緊密配合各種現場促銷活動，實用性強。對於剛上市的產品而言，能夠在購物者想買的時候，提醒消費者可以試試新品牌，例如，會有許多小標籤醒目的告知此為「新品上市」。對於已建立信譽的品牌而言，店頭廣告能夠在淡季時創造另一波銷售的高潮，例如，會有小立牌以「促銷折扣」、「買一送一」、「集瓶蓋送大獎」等促銷訊息。明顯的，店頭廣告因為訴求明確較容易被受眾認知和喜愛，尤其對於消費者選購低涉入度商品時會有其影響的效果。

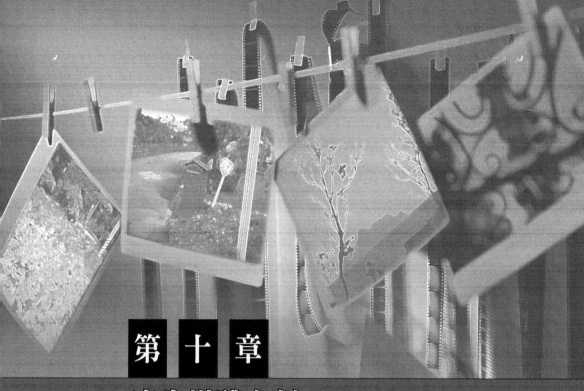

第十章

廣告媒體企劃

第一節　媒體企劃

第二節　媒體效益指標與調查

第三節　媒體策略

Advertising
Communications

　　媒體是讓廣告創意落實執行的重要工具，目標對象必須暴露在訊息之前，才有可能進一步接收它，亦即廣告主所欲傳達給目標閱聽眾的訊息必須出現在目標對象前，有面對面接觸的機會，才有進一步溝通的可能。而且有好的廣告內容，就要輔助有效率的媒體計畫才能對消費者產生更大的刺激與影響。

　　任何媒體的選擇就是希望產品訊息能增加暴露在訴求對象前，但是並沒有研究顯示，消費者購買某一項產品前至少要接觸多少次的廣告訊息，才會激起購買欲望，所以花大錢的媒體策略未必能換取銷售業績與產品知名度。但是從廣告主的角度而言，花費大筆的廣告預算無非是希望讓消費者接觸愈多次的廣告，並且記得廣告的商品，以作為購買產品時腦中浮現的選擇依據。因此，媒體策略就是把廣告訊息與適當的閱聽眾作有效果的扣連。

第一節　媒體企劃

　　新形態的媒介幾乎天天出現，從事件、贊助、小禮物、帽子、衣服、手機吊飾還是公車票到網路上的各種選擇等；不管是消費者所看到或聽到的一切幾乎都成了傳播媒介。媒體的多元相對也讓使用者愈來愈分散，同一位消費者集中使用單一媒體的情況也幾乎不可能了；這樣的現象也讓廣告人體悟到除了「說了什麼」重要外，更重要的是「怎麼說」和「在哪裡說」。而廣告主的廣告費用近七成也是花費在媒體購買與刊播的費用上，究竟花在哪些媒體項目與內容、為什麼、有沒有效果等問題都是廣告主關切的焦點。畢竟有了創意的廣告訊息也要有刊載的傳播工具才能廣而告知，但究竟要透過何種媒體工具播送是關鍵，尤其當媒體選擇性愈豐富多元時，怎麼樣的媒體運用才能達到1＋1＞2的傳播效益，挑戰著廣告媒體

人的思維，如何擬定媒體企劃已經是廣告活動的主要內容，也是廣
告效益是否成功的必備要件。

　　基本上，媒體企劃主要是建構在廣告策略下，當廣告企劃階段
時，媒體人員也開始投入運作的過程，提供有關媒體運用的方向指
標、執行的項目、媒體預算、預期達成的效益等內容。簡言之，媒
體企劃就是選定媒體版面與時段的決策過程，是廣告活動執行過程
中非常重要的一個部分。必須靠精確的數字估算，才能避免產生廣
告排擠效應。畢竟廣告主之廣告預算，並不會隨著媒體的類別增多
而增加，只有在其產品銷售量的營業額增加時，才會按比例增加廣
告預算，所以媒體人員如何企劃高效益的媒體計畫，對廣告策略的
成功與否具有決定性的影響。綜而言之，要發展周延的媒體計畫可
從情境、目標與策略三大面向的思維著手（如圖10-1）。

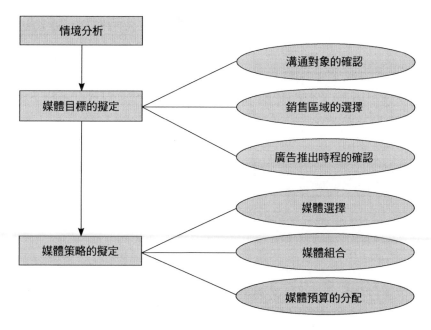

圖10-1　廣告媒體計畫

壹、情境分析

情境分析是所有計畫的前提要件，由於市場是媒體的戰場所在，因此對內要先瞭解該產品年度行銷計畫是必須的，因為那是一切相關計畫的基礎所在。廣告代理商畢竟只是負責廣告計畫，而媒體計畫也只是其中的一部分。所以行銷計畫與廣告計畫在此階段都必須先有個基本輪廓的掌握，才能藉由其規劃的目標，更清楚地掌握到自己的媒體計畫應該扮演的角色與要發揮的目標。對外則要瞭解競爭對手如何規劃媒體，所採用哪些媒體刊播的策略。

貳、媒體目標的擬定

所有計畫都必須要有目標才能知道計畫的方向性與可行性，擬定媒體目標須掌握三方面的資訊：(1)溝通對象的確認；(2)銷售區域的選擇；(3)廣告推出時程的確認。

一、溝通對象的確認

媒體在廣告計畫中的功能就是要將廣告訊息傳達給某些特定的目標消費者，因此必須掌握目標閱聽眾的特質與媒體使用習性。因為每個目標消費群都有它特定的生活方式與習慣，對每個媒體也都有不同程度的曝光率（Media Exposure）。這群產品的消費客群也就是廣告媒體所要溝通的對象，有了明確的溝通對象，才可能擬定客觀可行的媒體目標。例如，溝通對象是年輕的家庭主婦，就不要把年老的銀髮族也算在內。因為年輕者較喜愛看愛情文藝戲劇，年老者較愛收看本土婆媳相處類戲劇。另外，也可以從不同的媒介內容反推吸引的閱聽眾特質，亦即如果廣告刊播在不同節目或版面中，可能觸及的溝通對象會是哪些人；其中有可能是現有消費者，

也有些是潛在消費者。

　　基本上，常用的溝通對象確認方法包括人口統計的基本資料，如依照性別、年齡、居住地區、教育程度、職業、收入、婚姻狀況、子女人數等；或是以消費者的心理特質（如內向、外向、恬靜、好動等）、生活型態（如積極進取、追求時髦等）來分類，以決定目標消費者。

二、銷售區域的選擇

　　廣告主都希望自己的產品能銷售到不同地區，但產品在推廣過程中通常不會貿然的在所有地區進行比重一樣的行銷活動與廣告。例如，在各地全面發送試用品、貨品上架到全國各地，或是在各地區都有相同比重的廣告媒體預算。因為如果這樣規劃執行，很容易造成風險與行銷資源的浪費。因此，通常會採取逐步穩健的拓展。

　　尤其是新產品上市時，媒體計畫必須將有限的廣告媒體預算，按照廣告活動地區的優先順序分配到各個目標市場。如果是全國性的產品，自然要以全國性媒體為主。如果是區域性為主的媒體企劃案，就應該運用當地的媒體為主，如當地的社區報紙、有線電視、廣告傳單等，而無須計畫到使用全國性的媒體。例如，如果產品的銷售區域是中南部為主時，媒體的選擇就可以多購買些鄉土性節目的廣告檔次，或是戶外廣告媒體的選擇。因為中南部很多機車族群，而戶外廣告就是一種很好的溝通方式；另外有影響力的地方性廣播電台也可以考慮。

三、廣告推出時程的確認

　　廣告究竟要在何時刊播即是選擇廣告最佳的曝光時機，通常這個時機點與產品的屬性也有密切的關聯性。例如，屬於夏季的冰品、冷飲、冷氣機等廣告不會選擇冬季時播放；而羽絨被、暖氣機

等產品也不會在夏季時強力播送。另外，市場活動概況也要掌握，如習俗中農曆七月為鬼月，婚紗禮服類的產品廣告在此時期是否適合推出都是時程考量要點。亦即品牌要做什麼、不做什麼、為什麼要做都是媒體企劃人員必須知道的。換言之，什麼時間點最有益於消費者對產品的接受程度，就是廣告適合播放的時間選擇。所以一個好的媒體企劃人員，也必須瞭解產品屬性與行銷計畫是什麼，才能真正在時程的安排上發揮效益。

參、媒體策略的擬定

媒體目標策略的擬定主要是掌握各媒體的特性分析、媒體組合與應用、媒體創意考量以及預算的分配。相關的更細膩資料可以從目前許多的調查公司購買取得，例如，尼爾森、紅木、潤利等市場調查公司或媒體調查公司都有實證性的調查報告，包括各媒體年齡分布、收視或閱讀情形、媒介習性、消費者的消費傾向、生活態度調查等資料，有助於更精準的策略擬定。

一、媒體選擇

透過目標消費者習慣使用的媒體來刊播產品訊息，讓消費者有機會接觸到產品的資訊，是所有產品行銷的重要思維，因為需要先有曝光機會接觸到產品訊息才有可能對產品產生印象。但是媒體的屬性不同，各有不同效果，所適合表現的商品屬性自然也有所不同。要選擇哪種形式的媒體刊播，比較能充分利用媒體特色發揮廣告創意必須要審慎思考。一般會考量電子媒體、平面媒體或戶外媒體等媒介形式與類別外，同時也考量刊播的版面、時段以及刊播的量有多少，是否要搭配其他的媒體組合，以及主要競爭者的媒體選擇與組合為何，也可以作為選擇媒體時的參考依據。基本上，單打

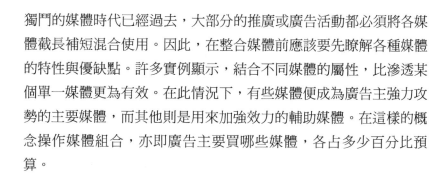

獨鬥的媒體時代已經過去，大部分的推廣或廣告活動都必須將各媒體截長補短混合使用。因此，在整合媒體前應該要先瞭解各種媒體的特性與優缺點。許多實例顯示，結合不同媒體的屬性，比滲透某個單一媒體更為有效。在此情況下，有些媒體便成為廣告主強力攻勢的主要媒體，而其他則是用來加強效力的輔助媒體。在這樣的概念操作媒體組合，亦即廣告主要買哪些媒體，各占多少百分比預算。

二、媒體組合

(一)選定幾種媒體

如果從廣告內容出發，哪些媒體能最佳反映廣告內容。可以透過媒體的交叉作用，提高媒體在一定時期內的作用，以達到最佳的傳播效果。例如，現在許多新媒體的成立，除了原有的四大媒體外，還包括網路媒體、手機媒體、戶外媒體、交通媒體等。究竟要結合哪些媒體展現，都需要一些新的思維跟方式，根據媒體屬性創造屬於它們的廣告形式。

(二)刊播的考量

亦即媒體特點、刊播時期、時間長短、同時進行或交叉進行等執行的考量。例如，當廣告確定刊在某一份報紙上時，還必須考慮其刊登日期與版面，如果是休閒娛樂的廣告訊息最好選擇在星期五與假日期間刊登，如果是針對青少年讀者群，以視覺圖像與生活休閒為報導主軸的《蘋果日報》可能是不錯的選擇；但如果是以白領階級的讀者群而言，《聯合報》與《中國時報》仍是主要的閱讀報紙。

總而言之，將商品訊息透過不同的媒體搭配、版面的安排與時段的選擇，清楚地傳達給目標對象，希望以最少的廣告預算，以達

到最大的廣告效益就是媒體組合的策略思維。

(三)媒體組合的利益

◆廣告的延伸效應

　　各種媒體都有各自覆蓋範圍的局限性，媒體組合等於擴展閱聽眾範圍，避免只有單一媒體閱聽眾的局限性，延伸廣告覆蓋範圍，可以增強媒體的效果，增加廣告傳播的廣度，擴展產品知名度。例如，如果以十八至二十五歲的客群為例，有些人會看電視，有些人則大部分的時間在上網，如果你只有採取電視媒體，就會相對失去觸及使用網路的客群。

◆廣告印象的累積

　　由於各種媒體覆蓋的對象有時是重複的，因此媒體組合使用將使部分廣告受眾增加外，有些受眾則是相對增加了接觸次數，也就是增加廣告傳播的深度。當消費者接觸廣告次數愈多，對產品的注意度、記憶度、理解度就相對可能提高。這樣的重複效應有助於品牌印象的累積。

◆廣告效果的持久力

　　媒體組合可以使媒體的短期功效轉移成長期功效，而這樣的轉移作用就是因為媒體組合的延展擴充效應。因為短期媒體廣告播放的不斷累積，相對於長期媒體的效果，能使品牌及產品的印象與影響力得到保持及發展，不至於呈現訊息的斷缺造成遺忘及曲線下降，而使訊息保持延續，並在一定時期內維持忠誠度。

三、媒體預算的分配

　　媒體預算如何在不同媒體之間作最有效益的分配安排，才不會浪費資源，需要進行比例的分配。例如，常見的對廣告媒體預算的支配思維為：先支配電視廣告預算，然後支配報紙廣告預算。在支配報紙廣告時，首重發行量較高的二家至三家全國性的報紙，次之

支配在中部、南部、東部各地區，發行量較高的地方性報紙，最後
才支配發行量較低的報紙。

第二節　媒體效益指標與調查

　　廣告中所有相關的企劃案都必須要有明確的目標，因為廣告
本身就是目標導向的傳播運作。因此，媒體計畫也是要事先擬定媒
體目標才能有效地指引整個媒體決策的制定與執行。從廣告主的角
度來想，廣告主當然希望花最少的錢將產品訊息傳達給愈多的目標
消費者知道愈好。亦即廣告主花錢刊播，對媒體就有一定的期望想
像，而這個期望想像就是媒體能有多少的傳播效益產生；轉換成廣
告的操作語言就是要達到的媒體目標。亦即，在一定時間內，廣告
主期望透過一個或數個媒體，使其廣告訊息得以傳送到目標市場的
程度，包括希望傳達的範圍、讀者數、收聽率等，而這些概念都可
以用數字的計算方式來呈現。以下先介紹幾個在執行媒體企劃時必
須先掌握媒體使用輪廓的幾個概念（如**表10-1**），接續再談媒體效
益常見的指標。

壹、常見的效益指標

一、接觸率（Reach）

　　接觸是指在某一段特定時間內，一個媒體或媒體組合所能接
觸到的目標市場的人數。廣告主生產的產品一定有其訴求的目標市
場，目標市場中所有的消費者就是目標市場的總人數。但是任何媒
體都有它的特性與觸達的極限，因此所刊播的廣告究竟可以觸達多
少人（或多少人可以接觸到某則廣告訊息），就是接觸率的概念；

表10-1　媒體效益基本指標概念

媒體	基本指標	概念
電視	電視開機率（Households Using Television, HUT）	指個人或家庭在某一個特定時間內收看電視的百分比，亦即同一個時間裡所有電視台收視率的總和。
	收視率（Rating）	指在樣本中收看某個或某些節目的人，占全部可能收看那些節目的人的百分比。
廣播	廣播開機率（People Using Radio, PUR）	指個人或家庭在某一個特定時間內收聽廣播的百分比，亦即同一個時間裡所有電台收聽率的總和。
	收聽率	指在樣本中收聽某個或某些節目的人，占全部可能收聽那些節目的人的百分比。
平面媒體	發行量（Circulation）	指平面媒體每次發刊時在印刷廠的印刷份數：報紙（指一天的印刷量）；雜誌（指一期的印刷量）。整體發行量：訂閱數、零售數、贈閱數及庫存量之總數。
	閱讀率（Readers Per Copy）	指某一刊物的主要閱讀者以及傳閱讀者的總和，此數字可瞭解該刊物的閱讀人口有多少。

亦即有多少百分比的目標人群可以接受到這個訊息。計算方式為把媒體工具所能接觸到的目標市場的消費者除以目標市場的總人數，計算百分比例就是所謂的接觸率。即：

$$接觸率 = \frac{接觸人數}{目標市場人數} \times 100\%$$

　　由於廣告的最終目的是接觸到想接觸的訴求對象，而此指標能顯示出訊息傳送的廣度，有助於廣告人選擇媒體的參考依據。因此如果想要更多人看到自己的廣告就必須要選擇大眾媒體而非小眾媒體，或更多元的媒體組合而不是單一的媒體。

二、平均接觸頻率（Average Frequency）

有了接觸率的概念後，廣告主也會好奇究竟目標消費者要看多少次的廣告才算有效？或才叫作足夠了？因此延伸出所謂的平均接觸頻率概念。所謂的接觸頻率（或叫暴露頻次）指在某一特定期間內，目標對象暴露於某一則廣告訊息機會的次數，強調的是目標對象真正看到廣告的次數，而不是廣告的刊播次數。

此指標顯示了接觸目標市場的深度，當程度愈深時，亦即平均接觸頻率愈高時，消費者處理廣告訊息的機會也愈多，廣告效果就比較容易深植於消費者心中。然而，過多的重複對已經將廣告訊息充分處理的消費者而言，等同於是一種浪費，也較容易引起厭煩和抱怨，所以廣告的媒體策略之一就是決定在什麼時候適可而止，而平均個別接觸頻率的計算就是為了達到此目的。當接觸率與平均接觸頻率都高時，就代表著不論是廣告的市場滲透或記憶滲透方面有其極大的效果，也是廣告主所希望達到的媒體目標。

三、總收視率（毛評點）（Gross Rating Point）

就是所有收視率的總加值，也是一個百分比例數，由於它不考慮閱聽眾是否重複接觸到訊息（亦即同一則廣告訊息你可能在不同媒體中都接觸到），因此總收視率的概念用「毛額」這個字眼。其目的就是瞭解在廣告播出期間，目標消費者接觸該則廣告訊息所累積的收視率。訂定媒體計畫時通常會以某個總收視率為目標，然後再考慮運用哪些媒體工具來共同完成這個目標。

總收視率＝接觸率 × 平均接觸頻率

這個公式雖然簡單，但是操作時卻有很多意義與解讀，也是廣告人要熟悉的。基本的概念包括：

(一)R（Reach）與 F（Frequency）的互為取捨

實際執行媒體預算時，R與F的關係互為反比，表示在既定的預算額度內，R如果大，F就相對會比較小；如果要較多的F，相對的R就會比較小。亦即，如果希望最多的人看到這則廣告（表示R大），廣告的平均接觸頻率可能就會變少（F變小）。一般而言，如果是新產品，第一波廣告希望愈多人看到愈好，可以增加知名度。但是到了第二波的廣告時，就可以把R降下來，將F提高，表示讓目標對象可以多看幾次，加深印象。

(二)媒體預算的計算

如果知道接觸率以及平均收視次數（可從市場調查報告的報表得知數字），兩者相乘後就是總收視毛評點。一個總收視率要花多少錢，可以詢問所要刊登媒體的開價費用，將總收視率與總收視率的單價費用相乘就是媒體預算金額。

(三)總收視率效益

如果根據此計算方式求出總收視率高時，就表示廣告的事後效果好；相對的，如果總收視率低時，代表效果並不佳。而當總收視率高時也同時顯示兩個隱含意涵，一是表示廣告上的各節目收視率都很高，二是上廣告的次數很頻繁。相對的，如果總收視率低時表示廣告上的各節目收視率都很低，或是上廣告的次數很稀少。

四、每千人成本（Cost Per Million, CPM）

廣告在媒體的刊播費用是整個廣告計畫中最可觀的預算，因此對於成本與效益之間的關係就成為評量媒體效果的重要指標。但是因為在不同種類的媒體中是用不同的方式購買，例如，電視廣告是以三十秒為一檔銷售、報紙則是以版面大小、雜誌以頁為單位。因此必須有個概念可以比較不同媒體之間的成本概念，因此就延伸出

每千人成本的指標。

所謂每千人成本就是用來測試每一次廣告所花的費用是否達到目標，這種以金額來表示的指標，即是所謂到達成本。亦即單一個媒體工具或整個媒體計畫要達到一千位目標閱聽眾的成本是多少，也就是廣告要讓一千人次看到所需的費用；也可以說是在廣告刊播的過程中，聽到或者看到某則廣告的每一個人平均分擔到多少廣告成本。即使是網路廣告的計價方式，也是用CPM的概念。例如，一個廣告橫幅的單價是2元／CPM的話，意味著每一千個人次看到這個Banner的話就收2元，如此類推，10,000人次，訪問的主頁就是20元。有了每千人成本的數字指標，廣告主就可透過比較媒體的千人成本來選擇媒體。其計算公式為：

千人價格＝（廣告費用／到達人數）×1,000

基本上每千人成本本身只是一種比較的尺度，主要可運用在三種情況：

1.同一種媒體，不同時段或版面的比較。

2.同一種媒體，不同節目的比較。

3.不同媒體之間的比較。

在廣告預算的控管下，所有的廣告當然都會希望選擇每千人成本低的節目刊播，代表廣告刊播的成本低。

五、收視率每一單位成本（Cost Per Rating Point, CPRP）

所謂收視率每一單位成本指的是廣告成本除以收視率後的每個收視點成本，亦即購買每個收視點的成本，代表購買作業的成本效率。從廣告主立場來看，當廣告成本固定時，如果收視率愈高，收視率每一單位成本就愈低，就代表成本效益愈好；收視率若低，收

視率每一單位成本就高,就表示成本高。有線電視台成立後,因為彼此之間的市場競爭,為了吸引廣告主也為了強調刊播在其媒體中一定也有其效益,也提出「保證收視率每一單位成本」辦法。亦即廣告主先下單,如果收視率不足,電視台就只按比例收錢,或是將收視率補足才收錢,對廣告主非常划算。這樣的作法就是將廣告購買與收視率結合在一起,成為現在電視廣告最主要的交易方式。可以說「保證CPRP」制度,讓廣告主形成最有力的買方市場。

$$收視率每一單位成本 = \frac{廣告價格}{某節目廣告收視率}$$

六、SOM(Share of Market)vs. SOV(Share of Voice)

SOM指市場銷售的占有率,廣告主的產品銷售都希望占有最大的市場占有率,因為代表有愈多的消費者購買,所以當市場占有率高時,同時是市場的領導品牌。藉由SOM的概念,廣告界也導出一個計算及衡量媒體支出的公式,並以SOV來代表媒體(支出)的占有率,亦即希望在業界整體廣告量所占的比例,如果SOV大,表示廣告聲量大;而其大小的安排,通常與產品的新舊、市場占有率的情況有關。但是SOM的數字反映出的是市場的實力,SOV則不一定。當SOV多時,只能表示該廣告主的媒體預算夠多,但無法直接就保證SOM一定也多,畢竟市場中還有許多其他因素會影響到產品的銷售,並非只要打廣告就可以了。

貳、媒體效益調查

一、電話訪問

以電話號碼隨機抽樣方式，由訪員依照已經設計好的題目進行調查。目前常採用即時的電訪方式，亦即在節目播出中或節目剛演完的時候，打電話調查。其優點是花費低，而且可以減少受訪者回憶因素的困擾，而題目短，拒訪率相對也較低。缺點是調查時間受限，而且有很多人並未公布電話，對於這群人就不容易觸及，也不容易掌握收視者收視行為的變化。

二、留置日記

根據抽樣的結果，給予被抽樣的樣本戶一本紀錄表，類似日記本一樣，有清楚的日期與時間，通常以十五分鐘為單位，讓收視戶自行填寫家中成員的收視行為，每週將紀錄表交還調查單位。優點是可獲知收視戶中個人的收視行為，固定樣本並可提供收視的趨勢訊息。缺點則是無法分辨節目或廣告的收視率，也無法明確反映轉台的情形，另外有時會產生寫日記疲乏的現象，導致內容上也有誤差。

三、電子機械記錄

依照抽樣的結果，將個人收視記錄器安置於樣本戶家中，同時訓練成員使用代表成員編號的裝置，以電腦自動記錄統計收視資料。例如，家中有爸媽與兄妹四人，每個成員都有編號，假設為一到四。不論是誰在收看電視時，就將自己的編號輸入，如果離開沒有看電視時，就將離開者的編號消除，記錄器就會自動記錄傳回調查單位。可以明確知道有多少人在看電視、是誰在看電視、看什麼

節目內容、看多久。其優點是調查時間完全不受限制,可以辨識頻道、蒐集個人收視資料,並可分辨節目或廣告的收視率各自為何。缺點是花費高、樣本規模小,而且拒絕安裝率高;另外,樣本成員必須要配合度高而且熟悉按鈕操作,不然也很容易因為操作錯誤而產生不正確的訊息。

第三節　媒體策略

壹、媒體策略的概念

　　廣告是目的導向的傳播行為,有明確的目的也要有可行與有效的策略。媒體計畫既是廣告計畫的一環,自然也是要有策略的運用。基本上,任何目標的確定,都不能憑空想像,必須考慮到客觀條件和媒體本身的能力。例如,有些廣告主認為電視廣告最有效,傳播範圍也最廣,硬要把有限的預算投注在電視廣告上,其實實質的效果並不見得好,因為廣告是要透過目標對象接觸使用的媒體為主,而不是以一般大家經常使用的媒體為主。所以媒體策略就是讓廣告能朝正確的方向發送訊息,亦即說話的對象是正確的。

　　換言之,為達成眾所皆知、有效擊中目標對象的廣告效益,所採用的媒體方法就是媒體策略,亦即媒體所採用的行動方針。其過程就是在媒體之間的比較與取捨,畢竟預算是有限制的,如何分配預算在不同媒體上就是媒體策略的核心思維。這並不是意謂著一個好的媒體計畫與策略能讓差勁的廣告創意發揮效果,而是指一個好的廣告創意若沒有妥善的媒體計畫與策略的安排,其效果必大受影響與限制。因此,媒體策略就在於要選擇有效的廣告媒體,所謂的有效就是必須滿足以下幾個要件:

1.盡可能爭取目標大眾：這些媒體組合能涵蓋多大的目標市
　場？是否已經涵蓋足夠的目標對象？

2.賦予廣告訊息最大的能見度：這些媒體所揭露的廣告訊息是
　否能夠被目標對象所接觸？

3.在預算內有效控管廣告刊播：廣告費用是否足夠提供適度的
　廣告質感與數量上的充裕？

貳、媒體選擇的考量

　　隨著媒體發展的日新月異，媒體的選擇比以往更多，媒體人員
要如何有效地組合不同媒體特性並不容易，因為廣告訊息在不同媒
體上產生效果的速度與需要的時間也不同。在媒體的選擇方面，廣
告主為了能大量傳遞產品的相關訊息，一般都會採用大眾媒體，以
電視、報紙、雜誌、廣播四大傳播媒體為主。其特性在於視聽群眾
範圍廣、收視率高、傳播力強、消費者接觸多。另外一些DM、戶
外廣告、電視牆、型錄、POP等媒體，由於受眾的區隔性較明確，
一般常稱為小眾媒體，也是重要的媒體搭配。此外，許多的新興媒
體，如有線電視、電腦網路等也都是廣告運用的新媒體。

　　媒體部門的工作就是要根據媒體的特性與限制，讓各種媒體都
能做最有效而適切的利用。因此選擇時會自然考慮以下三個層面：

1.競爭性媒體之間的抉擇。

2.在選定某種類型的媒體之後，要選哪一家。

3.哪家費用合理或便宜。

　　換言之，在媒體成本猛漲的時代中，如何用最少的錢達到最高
的收視效益，包括購買哪些媒體、哪些時段、播出的頻率等，是媒
體人員重要的責任與專業的表現。因為一個好的廣告創意若沒有妥

善的媒體計畫與策略的安排,其效果必大受影響與限制。選擇媒體時,有下列幾項思維的考量可參考:

一、媒體屬性的廣告效益

不同的媒體有不同的屬性,相對影響到不同閱聽眾的收視群。例如,有些雜誌會被歸類為八卦雜誌、財經雜誌、流行雜誌、女性雜誌及旅遊雜誌等,電視頻道中也會因為節目內容與時段的區別而有不同的收視群。所以雖然廣告是要運用媒體讓大眾知道,但並非所有的媒體都適合。廣告人會建議廣告主依其產品屬性與掌握目標消費族群的媒體習性,選擇適當的媒體刊登。相對的,媒體單位本身雖然歡迎廣告刊登,但也非全無選擇性,例如,壯陽的藥酒廣告或色情廣告,即使給予再多的廣告費用,許多的雜誌仍會選擇拒絕刊登,但是這類廣告在許多八卦雜誌上常看得到。因為廣告雖與雜誌報導不相干,但在同一媒體中出現時,與媒體的品牌形象也直接有所扣連了。因此即使媒體的廣告業務非常競爭,維持自己媒體定位的形象界線仍是許多媒體經營者重要的考量。

廣告人選擇媒體時主要的考量,包括媒介本身的屬性、什麼媒體的特點可以充分表達廣告訊息,並使消費者容易接受、運用哪些時段或版面的廣告效益較高、媒體的表現能否與創意策略搭配、是否能充分表現廣告主題等。尤其與廣告主題的扣連很重要,因為不同主題的特點可能用某一種媒體會比用另一種媒體更能表達透徹。例如,要說明冷氣機的安靜無聲、汽車爬山涉水的功能等,必須用電視媒體才能表達得淋漓盡致。但是如果要新品發表鼓勵試用,廣告傳單或報紙、雜誌就可以提供剪角或來店送禮的功能。

此外,如果是運用報紙,頭版的版面最醒目也最容易接觸到讀者的視線;如果是廣播媒體,最好能將廣告安排在上下班的尖峰時段,因為此時的大眾運輸工具或其他交通工具通常會收聽廣播,以

打發無聊的塞車；如果是電視媒體，最好是八點檔的黃金時段，開機率最高；或者立即出現在節目之後或節目播出之前的一個畫面，因為觀眾通常是為收看節目而開機，在節目快播出前的幾分鐘，通常已開機或轉台等待了。

二、產品屬性與媒體屬性的扣連

產品有其生命週期與特有的產品屬性，因此選擇媒體時，也同樣要考量媒體的屬性是否能配合產品屬性。例如，產品若專打銷售的賣點與產品資訊，平面媒體自然是主要的媒體選擇，因為版面空間可以增多有關產品的文字訊息，而消費者閱讀的時間也可以自行控制，停留時間較久。如果化妝品、飾品、手錶、服飾等產品的廣告需要以高質感的畫面呈現品牌特質時，最好是選擇平面媒體中印刷精美、分眾明確的雜誌為主。百貨公司週年慶的促銷訊息著重在時效性的告知，選擇報紙媒體較有效。

如果以兒童為產品的廣告，就適合選擇電視卡通節目、兒童性的刊物；如果是促銷活動，戶外看板是很好的選擇。又如一般消費性商品常以電視、報紙、廣播、雜誌等媒體為主力媒體，而以戶外媒體、交通媒體、POP等為輔。換言之，產品的消費對象與媒體特性間的扣連，在於消費對象的媒體使用習慣與接觸的情況為何。

三、競爭對手的媒體安排

「知己知彼才能百戰百勝」一直是競爭的主要法則，在市場瓜分的爭戰中也是如此，雖然複雜與多元的市場生態中，知己知彼不見得一定百戰百勝，但是瞭解競爭對手的策略的確是協助自己擬定目標與策略重要的參考法則。在一個競爭愈來愈激烈的環境中，此方法的好處在於可與競爭對手相互較量。尤其當自己的產品屬於後進市場的品牌時，先進品牌的廣告排期、媒體的選擇、媒體廣告預

算的多寡等都可成為參考性指標。按照競爭品牌的廣告聲量,執行時可以有三個原則:

(一)搶得先機

指在刊播的時間排期上比競爭對手還早,例如,有些感冒藥固定在冬天時才推出廣告,你就可以提前在季節交替時就推出,提醒消費者注意健康。

(二)避開對方

當你沒有辦法與競爭品牌的財力相抗衡時,更必須要確認目標消費者媒體使用的習性,因為消費者不會單一只用一種媒體,如果競爭品牌密集主打消費者主要使用的媒體,你可以考慮主打目標消費者使用的另一種媒體(這也是媒體組合重要的策略思維)。另外,當產品上市旺季剛好卡到媒體旺季時(表示許多產品都同時在該時期要在媒體上刊播,你可能就須排隊或用更高價錢購買檔期),也可以避開熱門的媒體,改變媒體購買策略。因為與其擠破頭去爭取熱門時段或媒體,倒不如避開去尋找其他的媒體區塊;畢竟,客戶最在意的是有多少人能看到他的廣告訊息,如果能用其他的媒體來達到目標消費者接觸訊息的結果才是重要的。

(三)正面迎擊

採取正面迎擊的媒體安排,通常是雙方彼此都具有相當的財力支援。例如,可口可樂與百事可樂的廣告之爭,每年兩大品牌幾乎都會拍攝不同的廣告片競爭,並且幾乎會採相同的媒體播放。許多選舉活動中更常見正面迎擊的媒體安排,只要對方候選人用哪一種媒體文宣,另一方也會跟進,避免選民只有接觸到對方的訊息。又如2009年初開始,燦坤與全國電子的報紙廣告戰,一來一往都強調自己的產品才是真正最便宜。除了報紙,任何一方舉行記者會後,

另一方也會跟著招開記者會；一邊如果提供給消費者現金回饋，另一邊就加碼回饋。兩者之間一來一往的迎擊對手方式，目的就是要告訴消費者自己比對手優。

參、媒體策略思維

一個負責任的媒體策略，首先必須呼應行銷與廣告策略；第二

圖10-1 Nokia5500──跨欄篇

圖片提供：時報廣告獎執行委員會。

是瞭解目標消費者媒體使用習慣與生活特性,才能決定媒體的選擇與不同消費者的溝通模式;第三才是發想創意媒體及媒體創意。就通則而言,當市場占有率很小的品牌要成長,媒體曝光涵蓋範圍一定要大於目標市場群;如果已經是領導品牌,則要把重心擺在目標市場。其媒體的策略思維可以從幾個面向發展:

一、吸引視線為首要

在琳瑯滿目的廣告中,一定要讓消費者先看到廣告,才有可能讓消費者進一步解讀廣告。因為不只你的廣告有創意,別人的廣告也有創意,但是消費者的時間有限、心情不好、正在發呆等種種因素下,並不會公平對待欣賞每一則廣告的。因此所刊登的廣告最好能如同「鶴立雞群」般,醒目的、有差異性的引人注目。

例如,有些展覽會場以辣妹勁歌熱舞來吸引流動人潮對其攤位的注意;雜誌廣告中一些跨頁、連頁、立體式圖樣的設計都是跳脫廣告擁擠,加強讀者目光接觸注意力的好方法。又如劇情式的電視廣告強調只播一次,不斷地預告此系列廣告將在某個時間播放,並只播一次為話題宣傳,造成大眾對此廣告好奇,進而等著播放時間時收看這則廣告到底要播什麼。

此外,突破原有報紙版面的規劃與安排,使得讀者在不預期的版面,如要聞版、社會新聞版中看到廣告訊息,也是一種吸引視線的媒體安排(如**圖**10-1)。這樣的作法破壞新聞的屬性與版面的完整性,使讀者不經意中接觸到廣告。有些銀行、建商、飲料等規模較大的企業甚至以包頭版版面的作法吸引讀者注意,企圖營造品牌的氣勢,也讓消費者感覺該品牌花大手筆的廣告費用。有些人潮聚集的精華地段中,如信義區紐約紐約前的大看板、火車站前的大看板、南京敦化北路口的牆面等的大型看板,廣告製作也都具有吸引消費者視線的作用。

二、滲透媒體強迫吸收

　　要吸引閱聽眾的注意還可以用強迫性的作法，就是滲透媒體。例如，路障策略，在平面媒體中包下一個報紙版面讓你翻來翻去都只能看到其廣告；在電視中，把某一頻道的廣告時段全包下來，使你看該節目時，從頭到尾都能看到其訊息。這是一種強迫性的視覺接觸，只要你購買某一報紙或收看某一節目，你就會看到該廣告。滲透思維主要就是疲勞轟炸，希望將目標消費者一網打盡，透過大量訊息密度播送，希望廣告效果產生累積的效應，雖然媒體費用相當高，但是相對的廣告覆蓋範圍也廣。例如，南山人壽在推廣婦女終身保險時，買下幾本女性雜誌的頁碼版，在頁碼之後都印上品牌標誌，最後則在封底頁帶出主題式的廣告。強調南山人壽婦女終身保險才會一輩子寵愛你到底（如**圖**10-2）。

三、配合產品週期階段

　　產品有其生命週期，不同階段有不同的行銷策略與廣告目標，相對的媒體計畫也必須跟著調整。產品新上市的導入期，消費者對品牌的陌生可想而知，因此行銷目標自然要先建立品牌知名度，媒體安排的策略思維就要以目標消費者能接觸到廣告訊息為原則，也就是愈多人知道這個產品愈好，因此廣度的媒體安排成為考量的要點。產品的成長期意味銷售量上升，消費者會採用商品但是品牌忠誠度尚未建立，行銷目標要建立消費者的忠誠與鼓勵消費者的再次購買，常使用比較性廣告突顯自己產品的優勢與功能，強化消費者購買決策。安排媒體的思維在於要讓消費者有更多次的機會接觸廣告訊息，才能提醒或強化購買行為，換言之要加強其頻率的接觸，也就是考量媒體安排的深度性問題。

　　成熟期的商品銷售平穩或停滯，行銷與廣告目標在於鞏固客

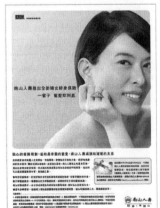

圖10-2　婦女終身保險──頁碼篇

圖片提供：時報廣告獎執行委員會。

群,因為市場上許多競爭品牌的出現,媒體安排的思維可以選擇目標消費者主要使用的媒體,作重點式的刊播,其作用是在提醒消費者產品的存在與產品的利益。產品如果進入衰退期,並決定從市場淘汰時,通常會配合產品的促銷出清活動,不會有廣告活動,相對的也無需任何的媒體安排。除非產品要重新改良或重新定位賦予新的產品價值與意義,媒體安排才會跟著產品重新出發。

四、交互運用媒體

媒體屬性既然不同,彼此就有截長補短的互補功能。策略思維時可以考慮將報紙、雜誌、戶外廣告、海報等視覺性媒體搭配廣播、電視等視聽覺媒體。視覺媒體直觀具體有真實感,聽覺媒體抽象但激起許多豐富的想像。或是將廣播、電視等一閃而過的瞬間性媒體(廣告訊息不易保留),搭配電視牆、印刷品、路牌等長效性媒體(廣告訊息保留期較長)。或是以熟悉的大眾媒體搭配促銷媒體,前者的傳播優勢在於面廣,後者傳播優勢在於明確的點。面與點的結合自然可以達到直接促銷的效果。目前最常見的搭配是電視與互動性高的網路媒體之間做跨媒體訊息的整合,例如,許多產品在電視廣告最後幾秒鐘會出現「請上網搜尋」,希望觀眾能上網搜尋產品更多的資訊,或是藉由網路上提供的互動遊戲,吸引受眾上網。

第 十 一 章

廣告媒體的購買與刊播

第一節　媒體購買

第二節　媒體刊播策略

第三節　媒體創意案例

Advertising
Communications

媒體企劃完成後，接著就是要實際去購買。企劃是內部的活動，但購買就是要走向市場和媒體做實際面對面的接觸與交易，企劃基礎可以以經驗法則或理論思維，但購買面對的是現實生活中的實際運作。

第一節　媒體購買

壹、媒體購買的概念

媒體人員掌握市場上的媒體資訊與各項特質，並幫廣告主設定媒體目標、發展媒體企劃與策略後，就必須實際與媒體單位接觸洽談媒體版面、時段與價錢的問題，這樣的過程就是媒體購買；所以媒體購買是媒體策略的一部分。雖然這個階段的工作已經屬於廣告傳播進行的後半段，其重要性仍不亞於前半段的企劃階段。因為購買與刊播的過程，必須能與媒體企劃搭配，才有可能發揮媒體最高效益。媒體購買的特質包括：

一、執行技術的表現

媒體購買是媒體企劃完成後實際執行的流程，在執行的過程中，是否能買到媒體企劃中所預定的目標，就是媒體購買的技術展現。換言之，兩者是相互的搭配性。如果空有企劃，卻沒有強而有力的媒體購買做支援，就會流於紙上企劃而無法付諸實現。在廣告代理業中，專門從事採購媒體的人，也是執行媒體企劃結果的人，稱之為「媒體購買人員」（Media Buyers）。例如，企劃中總收視率所形成觸達率和平均接觸頻率的搭配，是由媒體企劃人員決定，而此搭配的設定，會決定節目選擇的屬性和不同屬性的比例；例如

女性的目標對象,企劃設定為婦女節目60%,親子節目占30%,娛樂節目占10%。當媒體購買人員確認媒體企劃者的媒體目標後,不會去詢問為什麼要做這樣的比例安排,只是設法運用媒體預算在媒體市場中買到最便宜又高收視率的節目即可。換言之,企劃者根據節目內容、屬性與要達成的媒體效益做出規劃的方向與原則,但是購買人員則是在這個方向與原則上實際進行交涉與運作。

二、媒體議價

　　媒體的購買活動包括了與媒體的交涉協商,因為媒體會自訂一些標準的基本價碼,維持一段時間後,會隨著刊播的情形、季節等而有些變動。雖然有明確的價格,甚至也給了某些程度的折扣,但媒體購買者還是會尋求更進一步的優惠價格。因為幫廣告主以最便宜或最有利的方式購買所需要的媒體,就可以幫廣告主節省廣告預算的支出,或幫廣告主的廣告預算做更多的媒體刊播。所以,有時媒體人員可以爭取到折扣的版面或時段,或是版面的「買一送二」;亦即你購買一天的版面刊登,媒體單位送你兩天免費的刊登,換言之,你等於是刊登了三天的廣告,但實際上只支付一天的媒體版面費用。尤其電子媒體大都是協商過後才賣出去的,例如電視中「買一檔送一檔」,就是你只購買某一個時段某個節目中的廣告播放,但是電視台會另外免費為你在某個較冷門節目中免費加送一檔的廣告檔期。這種談判籌碼包括了某種程度的廣告量、特殊的廣告型態、特殊時段、套裝價格等。基本上,買到好的版面、時段與刊出日期的配合,比價格上的優惠來得重要,有時考慮的應該是價值,而非購買成本有多低,才是專業的表現。

三、監播廣告品質

　　廣告的刊播效果與媒體刊播品質之間有絕對的關聯性,一般而

言，媒體本身的刊播品質都應該可以讓廣告有最好的呈現。但是科技硬體的東西也有許多時候會出現狀況，例如印刷色調模糊，導致廣告文案與產品呈現的視覺效果大打折扣；又如訊號傳遞中斷，讓正在播放的廣告也隨之中斷；或如地方有線電視系統自攬廣告，將原本的廣告給覆蓋過去（即所謂蓋台廣告或插播廣告），讓觀眾只看到原本廣告的一半。雖然媒體單位並不會經常發生這樣的事情，但是這些狀況都有損原本廣告要呈現的內容與品質，自然會影響廣告效果。所以媒體人員就要在確認的廣告刊播時期內，監看自己負責的廣告是否有如期如樣的刊播。如果真的發生媒體出狀況的現象時，媒體單位也會表達補救的誠意，例如補刊播，或退費，亦即提供媒體人員希望選擇要補刊播的時段或版面的優先權。

貳、媒體購買的執行

一、媒體購買者

　　媒體購買通常是廣告計畫執行的重要關鍵，廣告主必須決定由誰實際執行購買的動作。目前負責購買者通常可分為三種：

(一)廣告主直接與媒體單位接洽購買

　　有些廣告主因為有行銷部或有專人可負責廣告，所以自己創作廣告也自己接洽媒體單位購買刊播時段。有時也會只需廣告公司的企劃、創意與製作廣告，但是自己主動接洽媒體單位。因為媒體刊播的高昂貴費用，有許多廣告主希望是自己的專員負責。另外，在媒體競爭的生態下，許多媒體單位也都另外成立廣告部、業務部或服務部，負責製作廣告，並有專門的業務員與廣告主接洽，省去廣告代理業的服務費或佣金的收取。例如廣播媒體的廣告業務人員就會經常與廣告代理公司保持密切聯繫，隨時提供節目新資訊，如收

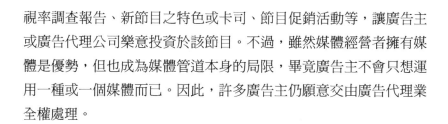

視率調查報告、新節目之特色或卡司、節目促銷活動等,讓廣告主
或廣告代理公司樂意投資於該節目。不過,雖然媒體經營者擁有媒
體是優勢,但也成為媒體管道本身的局限,畢竟廣告主不會只想運
用一種或一個媒體而已。因此,許多廣告主仍願意交由廣告代理業
全權處理。

(二)廣告代理業中的媒體服務

媒體部門一直是廣告代理業中可以收取最高利潤的部門,提供
的服務會整合廣告計畫與策略的需求,屬於整體性的計畫表現與購
買。而且平常都有掌握各類媒體的資訊與分析,對於媒體現況的掌
握比廣告主清楚,選擇媒體的判斷力也會比較專業。另外,因為是
屬於整體廣告計畫的一環,對於整個廣告活動的成效為何,也比較
有利於廣告主的評估,而決定是否繼續與該廣告公司合作。

(三)媒體購買中心

在電視媒體開放前,是媒體主導的賣方市場;廣告代理業在此
雖有相對較為自主的餘地,但對媒體的依附性仍然存在。解嚴後跨
國廣告資金進入台灣,也改變廣告公司內部組織,因為為了擺脫對
媒體的依附,爭取更進一步發展、更多的自主權,媒體購買業務也
紛紛由廣告公司分出向外獨立。以集中購買方式展開另一波競爭,
媒體集中購買公司於是相繼成立,形成最有力量的買方市場。媒體
集中購買最主要的優點在於以量制價,由於發稿量大,可增加與媒
體談判時的優勢,例如要求媒體單位給予價格上的優惠,或版面、
時段的挑選等,有助於提高廣告效益。不過實際操作上,從談判得
來的各項優惠結果,並非所有的廣告主都可能享用得到,因為有些
廣告主的加入只是提供了媒體集中購買公司談判的籌碼,並沒有享
受到所有的優惠。不過基本上,透過媒體集中購買的專業服務,可
以讓廣告主更有效運用廣告預算,規劃完善的媒體組合。

二、購買程序

　　媒體購買關係著廣告是否能如期刊播，因為在競爭的產業生態中，許多事情不會盡如人意，例如當你想要買電視某個節目的時段播放時，已經被別的廣告主買走了，這時就必須有別的方案應付此狀況。顯現出媒體購買時間過早與過晚都不適宜。基本上，購買媒體就等於是預約廣告主所想要使用的廣告時間或空間，然後再把廣告送交刊播媒體。因此為了確認彼此的責任，電子媒體會要求先填一份托播單，上面有出現的時間以及位置等詳細資料，之後會再給予一份確認書，確認雙方同意遵守約定。平面媒體則會在廣告正式刊登前給予一份樣張，以便檢查廣告有無錯誤。茲就一般基本程序介紹如下：

(一)電視媒體

　　電視媒體單位中的廣告部門，主要有三組人員與媒體購買的業務有關。主要是：

1. 業務人員：負責招攬廣告以及接洽廣告排期表方面的文書流程。
2. 企劃與製作人員：負責擬定業務提案內容、設計廣告銷售專案、提供廣告影片拍攝服務。
3. 廣告處理作業人員：負責廣告影片播映的排期及廣告影片管理。

　　基本上，電視廣告主要以十秒為單位計價，廣告長度則為五秒的倍數。電視台通常會在每個月的節目表中列印廣告價目，並以「單買價格」與「優惠組合」兩種方式計價。「單買價格」指該檔節目的單一定價，可單獨銷售，但個別單價的總和較優惠組合為貴。「優惠組合」就是套餐式的銷售，亦即買熱門時段的廣告要搭

配冷門時段廣告,相較之下單價較低,但是針對目標閱聽眾需求的檔次選擇彈性也較低。亦即,熱門時段的節目可以明確的觸及到目標閱聽眾,但是一些冷門節目的收視群可能不是你想要訴求的目標對象。通常優惠組合的方式會每個月改變,組合方式也沒有一定的規則可循,不過通常較熱門的節目必須搭配購買較多的節目。

在有線電視中,每一小時節目可播放三百六十秒的廣告,廣告長度以五秒為一單位,最短為十秒,最長則不限。其廣告販賣的方式主要有三種:第一種是廣告檔次與秒數的販賣;第二種是外商常用的保證CPRP(每個收視點的購買成本)購買方式,亦即以收視率來計價;第三種是目前運用廣泛的專案銷售方式,亦即由電視頻道的廣告企劃人員為客戶量身訂做,將客戶的產品與頻道內適合的節目做不同方式的搭配與運用,以其提高更多的廣告效益。有些作法是廣告節目化,或是直接將整個時段賣給廣告主,製作廣告節目化的內容。

一般而言,電視台通常希望客戶能在十天前就訂購播放時段,並在上檔七天前將廣告帶送到電視台。由於有線電視競爭激烈,因此電視台會給予免費的檔次贈送,並配合廣告主與廣告代理商,做更細節的媒體服務。例如有時廣告主如果辦產品相關的公關活動,可能會出機採訪作新聞報導。為了積極接洽業務,許多電視台還專門設置了所謂的專案部門,專門負責和廣告主洽談合作空間與合作型態的進行。主要的購買程序,以無線電視媒體為例包括:

1. 排Cue表:指媒體購買人員與電視台人員進行預定檔次的安排。

2. 托播:電視台會給予托播單,上面有廣告要出現的時間,必須有客戶的簽章認可。

3. 作業期:通常下午五點前的節目,廣告在前一天截稿,而五

點後的節目，當天作業，所以有時間的緊迫性。

4.異動：有時因為業務員為了協調秒數，致使原本的計畫生變，例如因為沒有買到時間的情況下，隔日由原本在配檔的廣告挪到主檔（指好節目或收視率高的節目），作為補償。

5.播出帶準備：最遲在截稿當日繳交，且須附新聞局的核准執照。

6.結帳：就當月播出的檔次，電視台會開立播費單，有明細說明費用。

(二)廣播媒體

預定廣播廣告的時段通常需要在三個星期前，如果節目愈熱門就要愈提早預定。廣播廣告稿則在上檔前一星期要送進電台，取消預定也要在十天前。不過除了少數的幾家電台（中國廣播公司、ICRT、飛碟等），大部分的廣播電台很難完全按照一般廣告作業方式處理，而是經常由獨立的節目製作人主動洽購。因為在競爭激烈的媒體生態下，廣告主的媒體規劃似乎已經把廣播媒體邊緣化了，導致許多電台廣告業務承攬不易的情況下，很多都走向節目廣告化或藥品類廣告為主。一些較制度化與經營規模較好的電台，則將其廣告業務費用與價格都詳細的刊登在網路上，還包括各電台自己的收聽率，可作為媒體規劃與購買的參考。

(三)平面媒體

平面媒體購買中，報紙的版面通常要在一個月前進行，上稿前五天要交完稿，取消預定版面要在十天前完成。不過如果當版面搶手或時期熱門時，即使是先預定也未必保證一定有版面刊登，因為報社在無預警的情況下臨時抽稿的情形時有所聞。不過通常也會在事後給予多一些的補登補償。雜誌的購買價格變動性頗大，因為除了各雜誌定價表上的公開定價外，雜誌社通常會給客戶折扣，而且

折扣量與刊登的頻次之間成正比，亦即刊登愈多，折扣愈大。不論是報紙或雜誌，現在都很願意配合廣告主進行媒體創意的安排，製作一些特殊的創意版面（如煙囪型、特殊尺寸、特殊切割、多重版面等），不僅有助於產品的視覺吸引，對媒體本身而言，也是版面編排的突破性，有時也增加了版面的美感與變化。

第二節　媒體刊播策略

完成了媒體企劃的主要步驟後，在最後媒體購買階段中的一項重要工作就是安排具體的時間表。其中主要牽涉的時間表包括時間策略、排程策略、有效刊播頻次策略與檔期概念。

壹、時間策略

指的是廣告主推出廣告的最佳時間，因為並不是每個消費者在任何時間點都等著收看廣告，因此廣告主必須要找到消費者最想收看廣告的時間點與地點，也就是消費者最佳接觸廣告訊息的時機點。考量因素可以是季節因素，如冬夏季節的差異，熱賣商品自然也有所不同。冬天主打火鍋料或熱飲的廣告，夏天則主打鮮奶、優酪乳或冰品廣告。也可以是月份的考量，如觀光旅遊景點、電影等產品會針對學生的七、八月份的暑假生活，推出相關的產品。或是考量一天中哪個時段播放最佳，例如針對家庭主婦的產品廣告，適合選擇白天的節目播放，如果是針對學齡兒童的產品廣告，則以晚上六至七點放學後的卡通時段節目最適合。不論排定的是哪個時間點，最重要的原則就是廣告曝光最佳時機點的概念。

換言之，產品本身就有其屬性，有些產品的季節屬性鮮明，自

然以其適當的季節時間主打廣告才有其效益。另外，閱聽眾接觸媒體與廣告的時間也有別，不同閱聽眾的生活習性與媒體使用習慣不同，想要觸及不同習性的閱聽眾，自然就有不同的時間考量。

貳、排程策略

媒體的排期就是推出廣告的總時程表，以及各個區段的廣告預算分配。常見的有以下三種：

一、連續法策略

在一定的廣告期間內，媒體露出的狀況呈現持續性的，亦即在廣告推出期間裡的各個區段中，都給予相同的廣告媒體預算，使廣告訊息維持一定程度的露出。通常採取此法的商品具有充沛的財力與資源、產品的消耗週期較短、屬於衝動性的購買商品、正積極擴展產品市場者，或是積極建立品牌形象者。

二、脈搏法策略

依據人的脈搏跳動原理而產生的思維，亦即當人的脈搏跳動高時，是目標消費者的廣告曝光最佳時間點，就可以多密集強打一些廣告，以增加廣告的聲量，進而增加品牌印象。如果脈搏跳動低時，就應該少刊播廣告。決定何時是脈搏高與低的時間點，與當下所推出產品的目的有直接關聯性。例如麥當勞每當要推出新產品或有促銷活動時，就會多增廣告預算，就會密集主打該則廣告，屬於高脈搏的媒體刊播；但是平常仍有一些例行性或企業形象式的廣告刊播，屬於低脈搏的媒體刊播。換言之，脈搏法策略的原則是所有時候都登廣告，但是在不同的時間裡會有廣告量上的差異。

三、間隔法策略

在一定的廣告期間內,媒體的露出是間斷的,亦即採取的刊播策略是有時登有時不登的作法,適合運用在廣告時程較長的宣傳活動中。其原理主要是因為消費者對廣告的印象會隨著廣告密集刊播而累積,會持續記住該則廣告一個時程。但是當廣告不播後,此記憶時程也會逐漸消退,此時就適合再播出廣告了;這也是所謂的廣告遞延效果的概念。通常採取此法的產品特色為:經費有限、季節性產品、購買週期長的商品或是審慎購買的產品。

參、有效刊播頻次策略

廣告媒體既然能夠廣而告知,一般概念中總希望自己的產品廣告有更多機會曝光在消費者的視線。但是因為廣告預算的有限,再加上過度密集播放的廣告也可能引發消費者的排斥、拒絕甚至反感,所以愈多的播放並不會與廣告效果成正比。究竟應該以多少的頻次才能讓廣告有效,其實也牽涉到產品購買週期、訊息的複雜程度、競爭的地位與傳播、品牌知名度及媒體的特性等因素,因此沒有定論。

Herbert Krugman曾提出「三打理論」,指出廣告要發生效果,廣告訊息要讓目標對象至少接觸三次,消費者才會對產品有印象,進而產生效果。因為通常當消費者只暴露於該廣告一次時,無法產生印象,只是會好奇「那是什麼?」。如果暴露兩次,消費者對該廣告或產品訊息就可能會產生一些粗略的印象,而有「它是關於什麼」的反應。如果三次暴露,就有可能發揮想起的功能,才有可能產生有效的廣告傳播。但是如果暴露廣告達到某一定程度的頻次後,其暴露所產生的價值會開始遞減;暴露過多的頻次,也可能會使廣告毫無效果,並可能產生負面反應的結果。簡而言之,此理論

的思維主要強調,在購買週期裡,必須要對消費者展開三次有效的接觸才有可能發揮廣告效果。超過三次以上可能會發生浪費的現象,低於三次則無法跨越廣告溝通的門檻效果。但是並非指在特定的時間裡只要打三次廣告即可,因為三次的觸及都必須是有效的接觸才行,所以刊播的次數不僅止於三次。

肆、檔期概念

媒體人員購買與刊播媒體單元的過程中,常會使用檔期的概念,其實就是具體的媒體安排時間表。亦即在一段特定時間裡,重複某個媒體使用單元的次數,每次之間的間隔是多少?例如是要每天見報?還是只有週末?電視廣告要買多少檔?購買時的依據如:「十五秒鐘的廣告,使用晚間談話節目單元,連續一個月不間斷。」亦即,在整個特定的時間內(如一個星期、一個月或一季),使用某種媒體的時間及次數安排。又如安排在「每天下午五至六點鐘東森幼幼頻道的卡通節目單元,廣告每次三十秒鐘,每日出現四次,每週共二十八次。」、「使用收音機週六、週日的中廣流行音樂網排行榜的節目單元,每日三次,一次二十秒鐘。」這些思維就是廣告究竟要持續多久的概念,其影響的因素包括廣告預算的多寡、消費者產品購買的間隔,以及競爭者的廣告檔期安排。

第三節　媒體創意案例

隨著媒體類別的多元,廣告之間的競爭也不再只是廣告訊息創意的競爭而已,如何在版面或時段的安排上也有創意性的表現,挑戰著廣告媒體人的思維,其重要性不亞於訊息創意的展現,媒體創

意也成為整體廣告計畫中重要的一環。所謂的媒體創意就是媒體加上創意製作的複合體，主要是源自於對媒體特質的強化，以及對訊息內容的需要而產生，亦即創意性的媒體使用。但並不是為了媒體創意而進行形式安排上的創意。因此為了要讓媒體創意有價值，通常會考量幾個思維：(1)目標對象的聚焦性是否因此而提高？(2)廣告訊息的接觸度是否因此而增加？(3)廣告訊息的瞭解度是否因此而強化？(4)廣告預算的分配是否最有經濟效益與價值？(5)廣告媒體的安排是否具有衝擊性與話題性？以下敘述幾個具有創意性的媒體安排案例。

壹、戶外媒體的創意

戶外廣告媒體已經有別於以往只是一些看板、旗幟或汽球等刊載品牌訊息的暴露而已，現在已經有許多的戶外廣告不僅更能有效吸引消費者的觀看，有些甚至引發媒體報導，增加免費的曝光效益。常見的創意思維如下：

一、創造情境的互動性

戶外媒體的互動主要是能讓目標對象直接進入該訊息或產品所塑造的情境中，讓目標對象有更直接與貼切的感受。例如，IFAW國際愛護動物基金會希望阻止非法捕獸夾獵殺野生動物，把許多張著鐵牙的捕獸夾放在王府井步行街上，希望喚起大家能設身處地為動物想一想牠們的處境。引發的反應包括有些行人想要踩踩看，有些人則是對捕獸夾上面的銳利鐵牙難以置信，有些人則蹲下來仔細閱讀夾上的文字說明（如**圖**11-1）。這些過程都讓廣告與受眾之間有了積極性的互動效果。

H/L: 捕獸夾放在這是非法的! 如同中國有**14000**個捕獸夾仍在非法使用中! 一同阻止非法捕殺野生動物, 請登陸www.ifaw.org

發布地點: 北京王府井步行街

為了喚起人們對野生動物的保護意識, 廣告通過換位思考的概念"想想如果你是動物"來揭示野生動物每天面臨的處境, 提醒人們今天的野生動物生存在水深火熱之中; 要想阻止非法捕殺野生動物, 需要你我一同努力!

International Fund for Animal Welfare

圖11-1 IFAW國際愛護動物基金會──捕獸夾篇
圖片提供:時報廣告獎執行委員會。

二、擴展實體性的視覺效果

為了吸引過往路人的視覺焦點,有些戶外媒體的訊息創作突破原有的看板版面規格,能有效吸引路人注意。如**圖11-2**中的伏冒加強錠廣告,當你感冒戴著口罩時,難免仍會有打噴嚏或咳嗽的時候,這時具有鬆緊帶彈性的口罩就有可能因此而彈出去。彈出的口罩不僅突破看板規格內的尺寸,也告知受眾伏冒加強錠對感冒的功效,為視覺的吸引力加分。

三、產品融入媒體的一體性

戶外媒體類別的多樣化,相對地也讓創意發展有多元化的空

間。以往戶外媒體只是產品或服務訊息的載具,但是現在的媒體創意已經將產品或服務有效的融入媒介中成為一體性。如圖11-3中台灣血液基金會想要告知大眾捐血並不難的觀念,因此製作一個購物袋,上面有捐血袋的圖樣,而其把手則做成像輸血管一樣。由於大部分的人逛街時習慣用手臂吊著購物袋,因此當有人拿此購物袋逛街血拼時,就能營造出每個人都可以隨時隨地、輕輕鬆鬆的進行購物與捐血。文字、視覺與媒體的一體性相輔相成。又如圖11-4中,普拿疼速效錠利用捷運站所設的警示燈作為腦的反應表現,呈現兩種意涵:一是如果有感冒徵兆通常頭會抽痛,好比警示燈一閃一閃;一是提醒消費者,頭痛隨時會來,要隨時準備好普拿疼速效錠。讓媒體與產品融為一體,展現媒體的創意思維。

貳、期待的心理機制

泛亞電信早期推出幾支密集CF,其中包括PHILPS X-989手機及菜鳥老鳥篇三年來的完結篇。所有相關的廣告基本上是一個配套的促銷活動,為了配合PHILPS X-989加上泛亞門號,只要6,200元而推出的廣告行銷計畫。為了吸引消費者的注意,該系列產品以即將推出只播一次的廣告訴求,造成大家的好奇與不相信。因為製作一支CF成本,原本就很高,如果只播出一次,平均成本實在太高並不划算。所以許多觀眾都抱持懷疑與好奇的心情期待該系列廣告只播一次的刊登。而為了「只播一次」的訴求,廣告主也拍攝密集的告知性廣告,以系列廣告完結篇將在這一次中播畢。所以想要觀看的觀眾必須鎖定TVBS、TVBS-G、TVBS-N及ERAnews頻道,共同聯播「泛亞廣告創世劇」(共五集)。明顯的,該系列廣告仍透過傳統手法做先鋒,再搭配只播一次的口號,的確製造新聞的話題性。但是該系列廣告雖在電視上只播一次,網路仍有刊播,所以如

圖11-2　伏冒加強錠──口罩篇
圖片提供：時報廣告獎執行委員會。

果想再看到這五集影片只能上網去觀賞。所以實際上消費者如果想
看該系列廣告，並不會真的只有一次機會。不過在電視與網路媒體
的結合下，廣告媒體的運用不僅展現創意，也呈現跨媒體間所共同
呈現的加值廣告效益。

　　另外，藝人豬哥亮因為欠債風波而退出幕前很長一段時日。
在2009年初時就開始釋放有意要復出的訊息，家電業者就請豬哥亮
代言，並請范可欽作廣告導演，讓廣告的話題性大增。新聞分別訪
問范可欽與豬哥亮，知道他將扮演電器醫生等不同造型的演出。導
演以其拍攝過程中的許多笑點與爆點吸引記者的好奇，而豬哥亮則
是用告白心情陳述並且畫面出現「感謝你們，請期待我的廣告。」
引發觀眾的好奇與期待，其話題性明顯增加觀眾對廣告的期待心
理。但事實上，每一個步驟話題都經過精心安排，展現行銷的創意
思維。

Title : Blood-Donation shopping Bag

Headline on the bag:
Saving a life is as easy as going shopping. (The words "give blood" in Mandarin are slang for "going shopping")

The handles of this re-usable shopping bag are made to look like blood transmission tubes, and connect to the blood pouch design on the bag. So when people carry it on their arms, it creates an image of blood transmission, as if they are donating blood anywhere anytime. This design conveys the message that donating blood can be just as easy as going shopping, encouraging people to donate blood more often.
In the headline, "shopping," which is written as 血拼 with the word "blood" in it, makes the headline a perfect match with the bag design.

圖11-3　台灣血液基金會──血拼袋篇

圖片提供：時報廣告獎執行委員會。

創意說明：

台灣捷運設有警示燈，當列車即將進站，地上的警示燈就會閃爍，這個創意表現，結合警示燈與臉部側面剪影，藉以提醒消費者：頭痛隨時會來，別忘了準備【普拿疼速效錠】。

圖11-4　普拿疼速效錠──警示燈篇

圖片提供：時報廣告獎執行委員會。

參、懸疑廣告與網路媒體連結

現在的廣告已經不再只是傳遞商品訊息而已，還希望透過廣告引發消費者對廣告的討論與參與，讓廣告本身也成為產品的一部分。例如「誰讓名模安妮未婚懷孕」的廣告表現，以安妮已經懷孕為焦點，想要探究四位社會上有身分地位的男性，包括醫生、模特兒、富商、經紀人，究竟誰才是孩子的爸爸？一開始就引發觀眾的好奇心，因為廣告就一直不斷地重複「誰讓名模安妮未婚懷孕」的消息；要知道答案的就必須利用Yahoo!的搜尋引擎。這個懸疑的廣告可說是成功的前導性廣告，因為透過這樣的活動設計，廣告就相當於是遊戲的開場，網友必須要到Yahoo!奇摩的搜尋介面找答案。只要一進入就會跟隨這個遊戲進行偵探蒐集的工作，一步一步找有效情報進行解碼找問題的解答。過程中，自然就會慢慢習慣與熟悉Yahoo!奇摩的搜尋介面，達到產品廣告的目的。這則廣告呈現出網路與電視媒體平台之間的連結力與整合，由於該產品的主要目的仍是希望網友透過答題參與活動，因此先藉由網路宣傳活動告知網友外，再透過電視廣告的大力宣傳引發更多消費者的參與，也證明了電視廣告告知的效果不可忽視。

肆、多層夾心的媒體刊播

劇情式廣告吸引觀眾的主要原因就是戲劇的張力，如果在故事架構中能將產品自然的融入，更有助於消費者對品牌的印象。南山人壽即以迷你連續劇呈現的手法，拍攝十集「尋找大提琴」的廣告，密集在各大頻道播出，同時在MSN入口網站及南山大眾網站上分期播放。播放時並非一次連續刊播，而是在同一廣告時段中，可看到三至四小則的片段劇情，但每小則廣告之間都有其他廣告主

的產品廣告穿插期間。所以每小則廣告都等於是未完待續,觀眾可
能還在好奇納悶的同時,視線雖然已經接觸到另一則廣告,但是接
下來又接續同手法的另一則廣告,所以觀看的心情與想知道答案的
心情又會被帶回來。但是一樣的未完待續,一樣的好奇不解,一樣
的接續廣告。可以說是將一則長篇廣告切割播放,吊足觀眾胃口。
但因為南山人壽的企業標誌與相關訊息只屬於道具背景的一部分,
並未成為觀眾對故事解讀的干擾因素,所以可以維持觀眾對故事的
好奇感。這樣的媒體播放方式已經不只是三明治的刊播而已(亦即
將一則較長的廣告影片剪輯成二至三段各十秒或十五秒的廣告播
放,中間只穿插一則其他產品的廣告),可算是多層夾心式的媒體
安排了。

伍、置入性廣告

廣告目的是介紹產品,因此不論廣告拍得再有創意或吸引人,
閱聽眾心裡對產品仍然容易產生一層防衛機制。但是如果將產品帶
進目標對象喜歡收看的節目,在戲劇中加入一些商品作為道具或對
白,讓產品成為演員與劇情中的一部分,觀眾的接受度自然會提
高,而且也會因為認同主角的情感,購買主角所用的產品而成為自
己生活的一部分,這就是目前流行的置入性行銷與廣告。從其操作
的概念上來理解,「產品置入」(Product Placement)就是以付費
方式(目前價碼大概一集需要三到五萬,有些甚至更高),有計劃
的將產品訊息放置於電視節目、新聞或電影中,搭配節目內容或電
影戲劇的情節走向,讓觀眾投入劇情的同時順便接收產品的訊息,
以減低觀眾對廣告的抗拒心態。

這是一種以低涉入度的感性訴求方式,也是目前廣告主很喜
歡、電視台很開心的雙贏策略。尤其在電視偶像劇方面常見產品置

入性的行銷手法，讓觀眾在不知不覺中熟悉產品的形象，產生購買行為。三立電視台還成立行銷創意部，根據客戶的需求將產品適時置入在所需的節目內容中。例如《台灣龍捲風》曾為了臍帶血客戶，在劇情中寫了一段臍帶血的行銷方式；《金色摩天輪》演員則全拿一樣的手機、喝同牌子洋酒；《娘家》的彭大海豬腳成為熱賣商品。為百事可樂代言的F4，在偶像劇中從不喝除了百事可樂之外的飲料；楊丞琳代言麥當勞漢堡，連上綜藝節目都要特寫漢堡包裝紙；《我的秘密花園》中，男主角張天霖在劇中喝的都是黑松飲料，黑松還推出「天霖純水」；《愛情魔髮師》借到兩家台中髮廊，從劇情到實景都融入；海洋公園投資《海豚愛上貓》。不過這類的媒體安排通常需要更細膩的表現，才不會引發戲迷的反感。

除了一般廣告主外，政府也經常以置入性行銷的手法在一些節目中置入一些宣導政令的廣告訊息。例如民視《親戚不計較》、三立《鳥來伯與十三姨》等鄉土劇中，經常成為政令宣導的置入節目。基本上，置入性廣告的操作策略有三：

1. 純視覺影像的置入廣告（Screen Placement）：亦即主角的服飾或所用的用品等，在螢幕前呈現，但不會刻意強調。
2. 純聽覺符號的置入廣告（Script Placement）：亦即將產品置入於腳本台詞之中，但不會有畫面的出現，只有聲音。
3. 戲劇情節置入（Plot Placement）：將產品設計成戲劇情節的一部分，結合視覺與聽覺置入，增加其戲劇的真實感，是這三種方法中最有效的一種。

陸、媒體整合運用

一部新電影要上映前的廣告手法主要包括，放映時運用報紙電

影廣告版的制式規格刊登放映消息、運用公車的車體廣告、剪輯廣
告影片中吸引的劇情畫面在電視上播放、男女主角協助宣傳的記者
會、試映會等。有些影片的廣告手法與媒體刊播，在廣告訊息的製
作與媒體的刊播上做更多的結合。例如輔導級的恐怖電影《雙瞳》
宣傳期就比其他電影多約兩到三倍，且分為三個宣傳階段：階段一
是神秘期，大量運用海報與創意文宣，廣告訊息主要是渲染整部影
片神秘的低調氣息，以吸引民眾的注意；階段二是靈異現象的曝
光，主要將焦點集中在名字上，並運用互動式網站、電影網站及戲
院廣告的方式宣傳；階段三是電影名稱大量曝光，不僅製作大量的
文宣、車體廣告等，並配合電視廣告，讓民眾大量接觸到《雙瞳》
的相關訊息，打響知名度。廣告的刊播運用三明治的手法將三十秒
的預告片剪輯成三段十秒的短片，不詳細說明電影的內容，藉以製
造懸疑、神秘的感覺，吸引更多民眾的好奇心。另外，廣告時段與
頻道的選擇也以洋片台為主，避免在國片台播放廣告而認為《雙
瞳》是普通國片的感覺。此外，媒體購買的部分也與一般電影廣告
方式不同，買下一連三天的《自由時報》社會新聞版的廣告版面，
並以新聞稿的方式描述離奇死亡的事件。同時也買下各大報及各雜
誌的廣告版面，做大量的媒體披露，成功的為此部電影打響知名
度。

第十二章

廣告媒體與社會

第一節　廣告、媒體與閱聽眾

第二節　媒體購買框架

第三節　廣告與倫理

Advertising
Communications

🎥 第一節 廣告、媒體與閱聽眾

壹、廣告與媒體的關係

一、廣告依附媒體發展

就廣告業與媒體的組織互動而言，廣告業是伴隨大眾傳播媒體的發展而興起的，沒有廣告媒體也不會有廣告代理這一行業。因為廣告主與媒體單位的互動關係通常是間接，而且是透過廣告業為中介在進行的。因此廣告主要在媒體刊登廣告自然必須支付媒體費用，其費用價格通常也不少。在經濟景氣好的時候，許多廣告主不怕付錢，只怕沒有媒體版面或時段檔期可以刊登。尤其早期（指解嚴前）在有限的媒體資源下，就算有錢要登廣告也要排隊或靠人際關係。也因此讓媒體單位在與廣告代理業（或廣告主）的交易互動關係中扮演主導的角色，對於廣告刊播的媒體費用與版面握有主要的決定權，可以討論或議價的空間幅度不大。

一般在廣告代理公司跟廣告主收取的費用中，媒體佣金占其營業收入的七成左右，其他廣告企劃與製作等的實際收入則占三成左右。對廣告代理業而言，媒體佣金是維持營運的主要收入。而廣告刊播的媒體費用對於大多數媒體經營者而言，也是一項重要且主要的經營收入。早期報紙、雜誌等平面媒體大概有一半的收入必須要靠發行收入，另外一半需要靠廣告收入支撐。電視、廣播等電子媒體則幾乎都是必須完全靠廣告收入。可以說如果沒有廣告費用，大部分的媒體經營可能都會面對關閉的危機。因為光是靠訂戶或零售報紙與雜誌，並不足以支付經營一份媒體所需要的人事、印刷、通路等費用。此外，廣告的刊播除了有助於媒體的財務收支外，其創

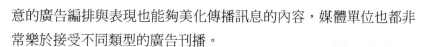

意的廣告編排與表現也能夠美化傳播訊息的內容，媒體單位也都非常樂於接受不同類型的廣告刊播。

在媒體主導價格的時期中，廣告業務與新聞處理往往是區分的相當清楚，亦即當你看報紙時或電視新聞時，你可以明確的知道與判斷出，這是一則具有新聞價值的新聞，換言之，廣告和大眾傳播媒體彼此間原本只是一種依存的關係。但可以顯示出，廣告業扮演串聯起廣告主與媒體的角色，具有獨特的代理功能與中介位置的意義。

二、廣告主導媒體內容

早期在三家電視台、兩大報系仍位居台灣主要媒體的情況下，媒體具有相當程度的主控性，決定怎麼刊播及刊播哪一個廣告主的廣告。但隨著民視無線電視台、有線電視與廣播電台的開放以及網際網路的興起，使得原本獨占的優勢喪失，失去以往賣方市場若干壟斷的好處。因為在媒體的多元發展下，不僅廣告主選擇媒體類別與機會的增多，媒體彼此之間為了吸引廣告主刊播廣告也展開激烈的價格競爭，提高了廣告主在交易互動過程中的主導權。基本上，廣告主與媒體一樣都在面對市場，只不過廣告主以產品、品牌面對市場，媒體則以各式各樣的節目或報導內容面對市場；因此媒體就必須以更好的收視率、閱讀率或點閱率，代表所謂相對多數的閱聽人市場吸引廣告主刊登廣告。此外，媒體為了爭取廣告業務，許多以公關活動或事件行銷等廣告似的新聞也逐漸占據新聞報導的篇幅。有些是作為人情的交換，有些則是以此為誘因吸引廣告主，並逐漸演變成一種類型廣告，包括報導式廣告、廣編特輯、置入性廣告。

另外，在消費者消費意識高漲下，任何與消費相關的資訊也成為消費大眾關心的重點，進而成為大眾傳媒必須採訪報導的重要新

聞。可以說彼此之間的買賣關係（廣告主買版面或時段，媒體單位賣版面或時段）從以往的賣方市場轉換為買方市場主導。也造成在廣告代理服務的運作中，專業媒體購買中心的成立，顯示出要購買哪些媒體刊登的複雜度更高、更專業外，也讓媒體購買中心有更多的媒體預算可以與媒體單位議價。

貳、廣告與閱聽眾的關係

一、媒體販售閱聽眾

　　大眾媒體是以各類型的節目或新聞報導為主，面對的是各種特質的收視閱聽眾，而廣告主希望將產品訊息傳送給這些不同特質的消費者。因此媒體是廣告主要運用廣而告知的傳播工具，而媒體也要透過版面或時段販售給廣告主，才有廣告收入來源。亦即如果是報紙與雜誌，其營利來源主要是發行和廣告經營，發行包括零售與訂閱；廣告經營則是各類型態的廣告業務承攬。廣告不僅是媒介傳播的內容之一，也是維繫媒介生存，促進媒介發展的一個重要手段，可稱為媒介經濟的生命線。

　　為了吸引廣告主刊播廣告，電視台必須運用節目創造特定觀眾群，並以收視率所代表的相對多數閱聽人數販售給廣告主，廣告主對於收視率高或閱讀率高的媒體自然會較感興趣，因為那代表有較多的閱聽眾可能接觸到自己產品的廣告訊息。現在收視率已經成為廣告主掌控媒體的關鍵，因為廣告希望媒體所製作的各式各樣節目，能夠把閱聽人吸引到產品市場中。如果收視率低，廣告主就可能撤銷該則廣告刊播，相對影響媒體的收入來源。明顯的，媒體真正產品是特定的觀眾群，節目只是一種手段，吸引某一類人來觀看，等他們成為觀眾後，就可以賣給廣告主來對觀眾進行產品的說服訴求；媒體變成是一種與廣告主買賣觀眾群的生意。

　　基本上，這就是商業電視生態中，廣告、媒體與閱聽眾的三角關係，亦即商業電視台設計與播出各種節目，吸引不同特質的觀眾觀看，再出售廣告時段給廣告主；廣告主付高額的刊播費用就是要觸及到不同目標消費者；消費者收視任何媒體主要是消費內容而非廣告，但是隨著廣告的穿插播放，無形中也接觸吸收不少廣告訊息，成為產品的潛在消費者了。

二、閱聽眾無形中接受廣告

　　當閱聽眾打開電視、翻閱報紙、上網時，最不願見到的應該是廣告。因為閱聽眾看電視或聽廣播都是為了欣賞節目內容，而不是為了觀看廣告；看雜誌或報紙也是要瞭解新聞或專題報導，而非看廣告。任何型態的廣告都會打斷我們正收看電視節目的延續性、報紙版面閱讀的完整性，或上網搜尋資料的集中性。廣告在這些媒體的出現，其實是造成閱聽人收視、收看、收聽的干擾；而且嚴格說起來，觀看節目因為廣告的播放而不得不中斷收視，也是造成閱聽眾收視權益的受損。也因此，相對於其他節目的形式，這種以銷售為目的的媒介內容，自然很難理所當然地為閱聽人所接受。所以「我不喜歡廣告」的現象是自然且普遍存在的，畢竟閱聽大眾消費媒介時並不是以消費廣告為目的。

　　但是隨著廣告製播技術的精緻，以及廣告中令人拍案叫絕的創意點子，都讓閱聽眾無形中對廣告從排斥、拒絕到接受與認可。甚至現在除了收看公共電視與少數幾個有線電視的電影頻道外，看任何節目一定會看到廣告，似乎已經成為閱聽眾默許認可的收視行為了。至於會不會一看到廣告就轉台，就要看廣告的表現是否足以吸引閱聽眾的目光了。此外，除了從收視的觀點來看廣告可能造成閱聽眾收視的干擾外，如果從行銷的觀點來檢視廣告與閱聽眾的關係，也可以發現閱聽眾無形中接受廣告的原因還包括：

(一)消費選擇的參考依據

雖然閱聽眾收視媒體主要是看內容，但是從許多的產品廣告中也相對吸收瞭解到市場上的產品資訊。也許閱聽眾在當下並不需要該產品，但是當有產品需求時，印象中的廣告訊息就會成為購物的選擇參考與依據，就不會茫然無頭緒。因為就一般消費者而言，都不會希望自己在消費決策方面有太大的困擾或不知所措，而廣告所提供的產品資訊正可以提供選擇比較的基準，這也是為什麼企業主期望透過各種媒體讓閱聽眾接收到產品的訊息。

(二)觀念的教育功能

自從政令宣導文宣更加結合社會脈動並加入廣告創意後，許多的觀念或政策都更加被社會大眾所理解並接受，例如「開車不喝酒、酒後不開車」。許多公益性廣告也都喚醒民眾沉默與遺忘的社會關懷，例如「我不認識你，但是我謝謝你」（捐血廣告）、「關心你周遭的受虐兒」。

(三)感官的創意享受

廣告講究創意表現，才會讓許多人也相對的覺得廣告其實比電視節目好看。某些廣告甚至造成流行與閒話家常的話題，例如早期沙宣染髮劑以懸疑的劇情性廣告，讓消費者以看連續劇般的心情期待續集廣告趕快出現；又如芬達汽水的無厘頭式廣告表現時常引人一笑；全國電子最感心的廣告也感動了不少消費者。這些讓消費者有所反應與共鳴的廣告中，廣告帶來的是一種感官的創意享受。

第二節　媒體購買框架

壹、媒體購買迷思

一、收視率的箝制

　　以往媒體有限下，無線三家電視台的收視率都不差。當時收視率高代表收看的觀眾較多，相對的，廣告如果刊播在該節目中自然可能就會有較多的觀眾接觸到產品的訊息。收視率成為廣告主購買媒體重要的參考依據，電視台也樂於用高收視率來吸引廣告主與提高媒體刊播的費用，但是相對的也讓媒體多元競爭後成為電視台製作節目與承攬廣告的一大包袱。

　　因為頻道多元自然會稀釋了收視率的數字，許多有線電視的收視率調查都在0.5以下甚至是0的數字也有。但是低數字是不是意味著無人收看？或真的較少人收看？牽涉到調查的樣本結構問題。另外，目前收視率的計算方式，已經可以精準的掌握廣告收視率，而非節目的收視率，更讓廣告主對數字的敏感與要求更加提高。畢竟對廣告主而言，數字比較科學。也因此媒體單位為了有漂亮的數字可以吸引廣告主刊登廣告，開始將節目的製作以更低成本或更羶色腥的內容來譁眾取寵，爭取高收視率。有些甚至將節目廣告化，直接把時段賣出，做減肥、美容等廣告性節目。

　　尤其在頻道增多後，電視台為了爭取廣告客戶的支持，更以「保證CPRP」的方式吸引廣告主，更讓收視率成了主宰媒體購買的一切根本；亦即廣告就只看「量」，而完全不考慮「質」。也讓媒體的購買成為是在比價而非比質的削價競爭，導致媒體生態的發展愈趨負面與惡質化。

二、公信力的稽核單位

　　廣告主在乎媒體有哪些以及有多少閱聽眾收視的問題，媒體自然必須提供相關的數字參考。早期只有三家電視台時，經常可見在各自的節目上，打出「賀本節目收視第一」、「最多人收看本節目」、「本節目勇奪第一」等廣告，時常讓廣告主不知何家的調查資料才具有公信力。平面媒體中，不論是報紙或雜誌的競爭也相當激烈，各媒體都各自委託調查公司調查，結果出現許多所謂的「發行量第一」、「閱讀率第一」、「傳閱率第一」、「訂閱率第一」等宣稱。媒體之所以重視各項的第一，不外乎就是希望突顯自己媒體內容受到最多人的觀看或閱讀，以此吸引廣告主。

　　「最多人看」或「第一」成為媒體單位招攬廣告的基準，也成為廣告主是否購買媒體的重要依據。不過許多的調查結果都是各媒體各自委託不同單位調查，因為各收視調查公司所採取的抽樣方式、樣本分布、樣本數目以及調查結構與程序的不同，因此各公司所得之數據會有差別，而影響實際結果的呈現。其實廣告主想要知道的就是平面媒體的實際發行量有多少，但是許多報紙或雜誌都以商業機密為由不願公布真實發行量，導致廣告主無從判定與選擇。因此就媒體購買的運作機制而言，如果有一個公信力單位能公正客觀的稽核各媒體發行量與收視率調查，便可提供廣告主做更正確判斷，增加廣告主對所選擇媒體的信心。

　　這樣的稽核單位就是所謂的ABC組織（Audit Bureau Circulation，發行量稽核機構），在現今競爭的市場中，媒體單位可藉由ABC數字來檢視自己的市場情況，並可作為與經銷商或廣告主談判的籌碼，以及增加媒體與廣告主做更長期合作的機會。

貳、法規考量

　　前面提到訊息的創意發想後，也要同時檢視一下是否違反相關的法規規範，才實際製作，才不會因為觸法而無法實際刊播，浪費廣告預算、影響行銷活動。同樣的，在媒體購買刊播的過程中，除了專業技術的展現外，也不能忽視刊播的相關法規。因為若有違相關法規不僅無法實際刊播影響媒體時程的計畫表外，也會因為觸法而影響到企業與產品品牌的形象。例如為了保障民眾消費權益，減少違規藥物、化妝品以及食品廣告，台北市政府衛生局特別成立「違規廣告查緝小組」監看或監錄報紙、雜誌、電視等媒體刊登藥物、化妝品及食品廣告。除了要求廣告主更正外，也要求媒體單位能把關所刊登廣告的品質。

　　目前國內的廣告依其商品類別大致可分為食品、藥品、醫療器材、化妝品及一般商品，前述四類商品廣告之權責機關為衛生署，其餘一般商品廣告之權責機關為公平交易委員會。目前我們並沒有管理廣告的單行法規（亦即所謂的廣告法）的存在，而是分散在各個法令中，並由不同的主管機關負責管理。相關的法規條文大致上可分為四大取向：

1.有關廣告商品的法規：如商標法、台灣省管理醫藥廣告辦法、藥物廣告審查、與醫師和助產士有關的廣告法規、動物用藥品管理法。
2.有關廣告創作的法規：如著作權法、出版法與施行細則、廣告物管理辦法、電影檢查法與施行細則。
3.有關廣告媒體的法規：如公平交易法、廣播電視法及媒體單位有關的廣告處理準則。
4.其他：如刑法、道路交通管理處罰條例等，也都有廣告相關的法規條文。

　　除了菸酒類產品廣告在相關法規中有明顯嚴格的內容、時段、出現場所規範外，一般產品的廣告只要不是不實廣告類，以及內容製作上沒有所謂負面元素展現的話，基本上刊播的過程並不會出現爭議或觸法的可能。以菸品為例，任何節目只要插播廣告中有菸品廣告，即為非法廣告，依法處罰。而電視媒體酒類廣告必須加上警告性的標語，如「酒後不開車，平安到家」、「開車不喝酒，喝酒不開車」等。而播放時段為每日二十一時起至翌日六時止；廣播媒體酒類廣告播放時段如下：二月、七月、八月及例假日為每日二十一時三十分起至翌日六時止，上述以外時間為每日九時至十七時。同時在節目中也不得以酒作為贈品或獎品、節目中提供之獎品或贈品不得標示廠牌名稱、節目內容不應具有任何廣告意味等情事之規範。

第三節　廣告與倫理

壹、廣告的社會責任

　　廣告是在策略引導下，盡情發想創作任何增加品牌印象或銷售的訊息創意。但是任何的表現也都必須考慮法規的框架。法規的標準並不是為了箝制廣告表現與創意發想，但是因為負有監督環境、教育等社會功能的大眾媒體，本身即具有社會公器的本質，所傳達的任何訊息，應避免產生任何社會的負面效應。尤其廣告透過各種強而有力的傳播工具，充斥生活裡的每個角落，影響我們的行為、思考模式與價值觀念。如果缺少規範的制衡，難免會因無所設限的創意發想，出現暴露不當等畫面的內容，對青少年、兒童身心發展可能造成不當的負面影響；或是過度的誇張不實，進而影響消費者

的權益。通常論及廣告倫理的問題，可以從以下四個指標檢視：

一、對象

誰是或不是廣告對象？廣告有明確的對象，因此對於不同年齡客群的對象，因其心智成熟度的不同，所能接收的廣告訊息自然有所區隔。例如在學習階段的兒童，經常將廣告所傳遞的訊息直接吸收。所以適合用於成人的表現手法，不見得適合應用在兒童對象上。

二、內容

哪些內容應該或不應該被廣告應用？例如，現金卡廣告的密集播送，帶動銀行現金卡申請業務的激增，因為許多青少年只見廣告宣稱的借貸便利性與低門檻，卻沒有仔細研究相關的利率為何，導致欠銀行許多債務。因此當時的現金卡廣告被要求在所有廣告的下方出現提醒字句：「請計畫使用現金卡，維持良好紀錄」。

三、媒體

哪些廣告適合在那些媒體播放？大眾媒體是產品廣而告知的最好管道，但是也因為媒體本身對社會大眾所具有的影響特性，所以各國對於菸草、酒等某些特殊性產品的刊播媒體都有從嚴的規範。

四、社會義務

廣告應盡的社會義務是什麼？廣告不僅是為廣告主服務，同時也承擔社會責任與義務。雖然廣告通常純粹是一種商業文本，濃縮了快樂、成功與夢想的形象於廣告訊息中，所展現的就是一種生活，一種態度。因此如果廣告純粹是為銷售目的，而毫不考慮社會大眾的觀感或接受度時，其結果往往會適得其反。因此廣告的基本

前提就是所傳遞的產品或服務,應該是社會中所認可具有合法性與正當性的產品,訊息內容應展現正面的價值觀或態度。

貳、廣告與兒童

近年來全世界對於廣告對兒童的影響越來越關心,主要的原因是世界各國都發現廣告所呈現的情境、物質與消費習性的確潛移默化中長遠的影響孩子生活習慣與消費的傾向。根據「國際消費者聯盟」在2007年的統計資料發現,即使產品內容完全一樣,76.7%兒童仍偏好麥當勞。顯見麥當勞的魅力外,也反映出行銷力量的影響性。所以早在1991年瑞典就頒布法律,全面禁止針對十二歲以下兒童所製播的電視廣告。該政府表示「兒童有權利免受廣告的侵害」,並且認為向兒童做廣告是不道德的,因為兒童缺乏經驗和判斷力,根本無法弄明白電視廣告和他們喜愛的動畫片之間的區別。

電視廣告對兒童顯著的影響顯現在日益嚴重的兒童過胖問題,許多研究都發現其原因是飲食習慣有很大的改變,主要飲食的傾向與選擇幾乎都是電視廣告中所出現高糖、高鹽、高脂肪(如可樂、汽水、糖果、薯條、薯片、漢堡等)的不健康食品,可以說兒童的肥胖與電視食品廣告量的倍增恰成正比,因此2006年世界衛生組織還訂定了「歐洲反肥胖症憲章」。

各國在兒童肥胖與健康的議題下,政府單位都逐漸採取規範來限制相關業者的廣告刊播;規範的主要焦點在於年齡限制、刊播時間、廣告內容的元素。

一、年齡限制

在加拿大有一些食品和飲料公司在2007年4月時發起了一項保護十二歲以下兒童的承諾活動,承諾的核心原則包括每年產品廣告

中至少有50%是推薦健康飲食選擇或健康生活方式。多倫多公共衛生署還呼籲聯邦政府禁止一切針對十三歲以下兒童的食品和飲料商業廣告。同年的7月美國前十一大食品、飲料製造商,包括麥當勞、可口可樂、百事可樂、全球最大糖果製造商吉百利食品子公司Cadbury Adams USA LLC、好時(Hershey)、聯合利華、M&M巧克力製造商Masterfoods USA、金寶湯(Campbell Soup Co.)與通用磨坊(General Mills)等,也主動宣布將對十二歲以下兒童打廣告設限,包括電視、廣播、印刷媒體與網路廣告。其中麥當勞願意自我規範限制快樂兒童餐的廣告,並願意將部分食品廣告中的米老鼠、史瑞克等知名代言的卡通人物玩具撤除;英國也在同年開始施行禁止對十六歲以下青少年電視廣告垃圾食物的規定。

二、刊播時間

希臘嚴格禁止在早晨七點至晚上十點做有關玩具的電視廣告。加拿大規定廣告只能在上午九點到十點露出,且禁止強調最省錢、最優惠等引誘字眼。我們的衛生署也與食品業者溝通,希望不在兒童節目時段播出高鹽、高糖、高油食品廣告等相關措施。

三、廣告內容的元素

英國政府規定以小學生為收視群的電視節目,食品廣告中禁止以名人或卡通明星來促銷,並禁止播放有關食品能促進兒童智力和身心發育的不實宣傳。愛爾蘭的兒童廣告新規範中,嚴格禁止兒童仰慕的名人偶像代言兒童廣告,也要求糖果廣告必須特別提醒兒童刷牙。義大利的廣電法案,禁止十四歲以下兒童拍攝電視廣告。

我們的衛生署與食品業者溝通後,麥當勞、肯德基、可口可樂三大食品業者,皆願意加強營養標示、廣告以宣導健康飲食為主的內容。顯見業者在其社會責任與維護正面品牌形象的權衡下,也大

都採取善意與正面的回應願意配合。另外，在電視廣告製作規範條文中，以兒童或少年為主要訴求對象之廣告就要注意：「不得有唆使兒童或少年要求其父母購買廣告商品之訴求方式」、「不得利用兒童或少年對師長之依賴心理，作商品之推廣宣傳」、「廣告內容不得以是否擁有廣告商品作為判斷受尊敬或受輕視之標準」、「玩具之廣告，不得以新型貶抑舊型」。從這些規範中可看出，兒童廣告創作時有更明確的社會責任需要遵守。

第四篇 消費者篇

第十三章　消費者解讀廣告

第十四章　廣告與消費行為

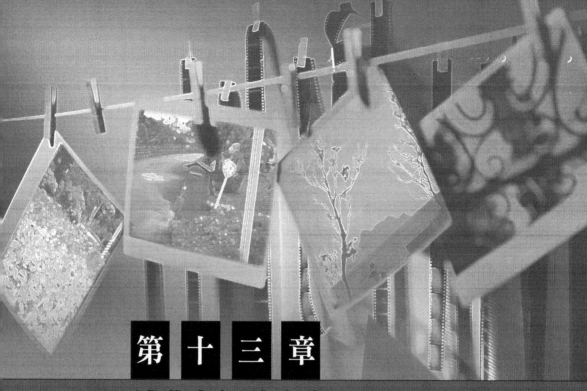

第 十 三 章

消費者解讀廣告

第一節　影響廣告解讀因素

第二節　解讀廣告取向

第三節　解讀思維的運作

Advertising
Communications

　　廣告可以讓我們瞭解新產品趨勢、掌握新資訊、吸收新想法外，也為我們生活增添許多豐富的視覺饗宴。因為創意性的廣告不僅具有令人振奮的娛樂效果，也成為生活中有趣的話題焦點。當然過於誇張不實的廣告也可能產生欺騙、誤導的消費決策，造成消費者身心的傷害；廣告中鼓吹的消費也容易形成過度重視物慾的消費生活及消費價值觀等缺點。因此，如何看廣告就成為一項重要的課題。目前積極推廣的媒體識讀教育中，主要的一環就是希望閱聽眾能審思明辨廣告的目的，不要被廣告牽制或受廣告影響。雖然廣告會對消費者產生影響，但是消費者如何看待廣告與解讀廣告也會影響廣告活動的進行。

第一節　影響廣告解讀因素

　　從傳播的過程來看，廣告傳播有兩個很重要的過程——譯碼和解碼。譯碼是廣告主根據刺激消費目的所製播的廣告訊息；解碼則是消費者看到廣告訊息後的解讀。中間的過程包括消費者的暴露、接收、注意、瞭解、接收與反駁、記憶、訊息統合、態度與決定，在這麼繁雜的過程中，可以想見短短幾十秒的廣告裡，想要在消費者心中留下一點印象，其實是非常不容易的。因為廣告本身在刊播時間上的局限性、誇張本質的訊息，導致可信度低、消費者對廣告存有抗拒心理，以及消費者看廣告通常不會用認真的心情與態度處理訊息等特點，都讓廣告傳播過程與消費者解讀結果之間充滿許多變數。很多時候消費者解讀廣告訊息的結果與廣告主原先譯碼時的目的與企圖可能會完全不同，這也就是為什麼廣告創作充滿挑戰之處，如何讓目標消費者對廣告訊息的解讀有共識，與當初構思訊息的目的不要差距太大，是創意思維時的重要原則。

壹、涉入度（involvement）

　　當消費者在購買價格較高的昂貴產品時，都會比較產品相關資訊，因為造成錯誤決定的後果除了引發錢財的損失外，也會懊惱當初自己的抉擇，因為會引發認知失調的不舒服感。通常當產品的購買風險愈高時，消費者愈會投入產品訊息的蒐集與瞭解，包括該產品所刊播的廣告訊息；這樣的投入過程就是高涉入度。

　　涉入度的概念一直是瞭解消費者與產品購買之間的一項重要變項，它反映的是消費者對某一項產品購買決策的關心程度與心理活動。高關心度的決策是指消費者面臨較高的風險，因此需要更多的注意力與情報資訊。相對的，低關心度的決策風險也低，對產品的資訊即使不完整而有錯誤的判斷，也不會有太大的心理不平衡。

　　由於生活中必須進行許多的消費決策，如果每一項產品的購買都需花費極多的經歷與時間評估的話，消費者的生活容易充滿緊張與不安。因為代表任何一個決策都必須仔細評估其後果，萬一決策有誤時，更容易引發認知失調。因此大多數的消費者對於簡單、低價等日常生活的消費品，往往採低涉入度的狀態。亦即購買此類商品時比較不會傾向投入太多的時間與精力瞭解產品訊息，購買決策也顯得比較簡單，而且廣告訊息的解讀常以一些鮮明的符號為主。例如利用當下知名的公眾人物代言，讓消費者不用花太多心思思考產品相關屬性，而是相信代言人的推薦。

　　消費者的涉入程度不同，對廣告解讀的詳細程度就不同。從廣告的目的來看，消費者如果高涉入時，代表消費者對產品的認知與態度都已經形成，甚至購物的行為傾向也已經產生。因此，廣告企圖的說服過程就會從改變消費者的認知到建立態度，最後才能到達改變消費者的行為。當消費者是低涉入時，廣告就運用各種明星、歌曲、情感等感性訊息的設計，讓消費者先建立產品的認知

表13-1　涉入度與廣告

	決策行為	訊息情報	廣告作用
涉入度低	低風險、過程簡單	獲取感性資訊	認知—行為—態度
涉入度高	高風險、過程複雜	獲取理性資訊	認知—態度—行為

到購買行為的產生，最後再強化並建立自己選擇正確的態度（如**表13-1**）。

貳、對廣告的情感反應

不論廣告表現有多含蓄或多麼藝術展現，強烈的商業說服企圖一直存在，再加上廣告表現總免不了「老王賣瓜，自賣自誇」，因此有許多人對廣告抱持排斥的情緒，相對地也會影響廣告訊息的解讀程度。對廣告的排斥情緒與接受情緒主要的原因包括：

一、廣告的排斥情緒

(一)解讀障礙

很少有人會喜歡閱覽自己不懂的東西，尤其是對於簡單的廣告訊息，因此廣告語言通常是簡潔易懂。對於某些過於抽象的影像組合，或太艱澀難懂的廣告概念，並不容易得到受眾的認可。因為當大眾解讀時，若不能瞭解其產品與廣告內容的關聯性，就難以詮釋其訊息，其反應就會是「看不懂這個廣告在演什麼」。

(二)重複性高

所有的溝通訊息如果重複性過高，容易引發受眾的彈性疲乏。同樣的，一則廣告重複出現過多時，容易使大眾由原本的新奇狀態轉而厭煩，甚至反感，因此維持廣告的新鮮度很重要。這也就是為什麼相同的產品每年都會推出不同的影片或平面廣告，就是藉由不

斷更新維持受眾的新鮮感。

(三)訊息干擾

　　大多數閱聽人使用媒體的動機主要是想獲得資訊或娛樂，例如看電視想看節目或新聞；買報紙是為了知道今天的大事；聽廣播是想聽聽流行歌曲的介紹等，很少人是為了閱聽廣告而消費媒體的。也因此，不論廣告表現有多棒，都會造成收視、收聽與收看方面的干擾。尤其當你看節目正進行到精采畫面時，突然來個廣告，整個情緒被中斷的感覺並不舒服。

(四)缺乏創意

　　廣告是一種順應趨勢性的產物，創意是其核心，也是吸引人的價值所在。因此當有些表現手法受到觀眾喜愛或引起的效果不錯時，通常就會引發其他產品廣告的參考，於是就可能出現一窩蜂類似的廣告表現。例如懷舊式廣告可以激發不同世代消費者的回憶與情感，因此包括鐵路便當、便利商店、流行歌曲CD等都以此手法表現。另外，當廣告為了維持一致的調性而無法突破表現形式時，也很容易變成老梗而無創意。

(五)內容不當

　　廣告的表現屬於商業性的藝術，但有時為了吸引消費者目光採取比較裸露或性暗示的手法，就容易引發爭議與討論。例如2009年線上遊戲所推出的「殺很大」、「不好玩給你錢」、「不要碰我要摸」的廣告中，以童顏巨乳作為廣告表現的焦點，引發許多的批評。認為廣告表現與產品之間的關聯性低外，畫面聚焦在女性胸部，明顯的物化女性的手法，對兒童可能產生不良影響。

(六)誇大不實

　　廣告有時為了突顯產品的功能而過度誇張表現，讓消費者產生

錯誤的認知。例如許多美容整形、減肥、塑身、豐胸等方面的廣告往往宣稱產品的神奇效果，但是當消費者付出昂貴費用卻得不到廣告中的效果時，消費者的不滿情緒可想而知。雖然現在已有許多的判例懲罰不實廣告，保障消費者的權益，但是當消費者多次被廣告所陳述的內容所欺騙，或經由媒體多方報導類似事件後，也引發許多人對廣告仍存有「廣告是騙人」的認知。

二、廣告的接受情緒

(一)消費參考

現在產品的多樣化往往會讓人不知從何選擇，必須藉由相關資訊的提供。廣告提供濃縮的資訊，讓消費者在短時間內對商品的功效、特點、使用方法等都有所瞭解，有助於購物時作出聰明的選擇。尤其在忙碌的現代社會中，做好資訊的參考比較，愈有助於購物決策的進行。許多有促銷或週年慶活動的廣告傳單或型錄，提供了詳細的價格與商品展示，可以讓準備大採購的家庭主婦先行想好要買哪些商品，簡化其消費決策。

(二)反應潮流

廣告有如社會環境的縮影，所呈現的產品往往是當下社會所流行的趨勢產品。它必須能掌握社會動脈，反應最新穎的觀念或生活形態。所以當閱聽眾能藉由廣告掌握流行資訊時，就瞭解潮流的所在。所以廣告中的商品對自己而言，可能並不見得會買，但廣告所表現的潮流資訊，卻是消費者可以學習的知識。

(三)感官享受

廣告帶有商業目的與色彩，常以刺激大眾的感官享受為前提。廣告中常用的「3B」訴求策略——Beauty（美女）、Baby（小孩）、Beast（動物），以美女出現的頻率最高。不論用何種訴

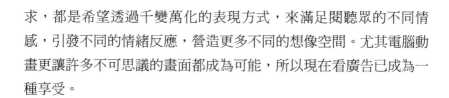

求，都是希望透過千變萬化的表現方式，來滿足閱聽眾的不同情感，引發不同的情緒反應，營造更多不同的想像空間。尤其電腦動畫更讓許多不可思議的畫面都成為可能，所以現在看廣告已成為一種享受。

(四)流行話題

廣告的表現往往深入受眾的生活而成為生活的一部分，一些廣告標語很容易成為流行語，如「幸福怎能說不用」（台新銀行信用貸款）、「好身體，沒人敢惹你」（紐西蘭奇異果）、「這不是肯德基！」（肯德基）、「青菜底呷啦」（波蜜果菜汁）、「肝苦誰人知」（白蘭氏五味子芝麻錠）。當瘦身廣告盛行時，大家身材的維護就成為茶餘飯後的話題；手機廣告密集時，該辦什麼手機又成為大家討論的焦點。其他部分的表現手法如畫面、歌曲以及代言人等也都時常引發大眾的討論而成為流行話題。

(五)想像空間

廣告的呈現是濃縮的影像精華，即使用對比的畫面，最後的畫面呈現一定都是產品使用者的快樂表情。即使該產品的價位不是自己收入所能負擔，透過綺麗色彩的廣告畫面與影像符號的詮釋，提供了許多想像空間與娛樂的話題。例如全國電子「足感心ㄟ」一系列溫馨訴求的廣告，所展現可貴的家庭關係，讓觀眾對於親情的想法有更多的想像空間；又如思薇爾內衣廣告中指出，「可惜我的舊情人，看不到我的新內衣」也引發不少的遐想。

第二節　解讀廣告取向

廣告訊息內容會影響消費者對廣告的反應，進而影響到消費者

對廣告的解讀程度與對商品品牌的態度。即使是同一個家庭成員，也會因為世代差異而在消費觀念與解讀廣告的策略上有所不同。一般而言，年長者會以務實的態度看廣告，因此對於廣告的解讀傾向以產品功能為主，所以許多保健食品或藥品的廣告訊息，都以簡單的產品功能訴求為主，比較能吸引年長者的直接注意與理解，而其解讀過程就根據其表現做解讀。年紀較輕者因為看廣告的時間較多，對廣告排斥度也較低，較容易受到廣告的影響。解讀時，除了表象解讀外，也會進一步感受廣告中的消費價值或文本的意識形態為何。整體而言，消費者對廣告的解讀取向主要可分為三類：

壹、廣告表現解讀

廣告人構思廣告訊息時，會根據目標消費者的特質與生活型態等因素，創造可以引發他們共鳴的訊息，在其創作的元素中所涵蓋的圖像與文案也是閱聽眾看廣告時的解讀線索。由於大多數的消費者都已經知道廣告的目的是要誘惑人去消費與購買產品，因此解讀廣告時也就根據這些線索做最直接的反應解讀。亦即廣告怎麼表現，消費者就怎麼看廣告。也因此，有些廣告如果表現的太抽象層次（如司迪麥的意識形態廣告）就可能會有許多消費者看不懂。又如劇情式的分則廣告，如果沒有看過前面就無法銜接後續的廣告，無法理解廣告究竟在傳達什麼意義。這也就是為什麼，不論廣告表現有哪些新類型的創意變化，產品利益直接簡單的表現，仍是主要的廣告表現形式之一。

對於廣告訊息的解讀與反應主要可分為：認知的解讀和情感的反應。認知的解讀指的是對廣告訊息的瞭解，亦即瞭解多少訊息的內容，也可以說是廣告中相關訊息與事實的學習。解讀過程或解讀後對廣告所引起的情感反應，可區隔為肯定情感與否定的情感兩

類。肯定情感就是消費者有正面的情緒反應與體驗，包括溫馨、感人、幽默有趣等；否定的情感表示消費者解讀時與解讀後所產生的負面情緒效應，例如不喜歡廣告的表現、看不懂廣告表現、廣告中價值觀與消費者價值觀衝突的表現等。

貳、消費價值解讀

　　媒體識讀教育希望大家能對廣告審思明辨其目的，其中一個目標就是希望閱聽眾不要完全受到廣告所倡導的消費價值觀所影響。因為廣告的表現與訴求經由長期的播放與重複，很容易無形中潛移默化消費者的價值觀。消費者解讀廣告訊息時，很多時候已經不再只是廣告表現的解讀層面而已。雖然當廣告設計時，背後蘊涵了產品的理念與意涵，但人們在消費時，卻未必是為了此品牌原始意義而購買。此外，即使你不需要購買某一產品，但長期接觸某一個廣告訊息，也會吸收到廣告訊息中呈現的消費價值，甚至會建立或改變自己對物的價值觀與對生活的態度。

　　基本上，價值觀通常是一種持久的信念，也是最抽象的一種社會認知形式；是個體認為重要的事物或觀念，它代表個體對某些事物的欲望、偏好、喜惡及需求，導引著個體思想與行動的自我原則，影響著個體的消費行為與如何知覺他人的方式。所以廣告人構思創意訊息時，會經常給予產品更多的符號意義與附加價值，利用或創造生活中更多的情境與產品扣連，讓消費者看到的產品廣告不只是產品的實體物而已，更重要的是產品品牌或使用時所呈現的消費價值。所以消費者在消費物品的同時，自己通常會建構出另一套意涵，並從中找出自我價值及社會認同。

　　從消費者心理的角度而言，當消費能力提升或品類選擇機會增多時，消費者對於商品的選擇已經不只是關心商品具有什麼功能而

已,更重要的是體驗感受到商品的個性,亦即希望商品符合自己的個性品味,或是使用商品後也能展現廣告表現中的個性品味。因為消費者選擇品牌時會根據自己的需求、價值觀以及生活方式為選擇基準,決定某一品牌時,往往是因為此品牌可以讓消費者覺得足以代表自己的特質,亦即品牌形象能與自我形象扣連。當這樣的扣連力建立起來時,對於產品銷售與品牌忠誠度的建立就能發揮極正面的效益,這也就是為什麼廣告人不斷地塑造品牌個性、賦予品牌人性化特質的原因。廣告中常見的消費價值包括:

一、成就的消費價值

每個人在不同領域中都需要成就感的滿足,成就感是大多數人所追求的生活目標。許多的產品就以成就感的取得來突顯產品與成就感之間的關聯性,或製造使用廣告商品將可達成功的消費價值。例如在威士忌的廣告中,城堡、馬匹配上名貴的酒,這些元素都顯示一個高層次的生活水準。洋酒廣告常以此種情境展現出酒的高貴以及質感,營造氛圍是此酒屬於成功男性喝的好酒;又如信用卡的大來卡持有人代表事業有成的輝煌成就。

二、產品就是夢想的消費價值

廣告中的產品有其功能屬性,姑且不論效果如何,其生產的價值主要在於能協助消費者解決某些問題。也因此廣告經常將商品形塑成可讓自己變成更好的人或是完成人生美夢,有時以產品獨特性或使用產品後消費者能擁有的獨特性為表現,給予消費者一個希望,一個解決問題的希望與方法。例如豐胸瘦身產品廣告就是運用女子的身材對比,顯示出一個胸部大能吸引男性目光,或身材好就比較有自信的訴求,呈現出身材不好者的生活困擾。而該產品就是能協助解決消費者的困擾,所以只要購買使用產品就能達到與廣告

中一樣使用前與使用後的明顯差異。這種使用前後差異性，正是消費者所期許的身材目標，產品給予消費者一個夢想的空間。

三、社群地位取得的消費價值

廣告中所使用的元素已經不再只是單純的符號，而是傳達某些消費意義與價值，亦即商品不再僅僅是商品，已經成為某個社會階層或社群地位的象徵。所謂社會階層或社群地位主要是依照人們的所得、教育程度、職業、財富、價值觀等因素，依其同質性的劃分，並依其層次的高低由上而下的排列就是社會階層的基本概念。由於每個階層的價值觀與生活型態都有某種程度的相似性，因此也有相似的消費行為與消費價值觀。

但是人總有往高處爬的心理與欲望，因此有時也會希望藉由買一些更高層級的產品，來滿足炫耀的心理，或認為有此產品就代表是屬於這個階層的人。也因此產品廣告中常用代言人揭露某些社會階層，或使用該產品象徵某個社會地位的顯現，都會是吸引消費者使用該產品的誘因。而這也是一種講求品牌行銷過程中，消費者可以藉由消費某產品而建立認同感的過程。換言之，產品的品牌符號所建構出的虛擬消費社群，已經成為消費者從事消費活動的基準。有了品牌價值的評判，消費者的消費就會傾向以情感上的「好惡」作為選購的依據。

尤其對一些以消費為生活風格重心的消費者而言，某項產品的消費就是個性、自我表現，以及風格的自我意識展現。所以像穿衣服、鞋子、衣服配件、飲食偏好、住家選擇、車子款式、假期去處或參加某個俱樂部等，都是一種運用消費品的過程，作為判別自己與他人的主要手段，也是社群地位取得的自我象徵。所以即使是飲料般的低價產品，也會透過社群概念的消費價值創造廣告表現，例如當你喝百事可樂時，不僅是在喝一種碳酸飲料而已，更是在享

受一種消費價值的意義，一種新一代的社群意義（當初的廣告標語 New Generation）。

參、文本意識的解讀

消費行為在過去主要指的是「物」的占有或使用，但現在代之而起的是「物」的象徵價值。消費者消費商品的同時也在消費廣告影像符號，這種符號性的消費文化已經愈來愈主導社會的消費行為。換言之，廣告文本中所用的表現元素與符號意義，必須透過與接收者的互動才能產生意義。因此文本意識是如何被解讀也是一種解讀的取向。基本上，此類的解讀取向主要建立在閱聽眾主動的詮釋力上，畢竟每個閱聽眾都有自己的生活經驗，會以其文化經驗中的某些面向去理解文本中的符號，因而產生多義性的文本意識解讀。雖是多義性，但其多元性與差異性的展現仍會在某些特定範圍內。

此類解讀取向包括「優勢」、「協商」與「對立」三種不同的解讀型態。優勢解讀指閱聽人接受主流媒介的支配，附和強化現存的主流意識；協商解讀的閱聽人，並不會全盤接受主流體系的觀點，會提出個人的質疑與意見；對立解讀中，閱聽人採抗拒的解讀策略，否定主流意識所傳遞灌輸的意義。在文本意識的對立解讀中，通常提出對廣告文本的批判，常見的文本意識批判如下：

一、性別意識的刻板印象

女性一直是廣告中不可或缺的角色，因為有太多的產品是針對女性說話，有更多的產品是由女性作消費決策。但是女性角色在廣告中究竟如何發揮與具有什麼樣的功能，一直是女性主義者所關切的焦點。因為許多傳播學者從傳播內容及閱聽人等各種層面都已經

證實廣告有其價值觀與自我型塑的影響力,對於無所不在的廣告傳播,如何詮釋女性角色對許多人而言,具有潛移默化的效果。也因此女性主義者通常會以內容分析、符號學、論述分析等研究取徑討論發現,廣告經常以千篇一律的角度展現偏差的性別印象,讓人們以為女性都是纖細、性感、依賴的。

基本上,身體意識是一種主觀的認識,包含了個人對自己的觀感、思考和感受等,與個人實際的外表並沒有顯著的關聯。不過廣告中企圖對人的身體賦予一套審美的標準,包括一再出現凸出的三圍曲線影像,一再強調塑身是現代女性的「夢想」與「責任」,就容易形成社會的刻板印象。另外,廣告中不斷強調「每個人」只要努力即可以雕塑出「理想身材」,並不斷地要求女性為了追求完美外表而改變自己身體;這就是一種極為鮮明的性別意識。強調女性塑身型態的廣告中,創造的廣告標語如「疼惜自己」、「Trust me, you can make it!!」、「只要有決心和毅力,當然你也可以!!」、「美麗可以自己決定」等,都是將女性運動所鼓吹的女性「自主意識」加以收編,轉化為新賣點。但事實上這樣的廣告表現並非呈現真正的女性「自主意識」,仍以「外貌」、「身體」來連結女性生活的價值。所以當消費者以文本意識解讀這類廣告時,通常是極為批判廣告的表現手法與訴求的價值觀。

二、符號中的消費意識

符號是廣告的必要元素,廣告為求有效,經常利用具有意義的符號以取代對實質商品的功能說明,企圖讓消費者在對此符號留下深刻印象後,以符號的力量影響閱聽眾的消費行為,也因此許多研究就是以廣告中所呈現的各種符號意義來解讀文本意識。畢竟廣告影像基本上是物的陳述,而所有的「意義」都必須透過符號的表述,才能被順利傳達。基本上每則廣告都能以符號學的角度做更深

入的解讀與意義的連結，有些研究會探究系列性的廣告表現，分為外觀上所顯示的符號，及在符號外觀背後所隱藏的意涵，並進一步延伸為文化意涵，以檢視廣告所反映出的社會面貌與當時的消費價值觀。

可以說「物」的象徵價值，已經愈來愈主導社會的消費行為，形成了符號消費的現象。亦即消費不再只是經濟的行為，以物品價值為使用目的，已經轉變成為如何具有新差異性的符號價值，因此被消費的物品都變貌成為一種消費符號意象。例如MAZDA汽車廣告以當下流行的十二星座為主軸，運用十二種不同的星座個性來描述每個星座的用車方式，包括雙魚——優秀な戀人、牡羊——自信の尺度、金牛——兼愛の行者、雙子——藝術の姿、巨蟹——完璧な父、獅子——桀傲の行進曲、處女——美しい信仰、天秤——神樣の左手、天蠍——冒險家の心、射手——實踐者の翼、魔羯——精準な化身、水瓶——流行の預言者。廣告中以「天生驕傲各有不凡」將星座符號與人的特質與車子之間做了專有屬性的消費連結，成功的引發討論與對廣告的關注。明顯的，廣告中的符號提供消費者做更多的符號性消費；而商品符號的擬人化、個性化，為商品投射出階級意識與品味，建立起買主消費形象。消費者從不同的廣告符號中，可以賦予自我身分的價值、自我品味的展現及群體同儕認同。

🎬 第三節　解讀思維的運作

消費者面對廣告訊息和實際產品使用時，會有不同的訊息處理方式。基本上，廣告訊息的處理過程可以從以下三種模式理解。

壹、ELM審思可能性模式

一、基本特色

如果廣告訊息引起消費者的注意，在接收的過程中受眾的思維可能產生的反應可以用Petty 與 Cacioppo（1986）所提出的審思可能性模式（Elaboration Likelihood Model, ELM）做解釋。此模式主要闡述個體接受某一訊息刺激時，若閱聽人主動地採取深思熟慮的思考方式審視相關的論點，並且經思辨後才接受某資訊中的觀點，就是中央路徑（central routes）所引發的思維運作。亦即是一種理性處理說服訊息的方式，此思維通常是建構在收訊者有能力、有動機處理訊息時，才會採取的訊息解讀途徑。

另一種邊緣路徑（peripheral route）是指閱聽人不願意傷腦筋思辨某資訊中的論點或處理訊息中的資訊，任憑訊息中某些暗示性的內容所影響或邊緣性的線索所導引，例如來源的可信度、訊息的風格形式、個人情緒等，就做出快速的決定或以偏概全的推論，就是邊緣路徑的思維解讀。

廣告必須在有限的版面與時間裡刊播，所能傳達的訊息是精簡的，所以廣告不可能在短短的三十秒內或一眼瞥過的整版版面中期望受眾深思熟慮其訊息。又因為每個人的生活經驗不同，對產品的需求性也不同，對訊息的解讀結果也是多義性的。此外，受眾也不可能花太多的時間解讀廣告，畢竟廣告是隨時可得的參考性資訊。為了讓受眾有效的接受廣告訊息，廣告常用知名的公眾人物、影星做代言人，製作動人的歌曲、拍攝壯觀的場景、電腦合成不可思議的畫面等作法，其目的就是希望激發受眾的感官享受與刺激邊緣路徑的思考，從一些歌曲、代言人、標語等暗示性的訊息中留下印象，並與產品的記憶扣連一起。這也就是為什麼當我們提到某項產

品時會談到其代言人或廣告的表現方式；或者談到代言人及廣告表現手法時，會想到其產品。引發受眾邊緣路徑的思考，可以說是廣告的主要策略所在。

二、解讀廣告

　　根據此模式的解讀可發現，如果消費者在第一階段因為本身具有能力（高產品知識）與動機（高涉入）來處理產品概念訊息，就會擷取中央線索（與產品特性和功能直接相關的訊息線索）作為形成消費決策評估基準時，這時候周圍線索（如代言人或廣告歌曲等）就不會影響到消費者的決策行為。反之，若消費者在第一階段以周圍路徑來處理產品概念訊息，則由於消費者本身不具備動機或能力，因此會設法擷取周圍線索來輔助消費決策的形成，所以此時代言人、廣告歌曲或情境等周圍線索，就有可能會直接影響到消費決策的形成。

　　例如許多女性的美容保養品，都會強調裡面含有哪些可以美白、抗老化、緊膚等各項成分的標示，但是對一般消費大眾而言，這些元素是如何研發產生，並不是重點，也並不瞭解所代表的意義，甚至有些消費者也不認為應該關心這些產品到底由什麼成分組成，而認為重要的是這些成分有哪些保養上的效益比較實在。也因此，美容保養品的廣告通常會直接將產品功能用吸引人的文案表現，例如活化細胞、讓皮膚「晶瑩剔透」、美白效果讓你白裡透紅等。為了強化這些產品的效益，女性保養品或化妝品都喜歡找皮膚好的名人代言，以提高增加產品的信賴感。所以當女性消費者看到這類廣告時，第一個被啟動的思維往往是周邊路徑的思維，亦即是哪個名人代言。有些消費者甚至只以周邊訊息儲存在其腦海中，在消費時就會自然提起，「我要買某某某廣告的那個保養品」等。大部分的媒體廣告都是設法提供消費者有利的周圍線索，如知名的產

品代言人、專家的推薦、別出心裁的廣告等，才能有效的提升購買
意願。平面媒體廣告中，因為可以有更多的產品文字訊息，所以可
以啟動消費者的中央路徑思維，讓消費者理性的審思產品的優點。

　　一般而言，生活中的日用品或消耗品等，消費者都習於以邊
緣路徑的線索解讀廣告，但是對於高價位或高風險性的產品，自然
就會以中央路徑的思維審慎評估。不論是中央或邊緣路徑的思維解
讀，兩者不是截然劃分的，而是有一個連結區塊，亦即邊緣會啟動
轉到中央路徑，同樣的中央審思後也會轉到邊緣線索的記憶與解
讀。

貳、認知失調與認知和諧

一、基本特性

　　在我們日常所接觸的各種傳播活動中，因為太多的資訊充斥，
導致我們常常有意忽視或無心忽略過目的訊息，訊息的接觸呈現
一種選擇性的接觸（selective exposure）、選擇性的認知（selective
perception）及選擇性的記憶（selective retention）過程。會有這樣
的過程是因為每個個體都不會希望暴露在與自己立場或態度不相合
的訊息中，導致身心的不愉快與不舒服感。所以當媒介立場與內容
如果和自己現存的態度一致符合時就會有接觸的傾向，否則就不接
觸。即使接觸後，也會因為個體原有的動機、情緒、態度等影響，
而在認知的過程中也是選擇性或片面的。後續解讀過程也隨著閱聽
人既存立場的影響而有選擇性的記憶傾向。

　　這樣的概念就如同Festinger所提的認知不和諧（theory of
cognitive dissonance）或認知失調，他指出當個體擁有兩個以上互
相矛盾的認知時，就會產生極大不和諧的感覺，會感覺心理衝突，

在此情況下促使個體放棄或改變認知，以減輕自己認知上的不和諧感並恢復調和一致的狀態。

二、解讀廣告

消費者對廣告的解讀取向很多時候可用認知失調與認知和諧的概念來理解，例如早期許多政令宣導的恐懼訴求廣告，為了提倡不要吃檳榔，廣告以常吃檳榔得到潰爛口腔癌的真實畫面，引發檳榔業者與吃檳榔的消費者抗議要求停播，認為這樣的畫面會引發不舒服感而且也會影響到生意。這樣的情形就如同你對於一個正享受使用某產品的消費者說，「你的東西好吃嗎，請看吃的可怕後果」，除了潑冷水掃興外，也引發認知失調的不舒服。又如許多吸菸者也明知吸菸有害健康，就會避免接觸吸菸有害健康的資訊，即使接觸到了也會加以扭曲，並告訴自己那是給每天抽的人看的，或是我沒有抽這麼多沒關係等；或是盡量搜尋支持吸菸的訊息，例如抽菸可以顯示男性的魅力、可以減輕壓力、可以提神等，以減輕自身認知上的不和諧感。

參、訊息處理模式

一、基本特性

訊息處理模式視人類為主動的訊息處理者，解釋人類在環境中如何經由感官覺察、注意、辨識、轉換、記憶等內在心理活動，吸收並運用知識的歷程。其模式可以分解為一系列的階段，輸入的訊息就在這些階段中進行某些獨特的操作。每一階段都從前面的階段接受信息，然後發揮自己本身的獨特作用。所包含的不同階段及其前後關係主要為：輸入刺激—感官儲存—注意—短期記憶—長期記憶。

(一)感官儲存

來自環境中的訊息，以感覺刺激的形式經由感官接收（視、聽、嗅、味等）而作短暫停留（通常在三秒鐘以下）。感官訊號的儲存為訊息處理的最初一步，而且感覺刺激必須達到一定的量才能被知覺到。假若沒有引起個體的注意，很快就會消失。此階段保留訊息的原始形式，包括圖像儲存和聲像儲存兩種。圖像儲存保留了視覺輸入，聲像儲存則保留了聽覺輸入。如果不注意，感官訊息很快就失去。

(二)注意

個體對感官接收的刺激「注意」後，加以編碼，轉換成另一形式；個體若未注意，就會遺忘未收錄到記憶中。過濾和選擇階段是有關注意力的兩種理論，過濾理論認為注意力像過濾器，限制了一次可辨認的訊息量，主要發生在型態辨認階段之前。選擇理論是認為所有的訊息都被辨認，只是某些重要的訊息才被注意或被選擇作進一步處理，進而進入下一階段的記憶。此兩種理論視情況各有其正確性。

一般來說，感覺刺激很少作為單一的感覺事件被感知，而是作為有更多意義圖樣的一部分為人們所感受到，並且從記憶中識別之。從感覺刺激被感知到被識別的過程稱為「圖樣辨識」，是在很短的時間內完成。由於人們處理「圖樣辨識」的能力無論在感覺和或知覺的層面上都受到自然的限制，所以必須先將外來的感覺刺激以「注意力」（attention）加以過濾選擇，否則會因訊息「超載」使接受感覺刺激的能力減低。

(三)短期記憶

經過注意後的訊息會被送到記憶系統以登碼（encoding）的形式儲存，先到容量有限的「短期記憶」（Short-term Memory,

STM，或稱工作記憶）中。短期記憶維持的時間大約三十秒，在這時間內，訊息若沒有複述，很快就會消失。遺忘短期記憶的原因主要是記憶本身自然的消退和外界的干擾。短期記憶的登碼形式以聲碼為主，此外尚有形碼（形象、具體符號）和意碼（指涉的意義）等多種形式。

(四)長期記憶

短期記憶的訊息經過重複之後，會轉移到持續時間更長的「長期記憶」（Long-term Memory, LTM）儲存中。長期記憶的容量沒有限制，因為訊息是經過學習或編碼的記憶，所以具有相當永久性。遺忘的訊息可能不是永久消失，而是暫時消失。記憶遺忘的原因可能是消退、干擾和提取的問題。長期記憶的登碼形式以意碼為主，但還有形碼、聲碼、語言碼、味覺、嗅覺、動作、感情等各種形式。有效地維持與轉移訊息至長期記憶，必須靠精密化的複述。

二、解讀廣告

當人認知到某些東西時，才能接收訊息。廣告為了觸及消費者的注意就必須先引發感官的刺激，例如在平面廣告中以突顯醒目的名模圖像、在雜誌廣告中以芬芳的香水味、在廣播廣告中以悅耳的音樂、在電視廣告中以誇張的表情、在戶外廣告中以性感的泳裝美女等，都是為了創造知覺感官對刺激的乍停效益。有了這樣的短暫停留，才有可能進一步啟動消費者的注意思緒，也就是讓消費者的心思集中在某個事件上，包括對文字性或圖像性的注意。

例如看電視廣告或聽廣播時，視線或耳朵即使沒有全神貫注在媒介內容上，也會因為其圖像或文字的表現，而有了最短暫的感官儲存。但是如果當這個儲存的訊息吸引到你，例如「來就送皮包」的促銷標題，或是代言名模的泳裝、服飾、配件等吸引你，就會自

然的注意訊息。當圖像或文字符號的具體形象刺激了思維，就有助
於記憶的進行與深化，訊息也就在這一來一往之間，在我們的腦海
中吸收、瞭解、組合甚至產生其他的聯想與長期記憶。記憶內容可
能包括品牌本身與廣告表現，同時在腦中的記憶中樞被保存，必要
時拿出來檢視。例如當你聽到某個商品名稱時，你就會立即想到該
則廣告的某些表現（可能是廣告歌曲、代言人、標語、情境等），
就能相對的激起對商品的好感。

第十四章

廣告與消費行為

第一節　消費者行為

第二節　廣告與消費決策

第三節　廣告與消費文化

Advertising
Communications

　　當你決定買一台電腦時，你可能會到光華商場或燦坤或電腦專賣店看看款式或上網搜尋資料，也會拿一些產品介紹的廣告單比較規格、內容、價格等，也會請教熟悉電腦的人哪種款式或設備較適用，也會向父母親請款購買或分期付款，也會與店家議價，也會對買的電腦產生滿意或不滿意的感受，也會在購買後需要廠商的售後服務；這樣的過程就是消費者行為。簡言之，生活中購物過程的全貌就是消費者行為，而這個「物」包括實體規格化、大量化的產品與個人化、小眾化、無形或易消失的服務、活動與觀念等。反應出所有消費者作決策的層面，包含對供應物（產品、服務、時間和想法）的獲得、消費和丟棄，並由作決策者透過時間作決策。它包含了幾個概念：(1) 產品需求的動機；(2)產品資訊的搜尋與評估；(3)參考意見的徵詢；(4)實際的交易行為；(5)產品使用的滿意程度。所有過程又有許多外在環境與內在心理因素都可能影響決策的過程與結果，而廣告就是其中一項重要的影響因素。

第一節　消費者行為

壹、消費者行為的概念

　　行為主要指個體所表現的一切活動而言，此種活動可以是內隱的行為，也可以是外顯的行為。內隱的行為指隱藏在每個人內心的思想、意念與態度等，例如想要購買某樣東西、覺得某個產品有質感、要戴知名品牌包才有特色的想法等。外顯行為就是表現在外可被直接觀測到的行為展現，例如你買了哪種保養品、買了哪一款汽車。在市場上，也有許多人跟你一樣購買同一個品牌，同樣喜歡某個產品；在行銷人眼中，這群消費者的組合就是消費市場，而產品

的可能購買者就是目標消費者。

　　基本上，消費市場可分兩種類型：一種是有需求的市場，另一種是創造需求的市場。從市場發展來看，創造需求的市場更有潛力。因為在每個人基本的五大需求——生理需求、安全需求、社會需求、成就需求與自我實現需求中，消費者必須先滿足生理需要和安全需要，然後逐步向社會需求、成就需求和自我實現需求擴展。換言之，現有的需求市場是有限的，而且消費者的需要和欲望在性質上也有所不同。因此行銷人如果在每項需求中創造更多欲求，除了可以讓消費者有更多消費選擇外，也因消費商品的不同而展示出個體之間的差異性。

　　企業要想獲得最大利潤，就需要去預測和滿足消費者需求。市場之所以啟動就是因為產品或服務迎合了消費者需求並滿足了他們的欲望，所以行銷人要創造市場就必須能瞭解消費者的實質需要。藉由其消費行為特性以及選擇偏好的理解，就可以預測或掌握顧客的購買模式。研究時，通常會以五個「W」與一個「H」作為消費者行為輪廓的掌握：What（購買何物）、Why（購買原因為何）、When（購買時機）、Where（何地購買）、Who（誰是購買者）、How（如何購買）。

貳、消費者行為的意義

　　消費者行為可以簡單的說就是針對特定的產品與情境而產生的，亦即當產品不同時，購買與消費行為就會不同。即使是相同的產品，消費者行為也可能隨著使用者的不同而有所不同。綜而言之，消費者行為是消費者為了滿足需求，所表現出對產品、服務、構想的尋求、購買、使用、評價和處置等行為。亦即人們評估、取得及使用具有經濟性的商品或服務的決策程序與行動。基本上，探

究消費者行為主要就是探究購買決策形成的一種模式。其意義主要
展現在三個面向：

一、消費者的消費是重要的經濟表現

　　所有營利組織都必須有顧客的消費才有獲取利潤的可能性，
也因為有顧客的購買與消費，企業才能生存與經營。企業主從產品
的研發、配銷、定價、銷售、促銷以及廣告的推出，都是希望消費
者能花費金錢消費。只要消費者有消費，所有和消費相關的花費、
資金與財貨的流動、就業率、貨幣投資等經濟活動才會相對受到帶
動，進而增加生產力，提高整體經濟發展。也必須透過消費者行為
的瞭解，才能使行銷者懂得運用各種不同的行銷手法，企劃出有利
的促銷活動。所以當整體的經濟條件不佳時，消費者的消費欲望愈
低時，整體的景氣只會更低潮；企業主都會盡量以促銷方式，希望
吸引更多的消費者購物。

二、消費者行為研究可以提高行銷效能

　　消費者行為研究的結果可以促進當前的行銷活動，開發新的
行銷機會，因為根據消費者行為的理解，可以提供廠商企劃行銷計
畫。例如廣告要如何引發消費者的注意與興趣，如何瞭解消費者個
人的偏好，而社會階層或其他文化因素等又如何影響消費者，要安
排哪些行銷活動刺激消費者的衝動購買，如何滿足消費者的基本需
求，又要如何創造消費者的欲求，這些都可以從消費者行為中歸納
出原理或操作的原則。有消費者行為研究的概念作為基礎，就能提
高行銷的效能。

三、消費者行為的表現呈現生活面貌

　　從個人的角度來看，消費經驗能使消費者感到愉悅快樂，例如

可以購買到自己喜歡的產品，如果是具知名的品牌，還可以成為好友之間的談天話題。不論是家人或朋友等次團體成員，彼此都會分享自己的消費經驗，其中有分享也有炫耀成分。包括描述購物的經驗，討論喜歡的明星，吃過的小吃，以及未來的旅遊計畫等。對產品的評價以及自己品味，都因消費某項產品與購買的過程可以交流感想，可以說消費已經成為人際溝通的重要話題。消費當然也可能引發挫敗或失望的負面情緒或行為，例如缺乏時間或金錢而無法消費的痛苦，導致消費者感到絕望；如開車時不當使用手機引發交通意外；現金卡的過度使用引發信用破產；吃過多的減肥藥有害健康等。不論是正面或負面的行為顯現，整體的消費行為就是生活面貌的輪廓。

參、消費者決策的影響因素

　　每個人為了達成生活目標，常面對許多選擇，當你必須對所有可能方案做一抉擇時，就是決策的過程。在決策前，每個人都會有自己的選擇標準或規範，以供抉擇的依據與參考。換言之，決策就是決定一個最適合的方案。每個人生活中都充滿許多的決策時刻，也必須有許多的決策行為，才有可能持續進行後續的行動。

　　就消費者行為而言，消費決策就是對各種消費方案的抉擇。每個人消費行為的展現牽涉許多因素，包括消費者本身的特性、決策情境的特性、產品與服務的特性、決策本身的特性等（如圖14-1），種種因素都讓一個看似簡單的購買交易變成是一個複雜的消費決策過程。換言之，購買行為經常混合著理性實際考量與情緒感性的反射，也許比重不同，但是仍顯現出消費者決策過程並非完全是一個簡單的線性過程，而有許多影響的變數，也因此廣告對消費決策過程的影響才有更多的著力空間。

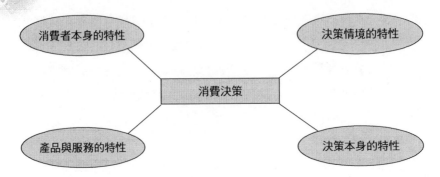

圖 14-1　消費決策因素

一、消費者本身的特性

消費者特性是影響或決定消費決策的最主要因素，因為當消費者做消費決策時，會考慮自己所擁有的相關資源，如消費金額、時間、個人吸收與處理資訊的能力、對產品或服務的知識等；而這些因素都會影響到消費決策的有效性。因為當消費者資源豐富時，會比較有信心與意願花精力在消費決策上，而且比較不會有後悔的情況發生。如果資源欠缺時，相對的較無信心與意願在決策的精力上，常會匆促下決定。決策過程中，消費者對品牌的態度也是影響的關鍵所在，因為態度一旦形成，就會形成一定的消費習慣。其他可能影響消費決策的個人因素包括動機、人格、知覺、學習和態度。

(一)動機

動機是個體內部存在迫使個體採取行動的一種驅動力。通常這種驅動力表現是一種緊張狀態，顯示出內在某種需要沒能得到滿足。對廣告人而言，就是要瞭解消費者為什麼喜歡或決定購買某

物,真正需要的是什麼?想要滿足的是什麼?

(二)人格

指的是個體內部的心理特徵,這些特徵會反應在他對環境所做的反應。我們之所以與眾不同,就是因為有不同的人格特質所組成。在某些特定的情境中,人格特質就會有鮮明的主導傾向。例如對於比較內向人格特質者,會比較喜歡較為樸素設計的產品,相對的廣告訊息的構思也要朝向這方面的思維。簡而言之,人格特徵會影響對產品的決策。

(三)知覺

指我們怎樣知覺周圍世界的過程。每個人由於個體需要、價值觀和期望不同,對相同刺激的認知、選擇、組織和理解都不同。隨著知覺的累積,個體會逐漸產生對事物的信念,其中包括理性與感性的成分。例如我們對某些產品會有品牌印象,主要就是因為知覺到該品牌的許多線索,綜合而成對該品牌的整體印象。這也是為什麼許多廣告主(如金車、統一、黑松等)會積極拍攝企業形象廣告,就是希望透過廣告訊息進入消費者的知覺系統中,建立消費者對該品牌的良好印象。

(四)學習和態度

學習本身是一種過程,藉由生活與消費經驗的累積與資訊的學習,逐漸會形成對某些事物的態度,而態度就會影響消費者對一個特定物品喜歡或不喜歡的購買取向。

二、決策情境的特性

消費決策通常是發生在需求的環境中,其決策情境可分為物理情境與社會情境。物理情境指時間壓力,它會影響決策速度與決

策過程的改變。通常當一個人必須面對時間壓力做抉擇時，其決策雖然快速，但是容易把不利的資訊看得比較重要，而忽略了有利的資訊。這就是為什麼購物頻道中常用碼錶計時與數量倒數的銷售策略，當觀眾對產品原本只有三分心動、七分考慮的心情，但是當看到螢幕右下方的計時器與計量器的聲音，催促著你不趕快做決定就買不到的壓力中，很容易激起消費者拿起電話訂購。另外，許多限時搶購的行銷策略與廣告活動也都是利用時間壓力，希望消費者不要再猶豫趕快購買。而消費者此時看到的不利消息就是產品在有限時間內快要銷售一空了，要不要購買要趕快決定。

社會情境指消費者的決策往往受到人際互動與群體關係的影響，在同儕或群體的壓力下，消費者的決策常常是為了順應他人的期望，以得到他人的認同、讚賞或肯定。所以有時消費者會主動學習參考群體的消費準則，或徵詢意見領袖的意見。此外，社會在任何一個時代都會形成一股風氣或潮流，讓許多人想跟著潮流走，才不會被視為落伍，這也是一種社會文化壓力下形成的決策情境。例如當下流行的手機款式與功能多樣，有些小群體就會強調他們是同一掛的成員，因為用的手機都是同一品牌與最新款式；有些則是強調該群體著重品味，所以穿著的服裝都是某知名品牌等，或是用同一款式的包包。基本上，包括家庭、社會階層與文化等因素都會影響個人消費行為與消費決策。

三、產品與服務的特性

產品或服務的本身是吸引消費者是否選購的一項根本因素，當產品或服務本身愈新奇、具有特色或實用的條件下，愈能吸引消費者，從而決定是否消費的意願。例如女性消費者比較情感性消費，因此即使產品本身可能不是很特別，因為包裝的精美與質感，就有可能獲取消費者的喜愛。

　　另外，當產品的風險性低、安全性高時，消費者的購買意願與決策速度也會比較快。這也是為什麼許多產品廣告強調品質保證、國家安全認證等標誌，就是為了讓消費者安心購買。所以當新聞報導病死豬肉流入市場，引發許多人恐慌時，許多肉商與超市就陳列店頭廣告強調自己的肉品都經過國家CIS的認證，可以安心使用，而這樣的廣告訊息會成為許多婦女選購豬肉時重要的決策參考。再者，產品使用的後果也會影響到進一步的消費決策，當產品使用的滿意度高時，消費決策將變成更簡單，因為重複購買的行為會產生；但是當使用的滿意度低時，消費者將會考慮其他品牌或品類的選擇。

四、決策本身的特性

　　決策本身的特性主要是指效率（efficiency）與效力（effectiveness）兩大要素，所謂效率指消費者為決策所投入與相對產出的衡量，通常決策成本與決策時間是效率的兩大指標。成本包括花費在做決策的時間、精力以及資訊的處理與分配等。如果決策成本花費大，但是決策後果滿意時，個人仍會願意做類似的決策。但是如果成效不佳時，個體通常就不會再做同樣的消費決策了。決策時間是指從發覺需求到決定如何處理的時間差距，如果費時太多，往往會阻礙個人做決策。有時我們會稱讚某個人決策好果斷不猶豫，其實就是在說該人的決策是相當有效率的。

　　有效率之外，也要有決策效力。亦即決策能夠解決需求的程度，主要的評量指標就是決策的準確性與可行性。準確性指決策是否能正確評估各項資訊方案，以及選擇最適合的消費方案等；可行性則是消費的選擇方案要確實可執行。如果是果斷不猶豫，但卻是錯誤或會後悔的決策仍不是理想的決策。

🎥 第二節　廣告與消費決策

　　在消費行為中，許多的消費決策其實牽涉不同的人與角色。例如在我們許多的購物經驗中，可以發現，雖然親自去購買某項產品，但並不一定是自己想要買或想要用的產品。例如你可能只是幫你的母親到超市購買一瓶「萬家香」醬油，你只是純粹的購買者，但是要買什麼品牌的決策以及實際使用產品的人是你的母親。然而會影響你母親購買此品牌醬油的人可能是你的奶奶，雖然你的父親曾提議過，每種醬油吃起來都一樣，只要方便購買即可，但是奶奶習慣萬家香品牌，所以你的母親決定買這個品牌，而你只是負責幫忙跑腿的購買者而已。此外，還有許多家庭中產品的使用者通常都不是購買者，像嬰兒所喝的奶粉、兒童所喝的飲料，老公所用的牙膏等，主要的購買者大多是母親。因此廣告的訴求對象也要以母親為主，針對母親說話，讓她們覺得購買了某產品可以讓使用者用得愉快或舒服。明顯的，很多情況下產品或服務的購買者與使用者並不是同一個人，所以瞭解產品是針對誰說話非常重要。

壹、消費決策的角色

　　許多的消費購物活動中，大部分角色都由一個人來承擔；但因為每個人都有其生活團體，包括家庭、朋友等，因此有些購買活動中，可能是由多人分別承擔不同的角色，使牽涉決策角色有多種。尤其當產品金額愈大時，複雜度愈高，參與意見的人就愈多，決策的時間可能就愈長，而每個人對於購物所扮演的促進功能各有不同。主要包括：

一、發起者

提議購買某種產品或使其他成員對某種產品產生購買興趣的人，亦即主要提出構想的人。通常提議者和使用者多為同一人，但是提議者所提供的訊息與建議，卻不一定總被採納，而是取決於他的地位和影響力。

二、影響者

能影響購買決策的人，通常能為購買提供評價標準，包括哪些產品或品牌適合的相關訊息，並對訊息分析處理，成為其他人做決定時的重要依據。

三、決策者

有權決定購買什麼以及何時購買的成員，亦即最後可以做出購買決定的人。

四、購買者

實際執行購買的成員，購買者與決策者可能相同也可能不同。例如，大學生何時要買電腦或買哪一個品牌是主要決策者，但實際付錢購買的可能是隨行選購的父母親。

五、使用者

實際使用產品或勞務的人，實際購買者有時也會承擔訊息蒐集的任務，因為他們必須對購買的產品比較熟悉。

貳、消費決策類型

從消費者角度來看，在日常生活中幾乎都隨時在做各種不同大小的決策。在消費過程中常見的決策類型包括購買何種產品的決策、價格高低的決策、何處購買的決策，以及如何付費取得的決策。亦即主要有四個階段：(1)認識問題；(2)資訊搜尋；(3)做決策；(4)購後評估。

消費決策的層次可以包括廣泛的問題解決（例如有很多的品牌，但還沒有確定的選擇標準），有限的問題解決（有了選擇標準，但還沒有確定對哪些特定品牌的偏好或忠誠）和例行性的反應行為（對於正在考慮的品牌有確定的評價標準，搜尋少量訊息或利用已知的訊息）。基本上，做決策就要花精力，對多數人而言，決策的時間最好能愈快速愈好，因為猶豫不定或難以決定都會產生心理與生理上的不舒服感。因此，消費者相對需要相關的產品資訊協助決策，而廣告是最常見到的產品資訊。以下先就常見的消費決策類型做介紹，再進一步論述廣告對消費決策的影響。

一、經濟型的消費決策

此類型的消費者主要被認為是屬於理性消費者，亦即所做的決策大多是理性的消費決策，能夠用最低的成本購買最佳品質的產品。要做出這樣的理性決策，通常能夠尋求完整的決策資訊，並具有高度的涉入程度與動機，擁有豐富的產品資訊，才能制定出完美的消費決策。因此這類消費者的行為特徵包括：(1)懂得搜尋有關產品的各種可行方案，以及瞭解所有產品選項以供抉擇；(2)能夠按照每一個產品選項的優缺點來評估，並正確地排序；(3)有能力確認並找出最佳方案。

然而在現實中，有許多的因素都讓此消費決策的類型受到嚴苛

的批評與反駁，而認為這樣的消費決策類型不切實際。例如：(1)
動機的欠缺：消費者很少能夠擁有完整的訊息，也很少對每一件事
物的消費決策都有足夠的動機做高度涉入，以期有完美與理智的消
費決策；(2)受到某些條件制約：每個人都會有自己已經熟悉的技
巧、習慣與反應能力，這些可能都是以往消費經驗或生活經驗的累
積，也都相對的影響自己對決策的過程是憑經驗或習慣所制約；
(3)人很難完全理性：每個人都有自己的價值觀與生活態度，情緒
與感性的交互作用下，人很難完全理性而做出完全理性的消費決
策。換言之，許多消費者其實並不會進行過於繁雜的消費決策，而
只期許得到滿意的或夠好的決策結果即可。

二、被動型的消費決策

被動型的消費決策與經濟型的消費決策剛好是相反的觀點，
此類型的消費決策認為消費者不會主動去搜尋有關產品或服務的資
訊，因此很容易受到自身的利益興趣與行銷人員促銷的影響，表現
出衝動和非理性的購買。這類型的消費決策主要將消費者認定為低
涉入度的消費者，對產品知識缺乏，因此可以成為行銷人員操縱的
對象。此類型的消費決策主要將消費者決策過程看的太簡單，因為
消費者雖是被動型，但有時仍會對產品表現出主動的資料搜尋。

三、認知型的消費決策

認知型的消費決策主要將消費者看成具有思考與解決問題能力
的人，因此他們會主動搜尋滿足其需求的產品與服務，所以決策主
要建立在搜尋與評估訊息的過程，根據搜尋到的產品資料做有利決
策。在此類型中，消費者通常被看作訊息的處理者，但是並不會盡
全力去得到關於產品所有可能的訊息，而是選擇性的選擇與其認知
有關的資訊為主，並求得滿意的結果即可，因此對訊息的處理過程

會相對形成產品偏好與產生最後的購買意向。

四、情緒型的消費決策

指消費者所做的消費決策經常是出於自我情緒的變化而做出衝動式的購買，也就是跟著自己的感覺與心情下決策。通常提到情緒時，主要是針對特定情境的反應；心情則是一種情緒狀態，沒有範圍限制，是消費者在接觸產品、一個品牌、銷售環境或看一則廣告之前就已經存在的心理狀態。心情對消費決策有關鍵性的影響，因為當心情好時，比較能夠回憶也比較願意回憶有關產品的資訊。事實上，我們每個人可能都會把強烈的感情或情緒，例如快樂、恐懼、希望、溫馨等與特定的產品連在一起，而這些感情或情緒的牽動也可能使個體高度投入產品資訊中。基本上，當消費者做出情緒性的購買決策時，會較少關注購買前的訊息搜尋；相反的，則會關注當前的心境和感覺。廣告中有許多的情境性訴求或感性溫馨的表現，其實就是企圖引發消費者正面的情緒反應。有些賣場也會以產品布置的相關情境，如泳裝店中就會布置得很夏天想玩水的氣氛，其實就是希望消費者置身其中時，能因情緒的引發而做出購買決策。

參、廣告對消費決策的影響力

從廣告主的角度來看，當行銷的目標市場（target market）確定後，就必須有行銷傳播的工具能夠將其產品訊息廣而告知目標消費者，廣告就是最常被採用的工具。因為只要目標市場明確，廣告所執行的推廣活動也就有明確的閱聽眾，雖然在目標市場中的閱聽眾有些是潛在客戶、有些是目前使用者、有些是競爭對手產品的消費者，但這群目標對象都有某些共同特質，廣告就根據這些特質構

思吸引人的廣告訊息。廣告主花錢做廣告就是希望廣告對消費者的
購物有某些程度的影響，希望刺激消費者的購買動機與欲望，並且
成為消費者購物的參考依據。

但是如同前面章節所提的論述，能夠立即產生影響效應的並
不多，往往需要不斷地重複播放才有可能刺激產品需求的欲望，或
累積對產品品牌的印象。而且因為行銷市場還有其他許多因素都是
對於產品銷售的成效有關鍵性影響，因此廣告對消費決策的影響的
確存在，但是其影響的程度與範圍有別，通常會從廣告產生哪些認
知、態度或行為各方面的影響來探究該則廣告的影響力。

基本上，廣告高明之處不只是要我們去買東買西而已，你會發
現許多產品廣告會突顯自己的產品是主要的流行趨勢，多了哪些功
能等，亦即不斷地暗示消費者如果沒有最新、最好的商品，生活的
步調可能就跟不上時代了。例如許多科技電器類的產品最常出現這
類的廣告訊息，希望消費者更新手機，才能趕得上款式與功能方面
的趨勢。又如廣告中也可看到只是一瓶飲料，廣告訊息透過情感性
的表現賦予產品使用的價值與情感，讓情感的作用轉化到消費者使
用的體驗。亦即當消費者如果購買廣告中商品使用時，就能共同感
受到廣告代言人使用商品所產生的情感。綜括而言，廣告就是運用
各種不同的訴求與表現，希望對消費者的消費決策有影響。什麼樣
情況下會產生影響，最直接的因素不外乎與消費者有關，在以下幾
種情形中，廣告的影響力較為鮮明（如**圖**14-2）。

一、產品涉入不高時廣告影響較鮮明

對產品的涉入程度愈高時，表示蒐集與瞭解產品資訊也比較
多，就會有自己對產品的一套評估準則產生。但是當消費者對產品
涉入程度不高時，對其品牌也較不關心。在產品知識與相關資訊掌
握薄弱情況下，比較不會有排斥或拒絕的負面態度。亦即，消費者

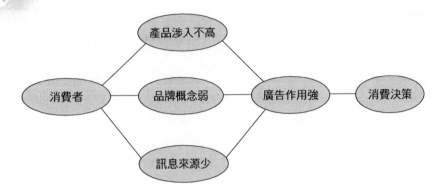

圖 14-2　廣告與消費決策

心裡不會事先就有一支衡量的標尺在衡量所接觸的產品廣告。在消費者沒有先入為主的情感排斥下，廣告對消費者而言就比較容易引發其態度的轉變。但是反過來，如果消費者對該產品的涉入度高時，只有在訊息與其信念相互一致時，才較有可能接受廣告訊息。

二、消費者品牌概念弱時較易受廣告影響

　　當你對一件事情瞭解很多時，就會有自己的看法與意見。別人如果有不同的意見時，你可能會與他辯論。當你對一個物品很有概念時，會知道其優缺點，別人問你想法時，你可以說得頭頭是道。但是當你對某件事、某個物品或某個人都沒有概念時，你會心虛或謙虛的不表示任何看法，以免被別人認為你不懂裝懂。因此如果要你選擇時，你會參考意見領袖或關鍵性的訊息，協助你作為判斷的基準。同樣的道理也發生在廣告對消費者決策的運用上，因為當消費者對品牌陌生甚至缺乏評價自信時，消費者比較容易接受廣告中相關訊息，對產品的態度也比較容易轉變。通常當消費者在評價某一品牌有所困惑時，做出決策就會缺乏自信。在這種情況下，消費者容易接受一些關鍵屬性的產品訊息。這就是為什麼，常看到消費

者在一堆品牌前不知選購何種品牌時，會直接以是否做過廣告為選擇依據，因為在他們評價中，有做過廣告的知名度應該比較高，比較有保障值得信賴。

三、訊息來源少比較會依靠廣告訊息

　　不同消費族群對於訊息的接受管道與數量有所不同，例如勞工階層消費者主要以勞力工作為主，平常訊息來源相當有限，因此在購物決策過程中，會更依賴家人、朋友或看到的廣告訊息作為參考依據。白領階層的消費者有較多的時間與機會從更多的媒體管道獲得訊息，而且比較主動積極，對於產品訊息比較容易有自己的標準判斷。同樣的，特定媒體訊息對不同階層消費者的吸引力和影響力也有所不同。勞工階層者看電視或聽廣播的時間較多，易受到電子媒體廣告的影響。所喜歡的節目內容與屬性和白領階層者也有所不同。而白領階層的消費者，文字性媒體使用多於電子媒體，因此受平面廣告影響較大。這就是為什麼針對勞工階層的消費者，其廣告文字的描述不在於多或複雜，只要能針對其需要，告知他們所想要知道的，就能讓他們接受。像保利達B的保健飲品，廣告裡的陳述不會有太多艱澀難懂的成分解析，而是告訴目標消費群，喝了這個就有力氣「明天的工作就靠這個啦」。

第三節　廣告與消費文化

　　文化的概念很廣，代表的是某團體獨有的一套典型或可預期的行為、規範和想法，呈現的是整個生活的全貌。也是人類在社會中所學習到的知識、信仰、藝術、道德、法律、風俗、習慣等綜合行為結果的展現，不僅反映社會的整體性，也影響人們的行為。但是

隨著生活區域與環境的不同，文化的展現也不同，但其文化要素都會左右消費者所採取的行為模式。而在文化環境下，經由學習所產生的信念、價值觀與風俗習慣等消費行為整體展現，就形成所謂的消費文化。無論是文化對消費行為的影響，或是消費行為顯現出文化特質，文化都是影響消費者決策的重要因素。

壹、消費文化的特質

消費文化可以簡單的說就是一種將文化內化到人類日常生活中，與日常生活息息相關。消費目的不只在滿足需求，更重要的是滿足想像的愉悅，因此商品意義從功能性訴求，轉變為特殊情境使用，消費動機也從實用性轉變為自我表達方式。以下介紹四種消費文化的特質。

一、消費社會化的歷程

消費文化必須透過家庭、教育單位與大眾傳播媒體的傳播，才有可能產生消費社會化的歷程。所謂的消費社會化就是獲得與消費有關的認知、態度與行為的過程。例如家庭裡父母親會教孩子金錢的價值，如「賺錢不容易」、「該用則用該省則省」、「錢花掉了再賺就有」、「不要做錢的守財奴」等。又如家人或學校朋友同儕之間對產品品質與價格的看法、使用態度、偏好習慣等都影響著自己消費價值觀的建立。而個體在接觸廣告時，更是不斷地吸收到廣告所傳播的產品理念、消費需求與新產品的品味、使用價值等。透過整個消費社會化的歷程後，消費者的消費行為就會符合某些消費族群的消費文化。目前的消費社會特色是，一般人的工作已經不再只是單純為了生活，而是為了買得起消費用品。

二、動態的轉移與變遷

　　文化本身就是動態非靜態的，因此消費文化與環境之間的相關性與應變性也是直接相關。當環境有所變化時，消費文化也會跟隨變化，例如科技進展，讓許多民生用品愈來愈多功能性與便利性。又如手機從早期巨型霸王機到現在輕巧便利的隨身型手機變化，讓手機的選擇與使用都有明顯快速的轉換。明顯的，唯有不斷變動的消費文化才能符合社會的發展與改變。在消費文化的轉移下，現代消費社會的特色是，社會中出現許多以生活風格為重心的新消費團體。

三、消費族群的凝聚與差異性

　　每個人都是社會群體的一部分，包括自己所屬的家庭、朋友、同事等成員團體，也包括自己所希望成為的理想團體，如電影明星、名模、歌手等。不同群體有其同質性，包括價值觀、興趣與行為等，也展現出共同的消費文化，例如飲食文化、休閒文化、穿著文化等。也因為不同的消費客群而界定了必需品與奢侈品的區別；如賓士汽車對上層社會人士而言是必需品，但對勞工階層而言則是奢侈品。布希亞（Baudrillard）曾指出「不同的階級會有不同的消費行為及品味，同一階級因具相似的思維結構及相同的習性，因而會有特定的消費風格」。顯示出在許多的次群體中，裡面的成員因為有著共同消費文化的標準與規範，而展現有別於其他團體的消費特質，增加了群體的情感凝聚力。相同的，當你想成為某個次群體時，通常也必須順應該團體的消費價值與消費文化。

四、廣告與消費文化的相依性

　　廣告是社會活動中重要的催化劑，不僅是一種商業手段與目

的，也是與時間競走的速食行業，必須講求時代性，合乎消費者的習性，亦即與流行的趨勢緊密扣連。所以廣告會運用消費者能夠瞭解的語言、語調或生活形態，使其符合消費者的經驗領域，或說是一種共通的經驗範圍，便於消費者訊息的接受與認同。廣告也是社會文化的一部分，除了呈現商品的實用價值外，更創造了商品的使用價值與使用意義，而商品符號意義的展現就是消費文化的面貌。換言之，廣告創造了某些消費文化的現象，而消費文化也豐富了廣告的表現元素與價值。

貳、廣告創造的消費文化

廣告的操作運用了大量的文化符號與價值理念，透過了媒體的傳播，物品的社會意義與價值也建構了我們的生活與認知。可以說文化是廣告表現的重要要素，而廣告也建構了消費文化，兩者間的關聯性緊密。雖然廣告扮演著形塑消費者購物動機的重要角色，它同時也是一種瞭解社會指標所在。因為在當下社會環境中，每個人的生活語言、休閒活動、飲食習性、房子的選擇等，都被視為個人品味與格調的反映，這些種種項目所建構的消費文化，消費者可從廣告中學習到如何表達與選購符合自己品味的產品；這也是為什麼我們常說廣告是一面反映生活的鏡子。例如中興百貨於1997年的電視廣告中提出「有了胸部之後，你還需要什麼腦袋」新主張，並以劇場表演的戲謔性手法諷刺現代人欠缺與自覺的消費文化。提醒消費者在擁有消費能力之後，仍需培養自己的素養和內涵。基本上，廣告創造的消費文化包括：

一、追求流行的消費文化

廣告有其商業目的，但又透過藝術與創意巧妙包裝，不僅告訴

一般人要「不斷地消費」，更提示了「該消費什麼」。廣告中不時出現新產品與新訊息，企圖在短期內創造大量的市場需求。每當一種消費時尚流行起來，都會帶動大批的購買者，進而形成流行的消費文化，讓商品或服務因為大量的市場需求而成為當下熱賣的商品。

許多時候，廣告的確創造了假需求，利用大部分的人都希望與時代同步，沒有人願意跟不上潮流的共同心理，讓消費者欲求被激發起來，以為自己真的需要廣告片中推銷的那些產品進而購買，於是在追求時尚的同時，卻忘了自己真正的需求。

二、講求自我表徵的消費文化

自我表徵就是一種自我身分的認同，也是當代消費的核心概念；而消費特定商品就是自我認同的重要行動。以往每個人的身分地位往往因其社會階層與經濟地位而在社會結構中有明確的位置，但是在一個消費的世代中，每個人都可以透過消費行為來象徵自己是誰，進而改變難以更動的社會位階。因為產品的身分符號已經被建構起來，所以消費者可以透過品牌的消費取得自己所缺乏的身分想像，進而建構出一個不同的自我，也就是一種對自我的認知投射到商品的使用上。

例如當你想逛街時，你可以藉由穿上香奈兒的最新服飾、背上機車包來顯示你的消費地位；或者是拿跟老闆同樣的手機，意味著你有一天也可能坐上那個位置；年輕人為了凸顯自己的青春，飲料要選擇喝年輕、動感與歡樂的可口可樂。但如果想證明自己是新世代，就會買新世代的選擇——百事可樂。顯然的，當你消費特殊品牌商品時，就可以因產品符號的使用而完成不同身分的歸屬。

三、追求品牌的消費文化

廣告人為了創造品牌價值，常利用具有意義的符號以取代實質

商品的功能說明，企圖讓消費者對符號留下深刻印象，以符號力量影響閱聽眾消費行為。品牌帶來的意義已漸成為消費概念一部分，並且蘊藏著符號價值。而消費者的消費方式與品牌選擇也都逐漸成為人們身分認同與炫耀性的成分。例如LV品牌已經成為皮件中知名品牌的代表，被媒體塑造成購買與使用此品牌包包者通常是高消費力與高品味的消費者。因此LV兩個字母不僅是用來區隔商品也用來區別消費者，也是其認同的來源。我們經常用「特定品牌愛用者」來形容某人，便是以消費行為來解釋誰是誰的活動。

四、夢想性的消費文化

廣告會給予消費者一個希望，因為廣告中的產品目的就是解決消費者困擾的問題。而廣告提供刺激購買的關鍵在於只要你買了產品，就會與現在的生活現況有所不同。哪怕只是一瓶飲料，也會讓你感受到生活中的文學氣息（飲冰室茶集）；或是花低價就能感受到咖啡的極品（貝納頌）。當然同樣買車與開車，有幸福的感覺總是不同（Nissan）；帶著可以顯示身分地位的Visa大來卡，服務人員會給你頂級的服務對待。如果妳因為身材過胖，就要到瘦身美容機構，因為走出來時，就會吸引到男性的目光；當妳懊惱胸部平坦時，豐胸產品可以讓妳有自信與傲人的效果。如果你想發財，樂透彩的廣告不就告訴你，買了彩券就有希望！如果想實現夢想，台新銀行的現金卡可以讓妳美夢成真。明顯的，所有美好的生活面貌都在廣告中呈現，而消費者要買的就是這份美好。即使許多時候，廣告中的美好可能只是幻象，但消費者總是可以從其他產品廣告與消費中，實現某些生活中的美好。廣告中所呈現的種種美好就是一種夢想性消費文化，也讓消費者有更多正當性的消費理由。

第五篇 效果篇

第十五章　廣告效果

第十六章　廣告效果調查

第 十 五 章

廣告效果

第一節　廣告效果特質

第二節　廣告效果的類別

Advertising
Communications

當你花40元買一杯珍珠奶茶時,你會希望不僅好喝,最好珍珠顆粒多一點。當你花400元吃一客牛排時,你除了期望好吃,還會重視店家的氣氛擺設,並認為服務生的服務態度要好。這樣的現象反映出每個人的消費都有期望,都希望產品能「物超所值」,而且花費越多時,期望的項目與要求的回饋會更高。這也是廣告主對廣告的期許,希望花大錢做的廣告要有效;最直接的有效廣告就是要能刺激消費者的購物以提高產品的銷售。亦即,當銷售額比做廣告之前提高時,這則廣告就有效果;反之,就說明這個廣告不成功,不是一個好的廣告策劃案;這樣的廣告效果概念是非常務實與功利的。

但是在產業激烈競爭與媒體多元複雜的生態下,產品銷售已經不再只是任何一個單一元素所能決定的,還包括產品本身的品質、價格、通路的分布與推廣活動等的執行。而且由於許多產品特色相當近似,市場區隔有所交集,導致廣告數量龐大下,許多廣告表現方式近於雷同甚至抄襲模仿,以至於單一則廣告要達到加強記憶,甚至促使行動更顯難度。換言之,要提高市場銷售必須有多方面市場條件的配合。畢竟廣告只是產品行銷活動的一部分,如果認為產品只要做了廣告就會提高銷售量,那是高估廣告的銷售功能,也忽視其他行銷要素的重要性。但是廣告對於產品銷售究竟有哪些正面的助力效果,就是廣告效果所要探究的焦點。

🎬 第一節 廣告效果特質

壹、廣告效果的概念

廣告作為訊息傳播與銷售手段的工具,已經成為廣告主不得不

重視並且一定要運用的問題。但是廣告究竟能夠產生多大的效果，一直是企業主、廣告人甚至消費者也想瞭解的問題。整個效果過程牽涉到兩方面，一方面是廣告主創造該則廣告訊息時的原始意圖為何，是否達到與其行銷策略的搭配性，換言之，市場上的銷售成果可以成為最直接的指標之一。另一方面是消費者接收該則廣告後所產生的認知與態度傾向；而這也是許多廣告效果研究所進行的重點議題。

綜而言之，廣告效果就是廣告主在媒體刊播廣告作品後，對於消費者產生哪些影響的表現。主要經歷的過程包括如何創造一則有效的廣告、選擇適當媒體刊播的到達階段、吸引消費者視線的注意階段、建立或改變消費者的態度階段，以及最後刺激消費者購買的行動階段。基本上，廣告效果的概念可以從幾個角度來檢視（如圖15-1）：

一、以廣告主的觀念進行判斷

廣告主是企業經營者，任何的投資預算都會考量成本效益，因此要進行廣告效果的評估以便確定目標已經達成多少。通常會以利潤的觀點檢視所花費的預算，如果播放廣告後產品銷售提升，就會認為廣告有效；反之，播放廣告後沒有刺激銷售則為無效廣告。另

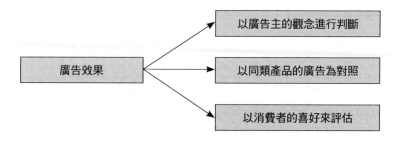

圖15-1　廣告效果的概念

外，廣告主雖然不一定瞭解廣告的操作，但他們也是社會生活一分子，每天都接受到各種類型廣告的衝擊，自然也會有其價值觀與喜好。例如有些廣告主喜愛某個知名演藝人物，會希望邀請代言，也會施壓給廣告代理業要他們能邀請到該名人代言，可是卻忽略考慮與其品牌屬性是否相合的問題。也有些廣告主雖然不一定能很清楚地說出「好廣告」的標準，但就是會有他們自己的一套喜好準則與評估指標，如表現手法最好能符合日常生活邏輯，版面時段安排以占據醒目位置為原則等，並常用個人生活或工作的經驗與價值觀，主觀判斷一則廣告的好壞與是否有效果。因此，當廣告人有不同於廣告主的一些想法時，就要用許多的市場資料、消費者特質、創意要素等相關的專業資料來說服廣告主。但如果遇到相當強勢或較不尊重廣告專業的廣告主，在溝通無效後，廣告人也會直接依照廣告主的意思製播所要的廣告訊息，但是相對的，也可以避免直接承擔廣告播放後的成效重任。

二、以同類產品的廣告為對照

除了少數手工製品的限量生產外，市場中的產品與服務都有許多同類產品的競爭；也相對的有許多廣告競爭。因此以自己的產品廣告與同類產品廣告做對比，也是衡量廣告效果的一種指標。就好比你身高為175公分，在一般標準中算是高的，但是相較於你的好朋友都是180公分以上而言，你仍算矮的。換言之，需要經過對比後，才能有評斷的基準。因此，許多廣告主經常以同類產品的廣告表現與效果做對照來評判自己的廣告。

例如知名品牌可口可樂與百事可樂之間的廣告戰，有時就是以競爭對手做了什麼，自己也相對要做到更好的要求，以期達到比對方更好的廣告效果。另外，市場有新產品競爭時，如手機業者在廣告表現手法與創意上的較量；電信業者之間刊播的密集競價促銷

廣告。又如燦坤與全國電子間的企業品牌形象廣告戰，都是一來一往的在媒體上刊播。不僅在廣告表現的內容上，有快速的回應與競爭，在媒體刊播的密集度上也幾乎是同等分量了。為了能比競爭對手有更好的廣告效果，廣告主相對就會要求廣告創意必須比同類產品突出，媒體安排要比競爭品牌更密集，廣告標語要更能吸引人、廣告表現要有震撼力等概念。

三、以消費者的喜好來評估

廣告主由於受經濟利益的驅使，關注的是消費者接收廣告後會有哪些心理與情感上的反應，以及看完廣告跟消費購物行為之間是否能產生任何關聯性等。其中有關消費者的心理與情感反應指的是消費者對廣告的評價，也一直是廣告效果調查的重要項目與評估指標。因為知道消費者對廣告的反應與評價，才能瞭解廣告的刊播究竟有哪些效果展現。如果消費者看過廣告，記得廣告，甚至對廣告有好感，對產品名稱有印象，就可以算是一則成功的廣告了。廣告主最怕的是消費者喜歡廣告中的代言人，或廣告的表現，或廣告標語等各種元素，但卻不知道何種產品名稱的廣告，這樣的廣告對廣告主而言是無效的，因為其他廣告元素的光環已經蓋過了最重要的產品印象了。

為了引起消費者對廣告的注意，現在的廣告創作花盡心思，不僅希望消費者注意、喜歡甚至最好能夠討論和參與。當廣告引起消費者熱烈討論時，該則廣告就達到承擔的溝通效果了。不過引發閱聽眾對廣告反應的情形也可分為正面討論（喜歡該則廣告）、負面批評（覺得廣告做得很爛）、積極參與（會參與廣告相關的行銷活動，如票選適合的代言人、廣告劇情結果等）三種類型，不論是哪一種都表示閱聽眾對該則廣告是有感覺的，也就是有一些效果產生。最怕的是一點感覺都沒有，因為沒有任何感覺，品牌就一點都

沒有機會混進消費者的印象中。

貳、廣告效果構成因素

一、物理構成因素

在廣告訊息的章節中提到，廣告構成要素包括圖、文、聲音三大元素取向，每類元素的表現都與廣告效果有關。這些元素屬於物理性的元素，其特質就是這些元素本身是死的、是僵硬的，但是廣告人要如何組合元素、元素之間的串聯用什麼圖像、要採用何種背景音樂、如何布局等，就是廣告的創意思維。由於廣告製播費用高、版面時間有限的條件下，任何元素的運用都要有其意義與目的，而不是填充版面或時段。所以對廣告人而言，每個畫面、每個動作、每句文案、每段音樂的運用都傳達著某種商品訊息的意義。不同的構成要素所能發揮的廣告效益也不同，對廣告效果的貢獻也不一樣；因此廣告效果的產生，主要是因為各個構成要素共同作用的結果。

二、人為的構成因素

廣告效果人為的構成因素主要包括以下四個方面：

(一)著重溝通效果的目標消費者

目標消費者是廣告主要銷售產品的主要對象，但是市場上品類競爭激烈，廣告創意又不斷地推陳出新，因此有吸引力的廣告才是在目標消費者腦海中建立品牌印象的第一步，至於是否能被廣告刺激引起消費欲求，就要看該則廣告的創意了。因此，對目標消費者能否達成溝通效果是廣告效果的首要原則。

(二)強調廣告投資銷售效果的廣告主

企業經營需要利潤才能生存，廣告是刺激銷售的重要傳播工具，有利於市場利潤的累積，廣告主當然願意投資製播廣告。但是有投資就會期許效益的回收，而這樣的效益思維主要建立在能達到刺激銷售的效果，因為這樣才符合企業經營與投資的目標。但是隨著廣告教育的推廣，廣告主也大都有所認知每一次的廣告目的隨產品的生命週期而不同，而且不同的廣告其傳播效果具有不同長短的潛伏期。

(三)執行廣告創意製播的廣告代理業

廣告做得好不好，能不能符合該階段的行銷目標就要看廣告人的功力了。廣告人承擔著廣告是否有效的最重要責任者，畢竟要發揮什麼樣的創意，用什麼樣的訴求與表現才能吸引目標消費者，都是建構在廣告人的思維與策略上，也是廣告主花錢找廣告人的目的。

(四)接受廣告訊息的社會大眾

廣告透過媒體傳播，就不會只有所謂的目標對象看到，因為任何媒介與內容的使用所觸及的閱聽眾是多層與交集的。例如一般人看電視時就會習慣轉台看不同的節目，就有機會看到不同的廣告，自然也會引發對不同廣告的一些看法與批評。又如有些戶外看板廣告中，以幾乎全裸辣妹與男生互擁的畫面就引發許多家長不滿，因為每當小朋友問說他們在做什麼時，家長都不知如何回答才妥當。當抗議聲或不滿論調持續時，相關單位就會考慮停播或撤除該則廣告。換言之，社會大眾對廣告的觀感與評價也是構成廣告效果的一方。

三、時間的構成因素

如果以時間角度來劃分，廣告效果又可分為短期效果和長期效果。短期效果指廣告的刊播是要提醒消費者立即購買或刺激購買欲望，所以廣告刊播後，產品的銷售業績是否有顯著提升就是短期效果的目的。長期效果則是廣告向消費者傳達品牌意義為主，不是以立即性的刺激銷售訊息為主，而是以企業形象為主，其目的就是在未來的時間裡，除了建立消費者的品牌忠誠度外，仍可以繼續吸引更多潛在消費者的購買。明顯的，廣告主都希望廣告能立即達成短期效果，但有更多時候品牌的廣告效益是要靠時間的長期累積才能顯現其效果的。

基本上，大部分的商品廣告都是隨著季節與產品特質製播，例如冬天季節容易感冒，咳嗽糖漿、感冒藥、烘衣機等產品廣告就會出現，這些品類都屬於希望達成短期效應的廣告。長期而言，產品品牌形象的廣告要能延續在不同媒體中強化消費者的印象。例如企業的形象廣告，絕非做幾次的形象廣告就能建立或穩固該企業在消費者心目中的品牌印象。又如一些公益廣告或政令宣導的廣告，所提倡的公益或救他人等慈善理念都必須長期、重複播放廣告，閱聽眾才能因為長期的時間效應將其訴求內化成自己的信念。

🎥 第二節　廣告效果的類別

如果從廣告效果類別來看，廣告效果主要可分為廣告的傳播效果（Communication Effect）、產品銷售效果（Sales Effect）以及社會大眾接收後的社會效果（Social Effect）（如**圖15-2**）。傳播效果與產品銷售效果兩者通常是相輔相成的一體兩面，最終都是為了

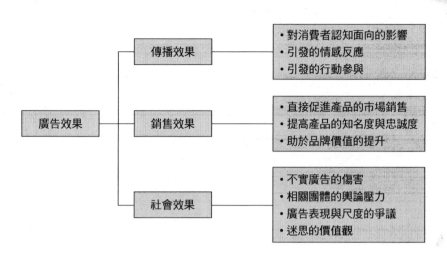

圖 15-2　廣告效果類別

產品銷售為主要目標。但是廣告所引發的社會效果有些時候是可預期,有些時候則是非預期中,並且可能進而引發有助於建立品牌印象的正面效果或是廣告停播等後續效應。

壹、傳播效果

　　廣告所期望達到的目標是銷售產品,但程序上必須要能先對消費者心理產生某種程度的影響,才有可能進而引發消費者進一步的購買行動。所以廣告與其說是對行為直接發生影響,不如說在多數情況下是希望在消費者心中創造或建立某種有利於該品牌印象的狀態(傳播效果)。所以傳播效果指廣告訊息帶給目標受眾任何可能改變或加強消費者對產品在態度、認知、情感及行為上的正面性反應或心理效果。有了廣告的傳播效益,配合著市場中有關產品價格、通路、促銷等其他行銷因素下,就比較有可能做出購買該品牌的決策。所以傳播效果的檢視,主要焦點在消費者對有關廣告內容

（如產品、服務、廣告表現等）心理傾向或品牌態度的影響，而並非是立即的購買行為。廣告所創造的傳播效果可從三方面檢示：(1)廣告對消費者認知面向的影響；(2)廣告所引發的情感反應；(3)廣告所引發的行動參與。

一、廣告對消費者認知面向的影響

認知是廣告所引發消費者對商品的知覺、記憶與理解面向上的程度，消費者是否會看廣告，看到些什麼內容是衡量廣告是否能引起注意的第一指標。有了注意度，進而瞭解受眾對某一個廣告內容的理解度為何。即使廣告的訊息通常很單一性，但由於每個人的生活經歷不盡相同，對相同的影像、訊息也可能產生多樣的詮釋。當目標對象不能理解訊息的內容或理解的角度，與創意人所希望傳達的意義有很大距離時，表示廣告的溝通效果已經受到影響。

例如早期司迪麥口香糖一系列的意識形態廣告表現，並非很多人能理解廣告訊息與產品之間的關連性，甚至認為看不懂該系列廣告的人很多。相較於箭牌口香糖、AirWaves、飛壘口香糖等訊息簡單明確的廣告而言，閱聽眾對意識形態廣告的理解與認知顯然比較弱。不過當時因為有許多媒體報導這類新型的表現手法，如何有別於傳統的廣告表現，以及訊息想傳達什麼意義等等的專題報導，協助消費者對廣告的理解與接受，並成為當時頗具創意的廣告表現。但是如果一則廣告所產生的認知解讀有很大歧異性時，其廣告的傳播效果就值得商榷了。

如果只是在做廣告正式播映前的測試調查，廣告訊息的內容就可以立即做方向上的調整或修正；畢竟廣告是傳達給受眾接收的，其反應才是廣告內容的主要決定者，如果大家看了廣告都不懂訊息意義或無法感受到產品的特殊性與價值性，廣告訊息就要調整。如果是正式刊播後的廣告，廣告認知面向的效果就要瞭解消費者記住

哪些廣告表現、是否記得廣告品牌的名字、從這樣的廣告訊息中又
會有哪些的品牌特質聯想、是否記得此品牌哪些特點等。

二、廣告所引發的情感反應

　　廣告主如果開始提撥預算做廣告後，就不能在某一年不做廣
告。因為眾多的品牌競爭會淹沒你的品牌印象，如果你沒有持續製
播廣告喚醒消費者記憶或建立消費者對品牌的正面情感，之前所經
營的廣告印象可能就失去累積的效益了。這也是為什麼大規模的企
業主，每年都有不同版本的廣告與產品，就是維持受眾的新鮮感與
吸引注意力。而廣告人以生活化的語言詞彙就是希望讓受眾容易理
解；用理想愉悅的場景拍攝產品就是企圖誘發受眾對產品的需求。
可以說為了引起消費者對廣告有正面的情感反應，廣告人可想的創
意無所不用。而消費者看完廣告後所引發的情感反應，主要可分為
正面情感的評價與負面情感的批評。

(一)正面情感的評價

　　廣告不論是動之以情或說之以理，其創意的目的就是不斷地引
發受眾的注意，與消費者適切的溝通。這也是為什麼廣告人必須瞭
解目標消費者生活型態、消費習性、價值觀與生活用語等變數，才
能有同理心的創造出引發消費者共鳴的廣告，進而對廣告有正面情
感，亦即廣告播出後消費者喜歡該則廣告。有許多時候甚至不是原
先預期的目標消費者，也因為對該則廣告的喜愛而嘗試購買產品。
如果廣告能引發消費者熱烈討論並且認為該則廣告拍得好時，廣告
就達到傳播效果了，而且透過消費者彼此之間分享對該則廣告的心
情與共鳴的過程中，廣告訊息更容易內化到消費者的價值觀與意識
中，提高對品牌的印象與概念。

　　在廣告表現策略中提到，其實以感性訴求的廣告訊息比較容

易引發消費者正面的情感反應，可能因為情節畫面的感動，也可能因為歌曲的歡樂而喜悅。如中華汽車SAVRIN信任篇的廣告中，夫妻間「大男人」、「因為我信任你」的對話，不僅引起消費者的共鳴，也成為許多男女朋友與夫妻間對話的常用語。而結尾美滿小家庭的畫面，更呈現了大家心中嚮往的溫馨關係；彷彿購買「SAVRIN」，就等於購買「幸福」。此則廣告所引發的情緒感動也為三菱汽車創造出「SAVRIN幸福房車」的銷售佳績。又如7-11以動畫式的卡通人物Open小將代言，其可愛的造型吸引年輕客群的喜愛與收藏。因此當它出現代言某項促銷活動時，通常可以提高當時的促銷業績。明顯的，當廣告引發正面情感評價時，對於後續的銷售效果都有可能產生直接有利的助力。

(二)負面情感的批評

除了政令宣導、政治廣告或某些公益廣告會採取恐懼訴求，可能造成消費者觀看後的不舒服感外，一般商業性廣告都希望消費者看完廣告後，喜歡廣告也記住產品名稱，引發正面的情感。但消費者對廣告的解讀與反應，有許多時候真的超乎廣告人當初構思訊息時所能預測與掌控的。

例如知名藝人伊能靜以往的形象不僅是全方位才藝的女強人，也一直是好媽媽、好妻子與美麗教主的形象，不僅代言幼兒相關用品，也包括民生用品與保養品的廣告。但在2008年末爆發婚變的風暴消息後，形象受創，網友批評聲浪讓某些廣告主先撤其代言的廣告，有些則是預備開拍的廣告先喊暫停。又如大陸跨欄知名選手劉翔自從2004年雅典奧運男子110公尺跨欄贏得冠軍後，就成為許多國際知名品牌代言的寵兒（如可口可樂、NIKE、VISA、凱迪拉克等）。但在2008年8月北京奧運尋求衛冕時，在預賽中即因傷退賽，引起全場觀眾的譁然。因為有許多人對他充滿高度期待，無法

接受他中途的退賽，於是缺乏運動家精神的批評排山倒海而來，也相對衝擊到所代言的產品。這些負面的情感反應與批評，對於相關產品的品牌認知無疑是相對負面的。

三、廣告所引發的行動參與

　　除了吸引消費者注意廣告、理解廣告、喜歡廣告外，現在有更多的廣告創作以互動式的思維觀點，創造能引發閱聽眾互動式的廣告訊息。因為廣告的效益畢竟有限，但如果將消費者也帶入參與廣告的劇情中，等於提高涉入度，可以強化品牌的印象。而廣告的話題如果執行的恰當，還能成為媒體報導的焦點，延續廣告的傳播效益，強化與擴展品牌印象。因此許多的廣告活動，會積極設計一些讓受眾有機會票選、提供劇情、參與評論等的活動。

　　例如樺達喉糖採用互動式行銷，結合電視廣告與網路活動同時進行。廣告中，瘦弱的王心凌鞋跟被卡在鐵道縫裡，迎面而來的是急速行駛的火車，無助的她只能大叫，旁邊兩名男子飛奔而來試圖相救，究竟關鍵時刻誰能營救她？這種兩男救一女的情節經常出現在電視劇情中，現在廣告中則是讓觀眾猜猜到底是誰救了王心凌。而最後的結果卻是王心凌利用樺達喉糖發揮獅吼功，震退火車。該廣告利用「關鍵時刻，『誰』來救王心凌」的主題強化懸疑效果，引起觀眾注意，並且在網路上舉辦相關活動，增加話題性與其產品曝光率，成功的引發消費者上網參與活動。

貳、銷售效果

　　產品銷售效果指產品實際的銷售情況，受到行銷組合中的4P（product, price, place, promotion）影響。每一個環節都會影響整體的效果，都可能是關鍵性的影響，但非決定性唯一的影響。以刺激

銷售為前提的廣告目的永遠不變,雖然廣告主瞭解在不同生命週期中的廣告任務不同,但基本上每年大量的廣告投資額最終目的仍是希望廣告能刺激產品的銷售。基本上,銷售的概念包括:

一、直接促進產品的市場銷售

通常是促銷廣告最能展現這樣的銷售效益。例如各產業要進行週年慶或各季節的促銷活動時,會以各種的廣告傳單或型錄寄送到消費者家裡。而消費者也會拿著廣告型錄到百貨公司購買產品的情形,就實際印證廣告有助其銷售的效應。

二、提高產品知名度與忠誠度

除了促銷廣告外,大部分的廣告目的就是要將產品訊息深入消費者心裡與腦海中,因此會用許多的創意表現以及密集的媒體刊播來強化品牌在消費者心中的印象。因為有了品牌印象,就會有助於消費者品牌選擇時的傾向。只要建立品牌印象,廣告就是發揮了銷售效益的功能了。

三、助於品牌價值的提升

廣告、品牌與銷售之間有密切的關聯性,因為品牌的建立需要時間的長期經營,短期的密集廣告只是建立品牌的印象,必須要長期的廣告刊播,品牌印象才有可能累積,進而提高產品銷售的可能性。所以廣告的銷售效果有時要放在長時期廣告刊播後所產生的市場效益。

雖然廣告創意究竟能提升多少程度的銷售業績或增加多強的購買刺激,並沒有實證研究提出有力數據證明。一般測量銷售效果可從零售商店補貨、退貨或家庭的品牌購買紀錄得知。不過並不能證明廣告與銷售量的直接關係,唯一能確定的是,當消費者面對同類

產品、不同品牌的選擇時，通常有刊登廣告的品牌，被選擇的機率較大。如果廣告讓消費者愈喜歡、愈相信、愈覺得該廣告產品的特點對自己重要時，在購買選擇的反應上就會更熱烈，刺激銷售目的就愈趨完成。

參、社會效果

任何一個產品的銷售訊息一旦成為廣告，透過媒體向公眾發表，本身就已經成為一個公眾的行為，屬於公共論壇。因此隨著廣告帶給企業某些經濟利益的同時，也會給受眾帶來各種變化，以及社會與文化方面上的影響。這些變化與社會反應是不能忽視的，因為有些造成的影響可能會直接衝擊到廣告是否能順利持續刊播的效應；而對某些閱聽眾而言，也可能已經引發某些價值觀認知上的失調或身心傷害與視覺上的不舒服感。

例如，1998年1月時，電視新聞曾報導在紐西蘭有某一對男女朋友，學習某品牌酒類廣告代言人從瀑布上跳下卻致死的新聞事件，引發當地人士的衝擊，該廣告也因此而禁播。一個原本想用驚險畫面吸引消費者的廣告影像，引發如此的新聞事件，任誰也都預想不到。然而，從這些事件可證明，廣告人所能產生的影響，有時已經超乎廣告訊息的目的，以及廣告人所能預期或想像的範圍。而這樣的社會效應對廣告主、廣告人或社會大眾而言都有直接影響的效應，也都屬於廣告效果的展現。因為即使廣告訊息內容的創作再有創意，如果面對停播的命運，不僅無法再發揮任何的傳播效應，更重要的是如果也會影響到廣告主的企業形象，就更得不償失了。所以廣告的社會效果就是廣告經營活動，對社會生活所產生影響的綜合反映，主要展現的面向包括：

一、不實廣告的傷害

當廣告中的陳述或表現的訊息意思與實際的商品或服務有不符合者，即屬於不實廣告。而形成不實廣告的原因，可能是疏忽的結果，也可能是廣告人刻意設計的文案或圖片，引導消費者錯誤的判斷。現在愈來愈多不實廣告的產生，主要是因為許多產品為了強化商品訊息與特點，以過度的誇張、浮誇訊息展現，以致於誤導消費者對產品的認知，而形成不實廣告。當然如果廣告的表現屬於創意，一般消費者也不會受騙上當時，就不會有傷害產生。但是只要廣告被認定為不實廣告時，對消費者與業界都是一大傷害與損失。尤其當消費者因為購買產品使用，引發身體傷害而遭媒體揭露時，企業形象的傷害更難彌補。

2009年政府為刺激景氣，鼓勵民眾消費而發放消費券。許多賣場紛紛推出相關優惠，知名賣場家樂福於春節期間推出「到家樂福用消費券滿三千六百元送七千二百元滿額折價券」活動，吸引許多民眾消費，因為多數民眾都認知到此促銷活動將消費券的價值擴增為一倍，但是也因此引發爭議。因為該活動的「滿額折價券」有嚴格的使用條件，折價券上註明的不適用商品類別比廣告中的還要多，讓消費者覺得家樂福根本沒有誠意，也被公平會認定為「廣告不實」，處家樂福母公司及子公司共三百萬罰鍰，這是國內第一起消費券促銷活動遭罰的案例。

其他許多案例是消費者在親身購買產品後，從廣告中認知的產品效果與實際使用差異太大時，該則廣告也會被判定為不實廣告。例如過年期間在宜蘭舉行的「2009世界馬戲童玩博覽會」，業者以來自世界五大洲的動物馬戲表演為噱頭吸引消費者前往觀看，結果大家卻發現根本沒有馬戲團表演，失望之餘紛紛要求退票。而公平會也做出決議，對主辦單位「拉斯維加斯國際育樂公司」以廣告不

實為由罰款五十萬元。但是消費者對於宜蘭縣政府也頗多批評,認為沒有做好活動的品管。又如有些豐胸廣告強調只要妳參加美療豐胸課程,就可以從A罩杯升級到D罩杯。當消費者花費許多金錢卻沒有效果時,自然會提出告訴。很多的瘦身豐胸廣告因為都過於強調產品使用後的成效,讓有需求的消費者抱著很高的期望購買,面對產品無效時自然會產生認知不協調。此外,政治選舉時,也有許多的不實廣告刊播,候選人為了打擊競爭對手,有時會用一些並未經過求證的訊息製作廣告,或是誇大競爭對手的缺失。

基本上,法規就像一張濾網,扮演著過濾淘汰的角色。雖然類似的不實廣告有增多的情形,但透過公平會的裁定與消基會呼籲重視消費者權益的情況下,相信想用以假亂真的廣告主會有所警惕。

二、相關團體的輿論壓力

輿論是團體成員中所共同持有的一些看法或意見,單靠政府的力量不足以杜絕視聽不良的廣告,但透過輿論所產生的效果有時比法規有效。而一些不當的廣告即使不違法規,也可能引發輿論的譴責。這樣的譴責來源主要來自業界本身,或社會大眾與特殊群體。當業界提出抗議時,通常是牽涉到與自身企業或產品相關的利益。因為在自由競爭的商業體制下,任何人都有做廣告的自由,更有表現的自由,只要不違法均是在民主制度下所容忍的表現。

如果是社會大眾或特殊群體提出抗議,表示該訊息的表現有待考驗。因為廣告是做給社會大眾觀看,其訊息經由媒體傳送後所引起的效應不只是目標對象購買行為與否的反應而已,還必須考量不同階層的人觀看其畫面的呈現或訴求後,是否會產生其他的效應。即使廣告的角色是相當商業性,但其訊息透過社會公器的運用,就不能只求效果,不顧社會的責任。輿論壓力主要來源有二:一個是相關業者,一個是廣告表現中所呈現的相關團體。

(一)相關業者

2003年6月拍賣網站eBay推出的「唐先生打破蟠龍花瓶」廣告，其內容是在描述唐先生與老婆共舞，卻意外地打破了老婆心愛的花瓶。之後，為了要彌補這個過錯，希望用做不完的家事來贖罪，後來終於在網站上找到了一模一樣的花瓶了，卻又不小心打破了，結果可想而知將繼續悲慘的生活。整則廣告就是用人與物品關係的小故事做劇情的架構，由於故事有趣又有張力，引發不少的話題討論，也加速炒熱網路拍賣的市場。面對eBay來勢洶洶的電視廣告，隨後Yahoo!奇摩拍賣網站也推出「唐先生出走」的續集廣告。不只藉角色、場景高度類似eBay廣告的設計混淆觀眾，更在最後出現「您一輩（eBay）子買不到的東西，請到Yahoo!奇摩拍賣」的雙關語。由於在長達六十秒的廣告中，大部分的時間都在延續eBay「唐先生打破花瓶」廣告，結果網友大都以為Yahoo!的「唐先生出走」廣告是「唐先生續集，對eBay印象更深」。有些網友理解是Yahoo!的回擊廣告後，大都認為以Yahoo!的產業規模，竟然重複eBay的創意，成了跟隨者並不妥當。

另外，燦坤在2009年2月27日於《自由時報》刊登了半版廣告，以「要比‧比到底」的大文字為標題，列舉多項比較項目，指出自己和競爭對手的優劣。此則廣告除了是大篇幅容易讓人注意外，更重要的是比較內容並沒有點到為止；而是直接引經據典地明嘲暗諷對手表面上照顧客人，拿「足感心ㄟ」當口號，事實上卻是「很敢賺」。由於全國電子一系列「感心」的廣告不僅成功塑造其溫馨形象，也讓全國電子的品牌知名度大為提升。因此，大部分的讀者一看此廣告，就知道燦坤這則廣告明顯的挑戰全國電子。隔天被指桑罵槐的全國電子就在同樣的報紙、以同樣的篇幅，以「要比‧比徹底」為標，來個回馬「嗆」。除了一一回應燦坤的質疑，還以眼還眼地挑出對手毛病，反將一軍。這樣的比較性廣告容易從商

品的廣告戰變成口水之爭了！由於兩家通路是目前市場的兩大領導品牌，因此只要一方有任何影射對手的廣告出現時，往往會導致另一方的抗議或也以同樣手法反嗆回去。

(二)廣告表現中所呈現的相關團體

案例一：巧克力與同志

美國知名點心品牌Snickers於2007年美國超級盃中所播放的廣告裡，兩名黑手一同修車，其中一名拿出了一根Snickers巧克力棒放入嘴裡，另一名看了難掩嘴饞，也含住了另一頭開始享用，結果不小心彼此親到對方的嘴巴，兩人驚恐的跳開，為了證明不是同志，喊著：「快！做點夠Man的事！」於是拉開襯衫扯下自己胸上的一撮胸毛，並痛得大叫。廣告企圖以幽默的方式展現，但對同志與人權團體卻造成震撼，認為該則廣告充滿反同志意識形態。美國人權促進會（The Human Rights Campaign）要求Snickers立即撤下廣告，Snickers也緊急將廣告撤除。

案例二：修女與放屁

統一優酪乳於1997年10月「修女祈禱篇」廣告片中，運用修女在教堂祈禱時放屁的情節，想引發令人會心一笑的幽默效果，以傳達商品的利益點。反而引發天主教修女會的聯合抗議，認為祈禱本身是一件相當神聖的事情，強化其放屁的幽默效果實在不雅，無形中侮辱宗教與修女的尊嚴與形象。雖然後來創作者提出解釋，時代有所不同，應容許有更多的創作空間，才能展現創作的生命力。放屁一直被視為是不雅之事，但這樣的呈現純粹是創意表達，絕無意詆毀或不尊重的用意。但統一後來仍是尊重該修女會的抗議，於1997年12月中旬停播該廣告。

案例三：軍人與肯德基

廣告中以爸媽去軍中探望兒子，知道兒子喜歡吃炸雞，特別帶了一桶炸雞。畫面中表現出當兒子一咬雞塊，發現不是肯德基的炸雞後，竟然誇張的躺在地上哭鬧持續喊著說：「這不是肯德基。」一個當兵的大男生竟然會為了不是肯德基的炸雞而像小朋友一樣的在地上哭鬧，讓觀眾覺得錯愕外也覺得很好笑，誇張的情節展現了幽默的效果，也讓「這不是肯德基」成了當下的流行語。雖然多數觀眾覺得幽默有趣，但是因為廣告中是以軍人為角色演出，所以國防部抗議廣告表現會詆毀國軍形象，甚至可能會禁止肯德基產品進入軍營。但是其抗議消息上報後，廣告的知名度又大增，成了社會大眾茶餘飯後的話題，也提高與強化品牌形象的認知與印象。

案例四：航空業者與反菸

國民健康局推出一支反菸廣告中，飛機是主要的影像畫面，空服人員親切的服務著客戶，畫面切換一男一女在飛機與在陽台上仰望飛機的場景，雖然空服員親切的笑著，但是其中的一個動作就是用白布蓋上了乘客的臉。整則廣告的表現有別於以往政令宣導或公益廣告的表現形式，想要用隱喻與類比的方式提醒閱聽眾思考，抽菸雖然可能快樂，但是吸菸太多會逃不過死亡魔掌下場。不過因為整個影片場景在飛機上，而且空服員出現的頻率高、飛機空中飛的畫面成為貫穿全景的重要且突顯的元素，再加上空姐蓋白布的動作，引發航空公會抗議，要求停播。畢竟對航空業者而言，剛開始的畫面好比某家航空公司在拍企業形象廣告；因此乘客死在飛機上，空服員還微笑蓋白布，可能引發受眾對搭乘飛機的恐懼與不安。這則廣告刊播沒幾次後就停播了，雖然拍攝時間頗長，廣告訊息也別出心裁的運用隱喻手法，但是閱聽眾對廣告元素與符號的解讀，並不與廣告人所期許方向一樣時，廣告傳播效果不僅沒有達成，甚至可能因為隱喻元素的運用不當而誤導大眾甚至造成傷害了。

案例五：家長與機車

　　光陽機車在2008年底播出全長六十秒鐘的「彎道情人」廣告，主要內容敘述男女主角當街在陸橋上停車吵架，女主角盛怒下，將包包丟到陸橋下面，男主角狂飆追回。過程中包括男主角隨意停車、飆速、闖停車場閘門等行徑都是違反交通規則的表現。如果只是看其劇情的創意，該則廣告反映出戀愛中男女經常發生的情形：某一方喜歡一直問你愛不愛我？另一方可能不想回答或用其他方式回答。但是當兩方對彼此的預期有落差時就可能會有些任性行為的表現。廣告中藉由男主角的飆速展現該車的性能，但也因此讓許多家長抗議「高架陸橋丟下包包」、「飆車速」的不當畫面對青少年會有不良影響。而國家通訊傳播委員會（NCC）也發函要求該則廣告需要加註「危險動作不宜模仿」的警語外，播出時間也必須在晚上九點以後。

三、廣告表現與尺度的爭議

　　廣告表現要有創意發想的空間，但是因為不同社會文化環境中，有不同的道德尺度標準，能接受的廣告表現也各有不同，因此有些廣告創意如果沒有把握住尺度規範的框框，也很容易就會創意過了頭，引發爭議批評的聲音。有些廣告是無心，但也有些廣告的策略就是以創造爭議性廣告為主，因為爭議愈大的廣告表現，新聞媒體報導的可能性也愈大。每一則新聞報導等於是免費的廣告宣傳，有助於建立品牌形象。雖然也有可能是負面的形象，但是誠如前面所言，有感覺總比一點感覺都沒有要來得好。但是如果負面印象過強，很容易引發消費者強烈的反感。

　　例如班尼頓的廣告一直都是全球新聞媒體的關注焦點並製造了爭議性話題，例如血衣廣告、傳教士與修女接吻，彩色保險套，未剪的臍帶、男女局部性器官的呈現等，都因為前衛大膽的視覺衝擊

無法取得部分團體的認同而反彈抗議。在有些地方可能會遭禁播的命運，但是由於新聞媒體的報導與敘述廣告內容，等於是更強而有力的放送廣告訊息。

另外，根據國內「醫療法」的規定，醫療廣告有許多從嚴的規範。也因此有些業者開始以不同的方式與管道嘗試為自己的服務或產品打廣告。例如2009年2月台南有一間美容診所以其小護士要徵婚為由，拍了三位護士全裸但不露點的火辣廣告，名目是要徵婚，但每則廣告中都呈現其診所名稱，很明顯的是為其診所打廣告。該則廣告看板以及系列的小護士火辣徵婚照，的確成功的引發許多人對該則廣告以及診所的注意，卻也同時引發許多爭議。台南市衛生局要求該診所先停業進行改善，倘若仍不改善，最嚴重的處罰將可以撤照。

又如維力大乾麵的「向前衝篇」廣告，剛開始以全黑的背景畫面呈現，畫面右方出現一大堆狀似精子的游物，向左邊奮力游去，並有「殺殺」的配音；第二幕同樣的場景，只不過精子是向右後方奮力游；第三幕時整個畫面都被精子占滿，「殺殺」的配音充斥著，然後精子集中一起游往白色的圓形洞口。後來白色的圓形洞口慢慢變成維力大乾麵的背面，旁白與字幕打出「縱慾是快樂的」、「讓我們大幹一場」、「新一代大乾麵快樂上市」。這則廣告的畫面元素引發家長強烈的批評，認為畫面的表現低俗，而且對小朋友而言是不良的訊息表現，因此這則廣告也因為表現尺度的問題而遭禁播。

四、迷思的價值觀

價值觀是個人透過不同管道學習與生活經驗累積的呈現，通常反映於個人面、人際關係面與社會面。在個人面部分，影響個人對生活狀態的需求與行為模式的期望，屬於自己人格特質展現的自

我價值觀。亦即影響每個人的生活態度、對事情的詮釋、目標的追尋、時間的規劃、金錢的觀念等。例如，有些人的生活態度是及時行樂，或是把握當下，或是掌握未來等。通常個體的價值觀反映於目標的追尋、與他人的互動上，而媒體的價值觀則呈現於訊息的內容。大眾媒體究竟是反映社會真實面或建構社會真實面，一直是爭論性的問題。但可以確定的是，從訊息的內容我們可以看到某些價值觀的呈現。尤其是廣告，因為廣告內容可說是社會環境最好的偵測劑，當時空變化或社會環境與條件有所改變時，廣告的表現也就隨之改變。

尤其當廣告為了能在有限的時間與版面中表現廣告創意，有時會過於強化影像的某些表現，不免有些誇張不符合真實。劇情的簡化與突顯某些表現的結果，使得觀眾在看廣告時也很容易被其設定的價值觀框架給引導解讀；就像在廣告的世界裡沒有任何的血腥暴力，只有詳和愉悅的場景；廣告描述的是一個令人想生活的理想情境，但前提必須是能擁有該產品。明顯的，受眾接收的廣告訊息中，產品是一個符號，而非產品的功能，所以透過金錢購物消費該產品，就能相對擁有快樂、成就、幸福的人生。此外，有時為了在極有限的時間版面中敘述所要描繪的對象，很容易就擷取社會中既有的刻板印象。例如廚房性的用品幾乎都是女性代言，似乎意味著男性都不做家事；汽車廣告或酒類廣告中，男性是主要代言者，女性通常是附屬性角色；又如泛亞電信「老鳥與新手」的廣告中，剛開始老鳥胖子出現的畫面幾乎手邊不離零食，嘴巴一直在吃，胖子愛吃的刻板印象表露無疑。換言之，許多符號的社會意義就是透過廣告中的價值觀所傳送。

又如豐胸的廣告表現，經常以女性如果胸部不挺，就不敢抬頭挺胸走路，不僅無法吸引男生的注視，甚至會被嘲笑跟男生一樣的胸部，因此必須要藉由購買使用或吃某項產品，讓自己胸部變大

後，就可以成為傲人的女孩。瘦身廣告的表現也是以肥胖女孩沒人愛的悲哀表現，突顯出窈窕女孩的受歡迎與肯定。這類的廣告都把女性的自我價值建立在外表上；對於閱聽眾而言，在密集廣告刊播的洗腦下，自然會形塑成對身體美感的價值判斷，但顯然這樣的美體價值觀有其迷思。

第十六章

廣告效果調查

第一節　廣告效果調查面向

第二節　廣告效果調查特質

第三節　廣告效果調查法

Advertising
Communications

　　一套完整的廣告計畫擬定，基本上是科學化的步驟，有許多市場相關資料的參考，才有可能與市場的脈動扣連。當然也必須要有階段性的效果評估，才能知道廣告計畫的目標是否達成。雖然廣告代理業無法用事前測試來預測廣告效果一定會成功，但有一些科學性的調查方式與工具的輔助，可以讓廣告發揮應有的正面效益。但廣告所引起的變化非常多元，包含各式各樣的因素，要把所有因素加以考察並不容易。除非能明確界定廣告所要求的具體效果，否則實際衡量廣告效果有其困難度。因此對於廣告效果的測定，一般根據廣告目的，把要考察的因素加以限定，再進行調查。簡而言之，廣告效果調查是對廣告訊息在傳播過程中，引起直接或間接效果的調查研究。透過廣告效果的測定，可以檢驗廣告目標是否實現，廣告媒體運用是否得當，廣告發布時間與頻率是否適宜，投入的廣告費用是否合理。同時透過測試消費者對廣告作品的接受程度，可以鑑定廣告主體是否突出，是否符合消費者的心理需求，廣告創意是否感人，是否收到良好的心理效果。

第一節　廣告效果調查面向

　　一支廣告經過了廣告概念搜尋確認、廣告文案測試或者故事版測試、廣告播放前的前測等各個不同階段的研究後，就要選擇媒體實際刊播廣告了。在實際刊播前所執行的所有過程都是為了讓廣告成為有效的廣告，達到吸引消費者、建立品牌印象、刺激消費者購買的廣告目的。實際刊播後的消費者反應與市場反應自然就成為呈現廣告效果的重要面向，也是效果調查的方向。顯現出廣告效果調查可以分為兩大部分，一是在廣告正式播放前對廣告方案與廣告概念進行評估，瞭解消費者接受程度，以及對文案、訊息不同部分的

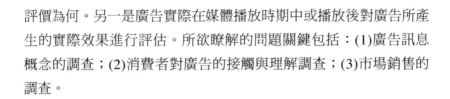

評價為何。另一是廣告實際在媒體播放時期中或播放後對廣告所產生的實際效果進行評估。所欲瞭解的問題關鍵包括：(1)廣告訊息概念的調查；(2)消費者對廣告的接觸與理解調查；(3)市場銷售的調查。

壹、廣告訊息概念的調查

在廣告活動實施前，就廣告表現先進行目標對象反應測試，瞭解廣告活動中有哪些可能的缺失，並確認廣告的表現策略是否妥當，以期找出最能被消費者喜歡與接受的創意，才能進一步發揮廣告效果。作為計畫實施的先前測試，也就是所謂的事前測試。畢竟製播廣告過程牽涉大筆金額的投入，廣告主與廣告人都想降低風險，就必須在廣告尚未正式製作與刊播前進行調查。假如能在廣告費尚未完全投入前，就能測出某種程度的廣告效果，就比較容易做到有效的廣告投資，主要方式包括概念測試與文案測試。

一、概念測試

產品屬性多樣與不同，哪一樣屬性可以成為市場獨特銷售的賣點，而此賣點又要以什麼樣的概念表現才能與消費者溝通，是廣告人要做廣告概念測試的核心焦點，才能瞭解新的銷售創意是否有其市場。也就是希望經由概念測試能決定出應該向廣告訴求對象說什麼最好，通常會用焦點團體座談的方式，根據消費者的反應決定最有效的訴求點。必須經由不斷地測試、評估與修正的結果，才能選擇出最佳的概念。

二、文案測試

就是對已完成的廣告作品，在原稿發稿之前所進行的測試動

作。主要根據廣告運作的AIDA（attention, interest, desire, action）模式，檢視受訪者對廣告的反應為何。包括對廣告哪一個部分的訊息最有感覺、哪個文案最有印象、訊息表現會有何聯想、是否說出廣告所要溝通的要點、對廣告的的喜歡程度等。具體執行時，讓受試者看製作好要測試的廣告後，請他們寫下看廣告過程中出現在腦海裡的各種想法、意見和反應；有的是會以問答或提醒的方式與受訪者之間對談記錄。廣告人就會根據這些想法、意見、反應做分析，以掌握訊息內容是否符合當初預期的效果目標，亦即希望消費者看到這則廣告後會引起的反應為何，如果與預期符合表示廣告訊息方向是對的，如果不符或歧異性大時，就必須做訊息上的調整或修正。

也可以讓受試者看或聽一組廣告，通常不會限制看或聽多久的時間，主要是讓受試者盡量跟日常生活中一樣，在沒有時間壓力情形下看廣告。然後請他們回憶所看到（或聽到）的全部廣告以及內容。受試者的回憶內容就顯示出廣告的突出性，以及訊息被瞭解或記憶的程度。常問的問題如 「您對哪幾則廣告感興趣？」、「您喜歡哪一則廣告？」、「您知道（覺得）這則廣告想要表達些什麼嗎？」、「您看過廣告後，有沒有產生想進一步瞭解廣告產品的興趣，或是有購買的興趣？」。

貳、消費者對廣告的接觸與理解調查

廣告正式刊播後，消費者究竟有沒有看到這則廣告，看了之後有哪些理解？是否有產生品牌印象與好感等問題，都是廣告主與廣告人所想瞭解與掌握的。亦即，多少人知道這則廣告？多少人記住且理解多少的廣告內容？這些調查可以說是廣告效果的事中測定，可以直接瞭解媒體受眾在日常生活中對廣告的真實反應，得出的結

果報告也是較可靠準確的。但這種測定結果對進行中的廣告宣傳與原先預定的活動計畫等，已經很難進行修改，只能進行局部的調整和修補。具體執行的測定法包括：

一、記憶測驗法

主要測試消費者對某一則廣告究竟記憶了多少的調查，常用的技術是回憶法的測試。所謂的回憶就是不給予受訪者任何有關被測試的廣告訊息，而直接請受訪者回憶的一種方法。譬如測驗報紙廣告時，會問，「你今天看過某某報紙嗎？」如果回答看了，就繼續問，「你看的那份報紙中有什麼廣告？」如果受訪者能直接回想起某則廣告，就是純粹想起法。如果調查者必須給予一些線索，例如「你有沒有看衛生棉廣告？」、「那個衛生棉是哪個品牌的？」這種略微提供一些線索幫助對方想起的方式，就稱之為輔助想起法。另外，如果是廣電媒體，一樣也是要求受訪者回答在該節目中有哪些廣告。

二、市場試驗法

大量刊播廣告就要花大筆的媒體預算，在尚且不知受眾對廣告的最真實與具體反應前，廣告主可以先選定只在一、兩地區中播放與刊登廣告，然後同時觀察播放廣告的試驗地區與尚未推出廣告的地區，比較兩地區的消費者對產品的印象以及銷售情形的差異性，從中測定出廣告效果的程度。

例如在美國有些調查公司的作法就是先把測試的廣告配合行銷活動，先選擇區域性的、地方性的雜誌或報紙。等廣告登出後，就與讀者接觸，就雜誌、報紙的廣告以及相關問題訪問。受訪者回憶和認知的測試結果就可以用來確定廣告效果了。常問的問題包括「那則廣告是什麼樣子與內容？」、「您知道那則廣告的銷售重點

是什麼嗎？」、「您從該則廣告中獲得了哪些訊息？」、「當您看到該則廣告時，有何心理反應？」、「您看完該則廣告後，購買該產品的欲望是增加了還是減少了？」、「該則廣告中，什麼因素會影響您購買該品牌產品的欲望？」、「您最近購買此種產品的品牌是什麼？」。

　　如果是電子媒體就是採取播放測試的作法，亦即在某些區域的有限電視頻道或電台刊播廣告，將受試者召集在一起觀看（或收聽）播放的節目，其中包括觀看（或收聽）被測試的廣告。在廣告播放後，再由調查者提出問題與受試者對談，詢問他們能夠回憶起多少廣告中的內容。如果在登廣告的區域中銷售情形比沒登廣告的區域中好，就可以進一步購買全國性媒體刊登廣告。

三、問卷法

　　此為常見的事中廣告效果調查法，有時會在街頭詢問消費者，有時會以郵寄方式請消費者回答，通常會給予一些小贈品作為鼓勵與感謝受試者的回應。常見的問題包括「您看過或聽過某個品牌產品的廣告嗎？」、「您是在什麼媒體中接觸到這個品牌的廣告？」、「該則廣告的主要內容是什麼？」、「您認為該則廣告有特色嗎？」、「您認為該則廣告的缺點是什麼？」、「您經常購買這類產品中的什麼品牌？」。有時也會針對廣告內容的表現元素問消費者，如「您有看過某某廣告嗎？」、「您覺得這則廣告中，某某某代言的表現怎麼樣？您喜歡還是不喜歡？為什麼？」、「您覺得這則廣告的廣告歌曲動聽嗎？」、「您喜歡這則廣告的廣告標語嗎？」。

四、直接回應法

　　在許多的廣告訊息中，穿插著讓消費者回郵或剪角寄回、剪角到店面或傳真就可領取相關的樣品或贈品，或是減價優待券、電

話回播等，也是一種有效的廣告效果評量法，也叫做詢問法。因為是由消費者看到廣告後向刊播廣告者詢問有關產品或服務的訊息，例如價格的確認、數量多寡、付款方式、購買地點等。由於是消費者主動回應性，所以可以透過消費者直接的回應數量，直接掌握廣告的刊播與顧客反應之間的關係。而且在不同平面媒體中的廣告訊息，截角或回郵的設計可以運用色彩的不同或上面註明是哪一個報紙、哪一個雜誌的訊息，當消費者回郵、剪角或傳真回來時，就可以記錄累積評判哪一個媒體的回應效果最佳，進而檢視媒體的廣告價值。如果有刊播電視或廣播廣告，就可利用不同的電話號碼做消費者訂購或諮詢專線。如果採用的訊息內容全部一樣時，業務員就必須詢問消費者是從哪個媒體中獲得的資訊。

五、態度測量

　　態度是指消費者對一個產品或品牌的整體評估，也會相對決定了產品或品牌在消費者心目中的地位，因此行銷人員對於消費者對產品與或品牌態度的傾向瞭解非常重要，也是評估廣告訊息是否有效傳達品牌正面價值的依據。通常會是在廣告播出後測量是否創造出對品牌友好印象，用來判斷消費者對產品是否喜好的情形。常用的方式為語意分析量表，主要是依據不同的產品屬性或特質設計題目，利用形容詞的相反詞（評價面向），置於一排有七個尺度的量表兩端，由受試者評估其感覺。例如：

快速的 ＿＿ ＿＿ ＿＿ ＿＿ ＿＿ ＿＿ ＿＿ 緩慢的

便利的 ＿＿ ＿＿ ＿＿ ＿＿ ＿＿ ＿＿ ＿＿ 不便的

年輕的 ＿＿ ＿＿ ＿＿ ＿＿ ＿＿ ＿＿ ＿＿ 年老的

好　的 ＿＿ ＿＿ ＿＿ ＿＿ ＿＿ ＿＿ ＿＿ 壞　的

喜歡的 ＿＿ ＿＿ ＿＿ ＿＿ ＿＿ ＿＿ ＿＿ 討厭的

熟 悉 的 ＿＿＿ ＿＿ ＿＿ ＿＿ ＿＿ ＿＿ ＿＿ 生 疏 的

新 潮 的 ＿＿＿ ＿＿ ＿＿ ＿＿ ＿＿ ＿＿ ＿＿ 老 舊 的

可 信 賴 ＿＿＿ ＿＿ ＿＿ ＿＿ ＿＿ ＿＿ ＿＿ 不 可 信 賴

風 評 好 ＿＿＿ ＿＿ ＿＿ ＿＿ ＿＿ ＿＿ ＿＿ 風 評 差

小 的 ＿＿＿ ＿＿ ＿＿ ＿＿ ＿＿ ＿＿ ＿＿ 大 的

高 尚 的 ＿＿＿ ＿＿ ＿＿ ＿＿ ＿＿ ＿＿ ＿＿ 低 俗 的

明 朗 的 ＿＿＿ ＿＿ ＿＿ ＿＿ ＿＿ ＿＿ ＿＿ 灰 暗 的

非 常 甜 ＿＿＿ ＿＿ ＿＿ ＿＿ ＿＿ ＿＿ ＿＿ 非 常 酸

參、市場銷售的調查

市場銷售的調查不是指廣告播放後，調查產品在市場上的銷售量有無增加。前面提過，廣告主花錢做廣告，當然希望廣告能有刺激銷售的功能，但如果認為廣告與市場銷售間有必然的因果關係，其實會影響到與廣告代理業之間的合作關係，以及忽略其他市場因素的行銷效益。因為廣告的本質是傳播商品資訊，目的在建立消費者對廣告主有利的行動，因此廣告解讀結果是希望創造產品在消費者心理中的正面印象。所以就廣告效果而言是心理現象的展現；但是消費購買的本身是一項實質性的行動，兩者之間有差距也有變數。所以廣告引起消費者對商品好感到實際購買之間，存在著其他更實質的行銷因素會影響到銷售成效。

例如雖然消費者喜歡也記住海尼根的廣告，並且有正面的品牌印象與購買傾向，但是與朋友在小吃店聚餐吃熱炒時，卻只有其他品牌的啤酒可以購買，此時唯一的選擇就是購買場所中陳列的啤酒品牌而已。換言之，即使廣告做的再吸引人，消費者也建立正面的品牌態度，但購買不便或根本買不到時，相對影響市場銷售情形。因此如果詢問消費者對該產品是否有購買動機時，就已經呈現廣告

銷售效果了。如果實際銷售數字並沒有大幅提升時，廣告主應該要檢視其他通路或競爭對手的價格、促銷等行銷因素的影響。

因此在此處的市場銷售調查主要是屬於廣告效果的事後測試，目的是要瞭解有多少人會因為這則廣告而產生購買行為？其結果無法針對已經完成的廣告活動修改或補充，卻可以全面、準確的對這次所進行的廣告活動進行效果評估，累積經驗，作為下一次廣告活動企劃的參考依據。一般購買意願主要可分為六個階段：(1)馬上購買；(2)購買意願強但未決定品牌；(3)猶豫不決；(4)有意願買但未明白表示；(5)表示目前不購買；(6)根本不考慮購買。

主要的調查會因測試時間不同而異，包括：(1)廣告播後立即進行：在廣告刊播過程一結束後，就立刻對目標消費者進行測定；(2)廣告播後一段時間進行：廣告宣傳活動結束後過一段時間，再對其心理效果進行測試。至於哪個時間點進行調查並不一定，必須由媒體的性質決定，同時也要考慮目標市場上消費者自身的特點。因為如果進行測定的時間過早，廣告的效果可能還沒有充分發揮出來，得出的結論可能就有偏差。但如果測定的時間過晚，間隔時間太長，廣告效果就可能淡化，得出的結果也有可能偏差。

基本上，可以藉由兩個指標來衡量廣告效果：(1)消費者是否認為廣告中的訊息對他們頗重要；(2)消費者下次購買該類產品時是否會考慮選擇該產品。如果答案也是肯定的，該則廣告的銷售效果就算達到了。

第二節　廣告效果調查特質

廣告效果調查是為了瞭解廣告是否有效到達、是否被目標消費者理解、是否會促進或改變目標消費者消費行為的一種市場研究手

段。其調查的執行與結果，關係著廣告目標的達成率，因此要有相當明確的廣告目標，才能設計適合的測定方法。而明確的廣告效果調查結果，有助於調整方向或加強實施下一個階段的廣告活動。其特質包括：

壹、消費者的參與

廣告人不論再怎麼有創意的點子，都不能脫離掌握市場的脈動，因為產品要有消費者購買、廣告要有消費者觀看與喜歡，行銷活動才能順利達成銷售目的。消費者的參與成為最直接也是最重要的資訊來源，有些公司有市場調查部門，有些則是專門的市調公司販售專業的市場調查資料，目的就是提供廣告人對於市場輪廓的掌握，才能創造出動人與共鳴的好廣告。因此在執行調查過程中，不論是事前測試或事後測試都需要有消費者意見的參與，才能瞭解廣告效果發揮多少效果。所以有時廣告公司或市調公司也會上網依據產品目標消費者的年齡或性別等特質，徵詢願意參與小組座談的消費者。再根據報名者的特質篩選進行相關的效果調查，同時會給參與者出席費或交通費用。

貳、階段性與區域性調查

由於廣告活動通常會實施一段相當長的時間，而且使用相當高的花費。要瞭解過程中是否每一個步驟都按照計畫實施，且都達成預期效果，有必要依照不同階段或活動的高峰期作反應調查，以檢查計畫是否疏漏或因市場變化需做調整，以免時間金錢的浪費。所以當調查是在廣告活動開始實施而執行時，通常會先選擇某個目標地區進行實際的銷售與反應調查，而不會全面性的立即展開調查。

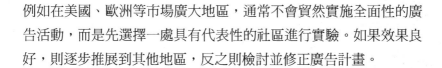
例如在美國、歐洲等市場廣大地區，通常不會貿然實施全面性的廣告活動，而是先選擇一處具有代表性的社區進行實驗。如果效果良好，則逐步推展到其他地區，反之則檢討並修正廣告計畫。

參、質性與量化並重的研究

任何研究調查中，因為研究的方法與進行的程序而將方法總歸納為所謂質性研究與量化研究兩大取向。兩者之間所取得的資料各有優劣，但都值得參考。質性研究必須花費較多的時間與受訪者互動，從互動過程中取得問題的實際與內涵意義，因此對象範圍無法大規模。但量化研究基本上是與具體情境抽取分離，不過因為取得資料容易電腦化處理，所以研究結果的呈現精確性高，同時可以進行大規模對象的調查。此外，量化研究注重研究問題的普遍性、代表性以及特殊性；但質性研究注重研究對象的個別性、特殊性，並根據發現而提出新的角度或新的問題。在這樣的基本特質下，可以發現兩者其實不是截然劃分，而是可以相互輔助。廣告效果調查的研究過程中，前測有關廣告概念測試部分主要以小規模的焦點訪談為主，主要瞭解消費者的想法、感覺的分享、產品使用經驗的感受等。但事後的調查，要理解實際消費者的反應以及市場環境狀況時，大規模的問卷量化調查就成為必須的方法了。所以整個廣告效果的調查是質性與量化研究並重。

第三節　廣告效果調查法

廣告調查方法是為了完成廣告活動的目標，蒐集各種有關原始資料的方法。雖然調查階段有所不同，事前測試、事中測試與事後

測試，但主要的調查方法基本上相通，只是問題的設計與內容會隨著調查階段的不同而有所差異。一般常見的方法如下：

壹、焦點小組座談

焦點小組座談（Focus Group Interview）也是一種消費者座談，屬於質化性的調查研究，也就是其研究結果主要是根據參與者的意見做歸納評估，而不是計算出數字比率的百分比。通常會根據產品的屬性與鎖定的目標消費群召募8-10人參加（有時會有二組以上），廣告公司中凡是有關廣告腳本、想為廣告提供有創意的概念與文案元素、市場促銷活動、理解消費者對於產品的知識、偏好與行為、產品定位或服務、測試新概念、測試產品的可用性、價格印象等都常用焦點小組的座談，可算是廣告調查中最常用的方法。

在召募參與的消費者過程中，也有很重要的篩選工作，必須根據舉行的主題明確知道你希望參與的對象是具有哪些特質的人。例如參與者是否需要在最近使用過你的產品或競爭對手的產品？參與者是男性還是女性，還是兩者的觀點都需要？年齡範圍如何？已婚或未婚？有無子女？媒體收視情況如何？需要有特定的職場類別或不需要？有篩選的指標，才能真正讓焦點座談的結果發揮最高的效益。例如如果是衛生棉產品與廣告，就不需男性參加；生前契約的產品，你可能需要召募的是銀髮族的想法；如果是汽車產品與廣告，你希望參與者是白領階級有固定薪資的人。

基本上，焦點小組座談的結果可以提供廣告人執行廣告概念搜尋的好方法，但也有些情況是焦點小組座談結果所無法提供的。因為其研究結果屬於質化的小樣本資料，無法呈現統計上的顯著意義，因此最多可用作測量市場的溫度計，而不能作為提供精確測量的尺度。所以如果廣告人的目的是要進行回答有關「多少比例」或

者「多少」的問題時，焦點座談無法提供定量的結果。因此許多廣告效果調查的事中測試與事後測試的調查，想要瞭解消費者對廣告的認知、態度與情感反應時，會以問卷的市場調查為主。所以如果廣告主或廣告公司無法負擔市場調查費時，通常會以焦點小組座談替代，但相對的結果詮釋與應用也有一定的局限。

　　具體執行的過程中，主持人的角色與專業性非常重要，如何引導座談、避免組員間意見的相互影響與衝突、讓問題能順利進行等，都與主持人的熟練度有關。有些公司會聘請市調公司中的專業人士主持，有些廣告公司則培養廣告業務人員有這方面的專業與訓練。

貳、投射技術

　　投射技術（ProjectiveTechniques）屬於心理評量方法之一，是一種無結構性、非直接性的詢問方式，必須隱蔽調查的目的。然後基於想像、類推、比喻、假設情節等過程，有效地使受訪者克服可能的各種心理障礙，或暫且拋除社會大眾的觀點與評價，讓被調查者將他們對所關心問題的潛在動機、信仰、態度或感情等投射出來。同時，它能夠在受訪者自身無意識的情況下，激發他們提供真實的行為動機及經歷，作為深入研究的材料。投射技法的操作基本原理就是，並不要求被調查者描述自己的行為，而是要他們解釋其他人的行為。在解釋他人的行為時，被調查者其實也間接地將自己的動機、信仰、態度或感情等投射到了有關的情景之中。因此，藉由分析受試者對那些沒有結構的、不明確或模棱兩可的工具（如劇本、圖片、句子等）的反應，受試者的態度其實也揭示出來了。亦即藉由消費者對間接性問題的回答來瞭解其心裡真正的想法，屬於質性的廣告效果調法。常見的投射技術包括：

一、連結測試

將一種刺激物放在受試者面前，然後問受試者最初聯想到的事物是什麼，也叫詞語聯想法。例如提示或告知受測者品牌名稱或是商標後，再由受試者講出他們看完後或聽完後所產生的感覺與聯想。此測試可以避免不妥當與負面的產品名稱或商標，同時可以檢視出哪一個產品名稱或商標是最佳的。這就好比父母親在取小孩的名字或主人取寵物的名字一般，我們都會不斷地唸唸看該名字順不順之外，也會請親人或好友聽聽看名字，如果有人馬上聯想到負面的意思，通常就會換另外一個名字了。可見連結測試的目的主要就是要知道消費者對品牌名稱或商標的第一個反應，避免行銷人覺得十分貼切的名字，在消費者的腦海裡可能完全走樣。

二、完成技法

完成技法是調查者給不完全的一種刺激情景，要求受試者繼續完成；常用的包括句子或故事完成法以及圖畫回答法。

(一)句子完成法

主要是由研究者讓受試者看一句未完成的話，由受試者完成剩下的部分，通常會要求受試者使用最初想到的那個詞句或詞組。句子完成法的一種類型是文章完成法，從文章完成法可以得到受試者感情方面的訊息。另一種類型是段落完成，由受試者將給予部分的短句刺激完成一段文章。例如以下是一些不完全的句子，請將其填充為完全的句子：「今天的天氣」、「我的生活」、「搭捷運時」、「手機聲音」等。其實，這方法就像是小學生剛開始學造句時，把知道的句子連結起來一樣。

(二)故事完成法

此法是請受試者描述一幅畫或是一個場景的故事，由於受試者在各式的描述中通常會陳述出過去的經驗或是看法，可以藉此瞭解其想法與情感。例如執行時，調查者給受試者故事的一個部分，並將其注意力引導到某一特定的話題，但是不能提示故事的結尾，而由受試者用自己的話來做出結論。例如請受試者完成下面的故事：「一位三十歲的女性原本準備到百貨公司常去的化妝品專櫃買保養品，而且原本已經決定買了就走人，但是隔壁相當知名與高價格的品牌正在打折並送贈品。您認為接下來這位女性的反應是什麼？為什麼？」基本上，如果受試者完成此故事時，研究者就有可能看出他的品牌忠誠度、促銷價與廣告是否有效。

三、圖畫回答法

提供類似漫畫的圖畫給受試者看，請他們填入主角的對話內容，或是回答對此圖畫的一些觀感。研究者就可以從受試者對圖片的感覺概念中瞭解受試者內在的想法，因為不論是對話或寫入的句子多半是來自受試者的感覺與經驗的投射，因此可從中瞭解其類似的經驗。有些作法是顯示一系列的圖畫，有一般的也有不尋常的事件。在其中的一些畫面上，人物或對象描繪得很清楚，但在另外一些畫面中卻很模糊。然後要求受試者看圖拼故事。受試者對圖畫的解釋可以反映出他們自身的個性特徵，例如屬於衝動型或穩定型、有沒有創造力、有沒有聯想力等。

參、問卷調查法

問卷調查已經是廣告效果調查中常被用來蒐集資料的一種技術，也可以說是對個人行為和態度的一種測量技術。可以用來瞭解

各個變項之間的關係，所以在構思問卷時，必須對所研究的問題與題目都有清楚的認識與瞭解。許多研究生要研究某個或某類廣告或某項產品的廣告究竟有哪些廣告效果時，常採用問卷調查。許多市調公司經常會採取問卷瞭解消費者對某些廣告的看法與記憶程度。具體執行的方法包括：

一、郵寄問卷

將要調查的問卷寄給受調查的對象，最大優點就是費用低廉、無需訪員的訓練，主要開銷為信封、印刷、郵資、受調查者的名單費用、回郵等。因為涵蓋範圍可以很廣，所以相當節省人力與時間。不過由於具有匿名性，所以受試者可以放心的根據實際情況填寫答案，而且寫完可以依照自己的時間再瀏覽一次，並沒有做答的時間壓力。但其回收問卷的時間也頗慢，而且因為沒有訪員在旁邊，受試者如果真的有問題，沒有人可以回應，而且因為問卷是寄到家裡去，究竟是誰真正回答答案，也是另一個可能的盲點。調查者會給予受試者小贈品作為報酬。有些則是直接寄送樣品、廣告傳單與問卷，讓受訪者根據廣告傳單、產品而給予意見的回饋。

二、當面訪問

屬於一對一的進行方式，包括到家庭訪問的家訪、街頭訪問以及定點的訪問等不同場景。親身訪問的優點在於面對面訪談，可以直接接觸受試者，除了可觀察受試者外，還可以即時給予回饋，獲得更詳盡的資料。另外，也可以追蹤問題，或用輔助工具幫助瞭解問題。相較於電訪訪到一半可能就被掛電話的情形，面訪比較能回收更多有效答案與資料。不過相對耗費的時間、人力與花費也可觀。再者，訪員的偏見也可能產生或顯現的明顯，例如訪員可能會依照穿著打扮、性別等外在線索，來決定其受訪者的挑選。

三、電訪

　　電話訪問比郵寄問卷較容易控制，而且有較高的答覆率，但是問題也相對受到限制。畢竟調查者如果題目太長，受訪者可能因為有其他的事情，或是沒有耐心而中途掛掉電話的情形常見。因此電訪的優點是快速、簡便、經濟與範圍廣泛，但只適用於表面性的問題，並不適合深入回答。因此其型態就大部分是「是」、「不是」兩個答案居多。現在有更多的電腦語音進行訪問，取代人工撥號的不便，但是受試者在可能不知所措的情況下，就掛掉電話了。運用在廣告調查上時，通常是廣告在電視刊播時或刊播後的隔天就開始進行電訪，主要根據電話簿的號碼隨機抽樣打電話，調查受試者是否看過某項廣告，對廣告內容有何看法；或是如果某項產品用某種概念表現，消費者的感覺又如何；或是消費者最近有沒有買某項產品，為什麼；或是對品牌名字的認知、是否記得銷售要點等。電訪費用較低，能觸及的消費者也較多，但是相對的被拒訪的機率也很高。而且題目不能太長或太多，因為受訪者可能回答到一半就拒絕回答了。

四、網路問卷

　　由於網際網路的普及，電腦輔助研究已可超越只做研究資料統計分析和電腦輔助電話訪問的限制；把問卷放在網路上進行電腦網路問卷調查成為一種新興的調查方式。又可稱為「電子問卷調查」（electronic survey）的方法，能透過網路，大量、同時而且直接地把問卷送到受訪者的個人電腦，受訪者可從電子布告欄系統或打開自己的電子信箱取閱問卷，填答回覆並隨即寄出，就像回答郵寄問卷一樣；如果對於問卷不瞭解，還可以上線「寫信」給「發信者」做進一步查詢，資料的接收與傳遞全都在網路進行，結合傳統面

訪、電訪和郵訪的長處於一身。利用網路瞭解消費者的消費行為或對廣告的看法也是廣告效果調查的趨勢性作法，廣告主也會對有回應的網友給予折價券或參加抽獎活動的回饋。

整體而言，問卷調查的優點在於：

1. 避免訪問者的偏差：訪問者面對面訪談時，有時因為訪問技巧的熟練度不足或是個人的人格特質因素，有可能產生訪問的偏差。所以如果是深度訪談，訪問者的熟練技巧與專業度要足夠。在調查問卷中，郵寄問卷、電訪或網路問卷都可以消除偏差的產生。
2. 匿名性：問卷調查法可以保證受訪者的匿名性，相對的受訪者會比較有意願回答相關的問題。
3. 問卷人數較不受限制：會因訪問回應的情況，規模可大可小。所以有些在網路上公布的市場調查報告中，就可以看到受訪人數規模不一。
4. 問卷最大優點就是可以電腦化處理受訪者的資料，可以節省分析時間，並且容易量化結果的呈現，有助於廣告主、廣告人瞭解消費者的反應。

肆、實驗室測驗

隨著科學技術的進步，用來協助更精準測試人們心理變化的一些測試儀器也不斷地創新與完善。在廣告領域中，就有許多儀器設備可以作為輔助手段，來測試廣告作品的效果。執行方式就是受試的消費者被帶到實驗室中，給他們看廣告後，調查者向受試者提問有關問題或用儀器方式檢視他們的反應。

此方法的優點是容易控制、方便調查者使用，如廣告文本、文

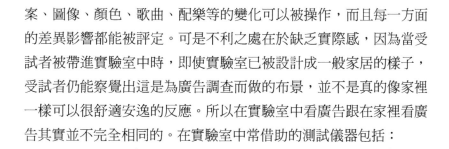

案、圖像、顏色、歌曲、配樂等的變化可以被操作，而且每一方面的差異影響都能被評定。可是不利之處在於缺乏實際感，因為當受試者被帶進實驗室中時，即使實驗室已被設計成一般家居的樣子，受試者仍能察覺出這是為廣告調查而做的布景，並不是真的像家裡一樣可以很舒適安逸的反應。所以在實驗室中看廣告跟在家裡看廣告其實並不完全相同的。在實驗室中常借助的測試儀器包括：

一、視向測驗器（Eye camera）

主要是研究視線方向的機器，用於測試廣告文案。可以記錄媒體受眾觀看廣告文案各部分時的視線順序及駐留時間長短的一種儀器。主要根據就是人們的視線一般總是停留在關心與有興趣的地方，越關心、越感興趣，視線駐留時間就會愈長，一般稱之為視向測驗法（Eye camera test）。根據測知的視線移動圖和各部位注目時間長短的比例，可以知道：

1. 廣告文案文字字體的易讀性如何，進而可以適當安排文字的排列。
2. 視線順序是否符合廣告企劃的意圖，有無被人忽視或不留意的部分，如果有就要進行調整。
3. 廣告畫面中最突出或最引人的部分，是否符合設計者的意圖，如果不符合，也可以立即調整。

二、皮膚反射測驗器（Galvanic skin reflex）

此儀器可以用來測量媒體受眾的心理感受，測試時必須將受試者的兩根手指繫上電線，以非常微量且精緻的電流做成線路。一旦有任何刺激時，由於汗腺的出汗會增加，皮膚的電氣抵抗力頓時減少，然後才恢復原來狀態，而結果就會在電流變化指示器上顯示。

基本根據在於因為當人受到興奮、感動、緊張等情緒起伏的衝擊後，人體的出汗情況也會隨著發生變化，而此儀器正可以測定其感性的波動，所以也稱之為皮膚測試法。

通常用此儀器來測試消費者對於電視廣告與廣播廣告的反應，測試的結果，大體上可以提供瞭解確知最能激起受眾情感起伏的地方為何，以此相互檢視是否符合創意人所規劃的訊息要點的意圖。不過此儀器的局限在於，因為每個人內分泌情況、情緒的波動，內心的衝擊反應程度各不相同，有些快有些慢，因此必須將這個因素考量在內。例如有些人容易受音樂感動，有些則是對畫面色彩有強烈反應等。因此，必須輔助其他的方法，進行較全面的分析，才能得出正確的結果。

三、電源的刺激

此方法是利用電源的不斷刺激，在短時間內（1/2秒或1/10秒內）呈現並測定廣告各要素的注目程度，也稱為「瞬間顯露測驗法」。其作用常用來測試印刷品廣告中各要素的顯眼程度，測試各種構圖的位置效果，以決定標題、圖片、插圖、文案、廣告主企業識別標誌等的適當位置。

四、瞳孔針

通常當瞳孔受到明亮光線的刺激時會縮小，在黑暗中會張大。對感興趣的事物會有較長時間的凝視，瞳孔也會愈張愈大。在這樣的基礎下，此儀器就是用來將瞳孔伸縮情況記錄下來，以測定瞳孔伸縮與受試者感興趣的刺激之間的關係，也稱之為「瞳孔針測試法」；常用於電視廣告效果的測定。但此法亦同時要考量瞳孔放大的生理反應到底參雜著多少感性或心理方面的因素是難以確定的。每個人不同的情感、心理作用的差異都無法忽視。例如，單身的上

班族女性與家庭主婦對化妝品與保養品的廣告就會有不同的反應；低收入與高收入者對昂貴知名品牌的服飾反應也不同。有時就會因為過分自信而引起瞳孔放大，或過分理性而沒有任何瞳孔的變化。

參考書目及閱讀書單

一、中文

吳真偉譯（2004）。《廣告與促銷》。台北：台灣西書。

呂奕欣譯（2005）。《廣告說服力》。韋伯。

李欣頻（2007）。《廣告副作用》。晶冠出版社。

李政亮（2008）。《美好年代‧巴黎片斷：廣告海報中的城市故事》。山岳出版。

周亦龍（2005）。《做廣告，不要忽視人性》。台北：海鴿。

沈筱雲譯（2000）。《成功的廣告策略》。小知堂。

洪賢智（2004）。《廣告原理與實務》（二版）。台北：五南。

岳心怡譯（2002）。《廣告的真實與謊言》。台北：商周。

邱順應（2008）。《廣告文案：創思源則與寫作實踐》。台北：智勝。

許安琪、樊志育（2002）。《廣告學原理》。台北：揚智。

許安琪、邱淑華（2004）。《廣告創意：概念與操作》。台北：揚智。

郭良文編（2001）。《台灣的廣告發展》。台北：學富。

陳柔縉（2008）。《台灣摩登老廣告》。台北：皇冠出版。

陳系貞（2007）。《口袋裡的廣告聖經》。台北：究竟出版社。

陳尚永 & 蕭富峰譯（2006）。《廣告學》。台北：華泰。

陳勝光（2008）。《關於廣告學的100個故事》。宇河文化。

媒體庫譯（2004）。《還有人在看廣告嗎？》。台北：臉譜。

晴天譯（2007）。《創意，燒錢或賺錢？以精準思考創造成功行銷》。台北：商周出版。

葉心嵐譯（2008）。《天啊！我們讓他的頭髮著火了——廣告大師的創意冒險》。平安文化。

黃秀媛譯（2005）。《藍海策略》，台北：天下。

黃治蘋（2008）。《廣告企劃 Step-by-step：小老闆、廣告新人輕鬆上手》。早安財經。

梁曙娟譯（2003）。《紫牛》，台北：商周。

劉建順（2004）。《現代廣告學》。台北：智勝。

劉美琪、許安琪、漆梅君、于心如（2000）。《當代廣告：概念與操作》。台北：學富。

劉樹澤（2002）。《廣告管理》。台北：華泰。

《廣告年鑑》，各年版，台北市廣告商同業公會，台北。

樊震、樊志育（2005）。《戶外廣告》。台北：揚智。

鄭安鳳、彭書翰 譯（2006）。《廣告與促銷——品牌傳播的密訣》。風雲論壇。

鄭自隆（2004）。《競選傳播與台灣社會》，台北：揚智。

鄭自隆（2007）。《打造「台灣品牌」——台灣國際政治性廣告研究》，台北：揚智。

鄭自隆（2008）。《廣告與台灣社會變遷》。台北：華泰。

蕭富峰（2005）。《行銷廣告策略：創意顯學・出色智慧》。台北：御書房。

賴建都（2007）。《台灣廣告教育》。高雄：復文。

戴國良（2005）。《廣告學：策略、經營與廣告個案實例》。鼎茂。

謝獻章（2003）。《廣告管理實務》。台北：新文京。

謝獻章（2007）。《廣告管理》。新文京。

二、英文

Arens, W. F. (2002). *Contemporary Advertising,* New York, NY: McGraw-Hill.

Cappo, Joe (2003). *The Future of Advertising: New Media, New Clients, New Consumers in the Post-Television Age.* New York: McGraw-Hill.

Cronin, Anne M. (2004). *Advertising Myths: The Strange Half-Lives of Images and Commodities.* NY: Routledge.

Hackley, C. (2005). *Advertising and Promotion: Communicating Brands.* Thousand Oaks, CA: Sage.

Jones, John Philip (2004), *Fables, Fashions, and Facts About Advertising: A Study of 28 Enduring Myths.* Thousand Oaks, CA: Sage.

Krugman, Edward P. (2008), *Consumer Behavior and Advertising Involvement, Selected Works of Herbert E. Krugman.* New York: Routledge.

Nixon, Sean (2003). *Advertising Cultures.* Thousand Oaks, CA: Sage.

O'Guinn, T.C., et.al. (2006). *Advertising and Integrated Brand Promotion.* Mason, OH: Thomson.

O'Shaughnessy, J. & O'Shaughnessy, N. J. (2004). *Persuasion in Advertising.* New York: Routledge.

Reichert, Tom and Jacqueline Lambiase (eds.)(2003), *Sex in Advertising: Perspectives on the Erotic Appeal.* Mahwah, NJ: LEA.

Sayre, Shay and Cynthia King (2003). *Entertainment and Society: Audiences, Trends, and Impacts.* Thousand Oaks, CA: Sage.

Schumann, David W. and Esther Thorson (eds.)(2007), *Internet*

Advertising: Theory and Research. Mahwah, NJ: Lawrence Erlbaum Assoicates.

Sharma, Chetan, Joe Herzog, and Victor Melfi (2008), *Mobile Advertising: Supercharge Your Brand in the Exploding Wireless Market.* Hoboken, NJ: John Wiley & Sons.

Sheehan, K. (2004). *Controversies in Contemporary Advertising.* Thousand Oaks, CA: Sage.

Shimp, Terence A. (2000). *Advertising Promotion-Supplemental Aspects of Integrated Marketing Communication,* Orlando: Harcourt, Inc.

Stafford, Marla, R. and Ronald J. Faber (eds., 2005), *Advertising, Promotion, and New Media.* Armonk, NY: M. E. Sharpe.

Tellis, Gerard J. (2004). *Effective Advertising: Understanding When, How, and Why Advertising Works.* Thousand Oaks, CA: Sage.

Twitchell, J. B. (2000). *20 Ads that Shock the World,* New York: Crown.

Williams, Jerome D., Wei-Na lee and Curtis P. Haugtvedt (ed., 2004), *Diversity in Advertising: Broadening the Scope of Research Directions.* Mahwah, NJ: LEA.

廣告公關系列 1

廣告傳播

作　　者／蕭湘文

出 版 者／威仕曼文化事業股份有限公司

發 行 人／葉忠賢

總 編 輯／閻富萍

地　　址／台北縣深坑鄉北深路三段 260 號 8 樓

電　　話／(02)8662-6826

傳　　真／(02)2664-7633

網　　址／http://www.ycrc.com.tw

　E-mail ／service@ycrc.com.tw

印　　刷／鼎易印刷事業股份有限公司

　I S B N ／978-986-84317-7-5

初版一刷／2005 年 9 月

二版一刷／2009 年 9 月

定　　價／新台幣 480 元

國家圖書館出版品預行編目資料

廣告傳播 = Advertising communications / 蕭
湘文著. -- 二版. -- 臺北縣深坑鄉：威仕曼
文化, 2009.09
　　面 ；　公分. --（廣告公關系列；1）

ISBN 978-986-84317-7-5(平裝)

　1.廣告　2.傳播

497　　　　　　　　　　　　98016481